数字电路的 FPGA 设计与实现
——基于 Xilinx 和 VHDL

董 磊 段 磊 主 编

冯博华 刘宇林 副主编

電子工業出版社
Publishing House of Electronics Industry
北京 · BEIJING

内 容 简 介

传统的数字电路实验基本都基于74系列芯片，随着EDA技术的快速发展，这种模式已经不能满足业界需求。基于FPGA芯片，使用原理图或VHDL/Verilog HDL语言实现数字电路的各种功能，更符合新时代对人才培养的要求。因此，本书选用Xilinx公司的FPGA芯片及ISE 14.7开发环境，以深圳市乐育科技有限公司出品的LY-SPTN6M型FPGA高级开发系统为硬件平台，共安排了14个实验，内容涵盖集成逻辑门电路功能测试、基于原理图/HDL的简易数字系统设计、编码器设计、译码器设计、加法器设计、比较器设计、数据选择器设计、触发器设计、同步/异步时序逻辑电路分析与设计、计数器设计、移位寄存器设计、数-模和模-数转换。

本书配有丰富的资料包，包括FPGA例程资料、硬件资料、软件资料、PPT和视频等。这些资料会持续更新，下载链接可通过微信公众号“卓越工程师培养系列”获取。

本书既可以作为高等院校数字电路课程的实验教材，也可以作为FPGA开发及相关行业工程技术人员的入门培训用书。

图书在版编目（CIP）数据

数字电路的FPGA设计与实现：基于Xilinx和VHDL / 董磊，段磊主编. —北京：电子工业出版社，2021.9
ISBN 978-7-121-42103-7

Ⅰ. ①数… Ⅱ. ①董… ②段… Ⅲ. ①数字电路－可编程序逻辑阵列－高等学校－教材 Ⅳ. ①TN790.2

中国版本图书馆CIP数据核字（2021）第194614号

责任编辑：张小乐
印　　刷：北京七彩京通数码快印有限公司
装　　订：北京七彩京通数码快印有限公司
出版发行：电子工业出版社
　　　　　北京市海淀区万寿路173信箱　　邮编：100036
开　　本：787×1092　1/16　印张：14.75　字数：387千字
版　　次：2021年9月第1版
印　　次：2025年1月第5次印刷
定　　价：49.80元

凡所购买电子工业出版社图书有缺损问题，请向购买书店调换。若书店售缺，请与本社发行部联系，联系及邮购电话：（010）88254888，88258888。

质量投诉请发邮件至zlts@phei.com.cn，盗版侵权举报请发邮件至dbqq@phei.com.cn。

本书咨询联系方式：（010）88254462，zhxl@phei.com.cn。

前　言

自 20 世纪末，电子和计算机技术较发达的国家与地区，如欧洲、美国和日本等，一直在积极探索电子电路设计的新思路和新方法。以 FPGA/CPLD 为硬件载体，以硬件描述语言（Hardware Description Language，HDL）为系统逻辑的描述方式，以计算机为工作平台，以专用的工具软件为开发环境，可以自动、高效地实现电子自动化设计（Electronic Design Automation，EDA）。

然而，我国传统的数字电路实验教学基本都是使用以 74 系列芯片为载体的实验箱开展的，很多 74 系列芯片早已停产，只能使用拆机料，这种陈旧的教学模式显然已经不能满足业界需求。很明显，基于 EDA 的现代数字电路的设计技术更符合新时代产业对人才培养的要求。因此，本书选用 Xilinx 公司的 FPGA 芯片及 ISE 14.7 开发环境，以深圳市乐育科技有限公司出品的 LY-SPTN6M 型 FPGA 高级开发系统为硬件平台，共 15 章，内容编排如下。

第 1 章介绍数字电路的开发平台和工具，包括 FPGA 芯片、FPGA 开发环境 ISE 14.7、第三方综合工具 Synplify 和 FPGA 高级开发系统等；第 2 章是集成逻辑门电路功能测试，主要测试 TTL 和 CMOS 逻辑电路的输入/输出逻辑电平；第 3 章在 ISE 14.7 开发环境中，基于原理图设计非门、与门和与非门等逻辑门电路；第 4 章基于 VHDL 设计非门、与门和与非门等逻辑门电路；第 5 章通过仿真了解 MSI74148 的功能，并通过 VHDL 实现该编码器；第 6 章通过仿真了解 MSI74138 的功能，并通过 VHDL 实现译码器；第 7 章通过仿真了解 MSI74283 的功能，并通过 VHDL 实现加法器；第 8 章通过仿真了解 MSI7485 的功能，并通过 VHDL 实现比较器；第 9 章通过仿真了解 MSI74151 的功能，并通过仿真实现数据选择器；第 10 章通过 VHDL 依次实现 RS 触发器、D 触发器、JK 触发器和 T 触发器，并对这些触发器进行仿真和板级验证；第 11、12 章分别在 ISE 14.7 开发环境中，进行同步和异步时序逻辑电路的分析与设计；第 13 章通过仿真了解 MSI74163 和 MSI74160 的功能，并通过 VHDL 实现这两个计数器；第 14 章通过仿真了解 MSI74194 的功能，并通过 VHDL 实现移位寄存器；第 15 章基于 FPGA 实现一个数-模转换系统，并通过本章任务实现一个模-数转换系统。

第 2～15 章共安排 14 个实验，其中“预备知识”引导读者预习实验需要掌握的知识点，“实验步骤”以“照猫画猫”的方式引导读者开展“实验内容”，“本章任务”是“实验内容”的延伸和拓展，让读者通过实战，以“照猫画虎”的方式巩固实验中的知识点。本书主要涉及数字电路中的组合电路和时序电路，对常见的 74 系列编码器、译码器、计数器、移位寄存器等器件，将其封装为 ISE 14.7 开发环境中的逻辑器件，然后对其进行仿真和板级验证，再通过 VHDL 实现这些器件，并再次进行仿真和板级验证，这样就能够清楚地掌握这些器件的工作原理和设计过程。夯实基础之后，在“本章任务”中，通过一系列综合设计题实现这些数字系统。为了确保顺利完成“本章任务”，建议读者先进行理论分析，设计出完整的电路，然后在 ISE 14.7 开发环境中，通过 VHDL 实现这些电路，仿真成功后，再进行板级验证。

董磊总体策划了本书的编写思路，指导全书的编写，对全书进行统稿，并负责第 2～9 章的编写；彭芷晴负责第 1 章的编写；冯博华负责第 10、13 和 14 章的编写；潘晓苹负责第 11 章的编写；黄荣祯负责第 12 章的编写；刘宇林负责第 15 章及附录的编写。本书的例程由黄荣祯设计，刘宇林审核。电子工业出版社张小乐编辑为本书的出版做了大量的工作。特别感谢深圳大学生物医学工程学院、广东药科大学医药信息工程学院、深圳市乐育科技有限公司和电子工业出版社的大力支持。在此一并致以衷心的感谢！本书获深圳大学教材出版资助。

由于编者水平有限，书中难免有不成熟和错误的地方，恳请读者批评指正。读者反馈发现的问题、索取相关资料或遇实验平台技术问题，可发信至邮箱：ExcEngineer@163.com。

作　者
2021 年 7 月

目　　录

第1章　数字电路的开发平台和工具

1.1　FPGA 基础概念

1.1.1　什么是 FPGA

FPGA 是 Field Programmable Gate Array 的简称，中文名称为现场可编程门阵列，是一种可编程器件，即 FPGA 是一堆逻辑门电路的组合，既可以编程，也可以重复编程。可将 FPGA 比喻为一个乐高积木资源库，里面有很多零件，可以根据图纸将这些零件组合，搭建出各种各样的模型。或将 FPGA 比喻为一块橡皮泥，什么硬件电路都可以设计，想将这块橡皮泥捏成什么样子都可以，若不满意，还可以重来，即可重复编程。

FPGA 的优点：①FPGA 由逻辑单元、RAM、乘法器等硬件资源组成，通过将这些硬件资源合理组织，可实现乘法器、寄存器、地址发生器等硬件电路。②FPGA 可通过使用框图或硬件描述语言来设计，从简单的门电路到 FIR 或 FFT 电路。③FPGA 可无限地重新编程，加载一个新的设计方案只需几百毫秒，利用重配置可以减少硬件的开销。④FPGA 的工作频率由 FPGA 芯片及设计决定，可以通过修改设计或更换更快的芯片来达到特定的要求，不过工作频率也不是可以无限制地提高的，会受当前的 IC 工艺等因素制约。

FPGA 的缺点：FPGA 的所有功能均依靠硬件实现，无法实现分支条件跳转等操作；FPGA 只能实现定点运算。

FPGA 的工作原理：由于 FPGA 需要被反复下载，所以它需要采用一种易于反复配置的结构，查找表（LUT）可以很好地满足该要求。目前，主流 FPGA 都采用了基于 SDRAM 工艺的查找表结构，也有一些军品和宇航级 FPGA 采用 Flash 或熔丝与反熔丝工艺的查找表结构。通过下载文件改变查找表内容的方法来实现对 FPGA 的重复配置。LUT 本质上就是一个 RAM。目前主流的 FPGA 中多使用 4（或 6）输入的 LUT，所以每个 LUT 可以看成一个有 4（或 6）位地址线的 16×1（或 64×1）的 RAM。当用户通过原理图或硬件描述语言描述了一个逻辑电路以后，PLD/FPGA 开发软件会自动计算逻辑电路的所有可能结果，并把真值表（结果）事先写入 RAM，这样，每输入一个信号进行逻辑运算就等于输入一个地址进行查表，找出地址对应的内容，然后输出即可。

由于 FPGA 是由存放在片内的 RAM 来设置其工作状态的，因此工作时需要对片内 RAM 进行编程。用户可根据不同的配置模式，采用不同的编程方式。FPGA 有以下几种配置模式。

（1）并行模式：并行 PROM、Flash 配置 FPGA。

（2）主从模式：一片 PROM 配置多片 FPGA。

（3）串行模式：串行 PROM 配置 FPGA。

（4）外设模式：将 FPGA 作为微处理器的外设，由微处理器对其编程。

目前，FPGA 市场占有率最大的两大公司 Xilinx 和 Altera 生产的 FPGA 都是基于 SRAM 工艺的，需要在使用时外接一个片外存储器以保存程序。上电时，FPGA 将外部存储器中的数据读入片内 RAM，完成配置后，进入工作状态；掉电后 FPGA 恢复为白片，内部逻辑消失。这样 FPGA 不仅能反复使用，还不需专门的 FPGA 编程器，只需通用的 EPROM、PROM 编程器即可。Xilinx、Altera 公司还提供反熔丝技术的 FPGA，只能下载一次，具有抗辐射、耐高/低温、低功耗和速度快等优点，在军品和航空航天领域中应用较多，但这种 FPGA 不能重复擦写，开发初期比较麻烦，费用也比较昂贵。

FPGA 主要应用在以下几个领域：①通信领域，FPGA 从最初到目前应用最广的就是在通信领域，一方面通信领域需要高速的通信协议处理方式，另一方面通信协议随时在修改，非常不适合做成专门的芯片。因此能够灵活改变功能的 FPGA 就成为首选，到目前为止，FPGA 一半以上的应用也是在通信行业。②数字信号处理领域，FPGA 用于信号处理，包括图像处理、雷达信号处理、医学信号处理等，优点是实时性好。③嵌入式领域，随着生产和消费领域对嵌入式系统高可靠性、小体积、低功耗要求的不断提高，使得 FPGA 应用于嵌入式系统设计日显必要；同时，随着现代计算机技术的高速发展，专业的软硬件协同设计工具软件日渐成熟易用，为 FPGA 在嵌入式系统设计中的应用提供了技术上的可行性。④安防监控领域，安防监控领域的视频编码/解码等协议在前端数据采集和逻辑控制的过程中可以利用 FPGA 处理。⑤工业自动化领域，FPGA 可以做到多通道的电动机控制，目前电动机电力消耗占据全球能源消耗的大头，在节能环保的趋势下，未来各类精准控制电动机得以采用一片 FPGA 就可以控制大量的电动机。

FPGA 设计不是简单的芯片研究，而是利用 FPGA 的模式进行其他行业产品的设计。随着信息产业和微电子技术的发展，FPGA 技术已经成为信息产业最热门的技术之一，应用范围遍及航空航天、汽车、医疗、广播、测试测量、消费电子、工业控制等热门领域，并随着工艺的进步和技术的发展，从各个角度开始渗透到生活当中。

1.1.2　FPGA 与 ASIC 之间的关系

FPGA 是一个可以通过编程来改变内部结构的芯片。ASIC（专用集成芯片）是针对某一项功能的专用芯片，通常为厂商在确定市场量比较大的情况下，为了降低成本而把比较成熟的功能做在一颗芯片中，执行已经确定的一些应用，优点是便宜、专用。若把 FPGA 比喻为乐高积木，可以搭建出各种模型，那么 ASIC 就是现成的玩具模型，例如，小汽车、城堡、轮船等都是玩具厂商做好的，买了小汽车后，想要轮船，那就只能再买了。若把 FPGA 比喻为一块橡皮泥，可以捏成各种形状，那么 ASIC 就是一件成型的雕塑品，要雕成一个成品，往往要浪费很多半成品和原料，这就是 ASIC 的制造。

因为 ASIC 芯片只是针对某一项功能做的专用芯片，如果要完成其他的功能，还需要另外做一个专用 ASIC 芯片，但是 ASIC 设计流程复杂、生产效率低、设计周期长，研发制造费用高，需要非常高的时间成本和人力成本。FPGA 可以解决上述问题，FPGA 内部有丰富的触发器和 I/O 引脚，可以采用 FPGA 设计全定制或半定制 ASIC 的中试样片，FPGA 是 ASIC 电路中设计周期最短、开发费用最低、风险最小的器件之一。

1.1.3　FPGA、CPU 与 DSP 之间的关系

根据应用的不同，所采用的解决方案也会不同，在大规模数字芯片中比较典型的技术主要有 FPGA、CPU、DSP 等。

在计算机体系结构中，CPU（中央处理器）是对计算机的所有硬件资源（如存储器、输入/输出单元）进行控制调配、执行通用运算的核心硬件单元。CPU 是计算机的运算和控制核心。计算机系统中所有软件层的操作，最终都将通过指令集映射为 CPU 的操作。CPU 是具

有冯•诺依曼结构的固定电路，这种结构擅长做指令调度，因此它可以运行软件，即软件可编程。而 FPGA 逻辑电路结构是可变的，是可以随时定义的，它可以通过硬件描述语言实现任何电路，当然也可以变成一个 CPU。因为逻辑电路结构不同，运行方式也就不同：CPU 是串行地执行一系列指令，而 FPGA 可以实现并行操作，就像在一个芯片中嵌入多个 CPU，其性能会是单个 CPU 的十倍、百倍。通常 CPU 可以实现的功能，都可以用硬件设计的方法由 FPGA 来实现。例如“三个臭皮匠，顶个诸葛亮”，FPGA 就像是一群臭皮匠，CPU 就像是诸葛亮。CPU 不能同时做多件事情，只能专注于一件事情。这三个“臭皮匠”则不同，FPGA 十分擅长同时做多件事情。

当然，FPGA 并不是要替代 CPU。大部分的重要事务，都掌权在诸葛亮手上，臭皮匠们则可以凭借人多的优势，处理很多重复简单的事情。即当要实现极其复杂的算法时，单纯用硬件实现会比较困难，资源消耗也很大。但可以对一个复杂系统进行合理的划分，由 CPU 和 FPGA 合作完成会非常高效地实现系统功能。

DSP（Digital Signal Processor，数字信号处理器）是一种独特的微处理器，是以数字信号来处理大量信息的器件。其工作原理是接收模拟信号，转换为 0 或 1 的数字信号，再对数字信号进行修改、删除、强化，并在其他系统芯片中把数字数据转换为模拟数据或实际环境格式。它不仅具有可编程性，还具有高实时运行速度，每秒可处理千万条复杂指令程序，远远超过通用微处理器，强大数据处理能力和高运行速度是它的两大特点。DSP 芯片的内部采用程序和数据分开的哈佛结构，具有专门的硬件乘法器，广泛采用流水线操作，提供特殊的 DSP 指令，可以用来快速地实现各种数字信号处理算法。DSP 的优点是灵活，由软件控制的可编程，并支持大规模的乘除法运算，缺点与 CPU 一样，运行方式为串行处理，无论做多少事情，都要一个个排队来完成。与 CPU 一样，DSP 也可以用 FPGA 来构建乘、除法单元，然后做出几个 DSP，而且这些 DSP 可以并行工作，与此同时还可以利用 FPGA 芯片内部未用的资源做其他辅助功能。FPGA 和 DSP 也是各有优点和不足，对于复杂的系统，可以采取 FPGA 和 DSP 分工合作的方式来完成，通常 DSP 用于运算密集型，FPGA 用于控制密集型，可以用 DSP 实现算法，用 FPGA 作外围控制电路。

CPU 支持操作系统管理，处理能力更强；FPGA 是可编程逻辑器件，侧重时序，可构建从小型到大型的几乎所有数字电路系统；DSP 主要完成复杂的数字信号处理。一个复杂系统可以由 CPU、FPGA 和 DSP 中的一种或几种构成，相辅相成。

1.1.4　VHDL 与 Verilog HDL

HDL（Hardware Description Language，硬件描述语言）是一种用形式化方法来描述数字电路和系统的语言。硬件描述语言应用于设计的各个阶段：建模、仿真、验证、综合等。在 20 世纪 80 年代，已出现了上百种硬件描述语言，对电子设计自动化起到了极大的促进和推动作用。但是这些语言一般各自面向特定的设计领域和层次，而且众多的语言使用户无所适从。因此，急需一种面向设计的多领域、多层次并得到普遍认同的标准硬件描述语言。20 世纪 80 年代后期，VHDL 和 Verilog HDL 语言适应了这种趋势的要求，先后成为 IEEE 标准。VHDL 最初是由美国国防部开发出来的，美军用它来提高设计的可靠性和缩减开发周期，VHDL 当时还是一种使用范围较小的设计语言。1987 年年底，VHDL 被 IEEE 和美国国防部确认为标准硬件描述语言。Verilog HDL 由 Gateway Design Automation 公司（该公司于 1989 年被 Cadence 公司收购）开发，在 1995 年成为 IEEE 标准。

VHDL 和 Verilog HDL 作为描述硬件电路设计的语言，共同特点在于能形式化地抽象表示电路的行为和结构；支持逻辑设计中层次与范围的描述；可借用高级语言的精巧结构来简化电路行为的描述；具有电路仿真与验证机制以保证设计的正确性；支持电路描述由高层到低层的综合转换；独立于器件的设计、与工艺无关；便于文档管理；易于共享和复用。

但是，VHDL 和 Verilog HDL 又有各自的特点，VHDL 的语法更严谨，可通过 EDA 工具自动语法检查，易于排除许多设计中的疏忽；VHDL 有很好的行为级描述能力和一定的系统级描述能力，而 Verilog HDL 在建模时，其行为与系统级抽象及相关描述能力不及 VHDL。但是，VHDL 代码比较冗长，在相同逻辑功能描述时，Verilog HDL 的代码量比 VHDL 小很多；由于 VHDL 对数据类型匹配要求过于严格，初学时会感到不太方便，编程所需时长也比较多，而 Verilog HDL 支持自动类型转换，初学者容易入门；Verilog HDL 的最大特点是易学易用，如果有 C 语言的编程经验，可以很快地学习和掌握，相比之下，VHDL 的学习要困难些；VHDL 对版图级、管子级这些较为底层的描述级别，几乎不支持，无法直接用于集成电路底层建模。

无论如何，语言只是 FPGA 开发的一个工具或手段，精通一门语言之外，还可以熟练使用另一门语言，可以更好地使其服务于开发设计工作。

1.1.5 Xilinx 与 Altera

现今流行的 FPGA 厂商主要有 Xilinx、Altera 及 Lattice，Xilinx 和 Altera 占据了市场 90%的份额，其中 Xilinx 的产品更是占有超过 50%的市场。在欧洲，Xilinx 深入人心，在日本及亚太地区，Altera 的产品则得到了大部分工程技术人员的喜爱，在美国，二者平分秋色、不分上下。

Xilinx 公司成立于 1984 年，总部在加利福尼亚州圣何塞市。Xilinx 首创了具有创新性的现场可编程逻辑阵列（FPGA）技术，并于 1985 年首次推出商业化产品。ISE 是 Xilinx FPGA 和 CPLD 产品集成开发的工具，简便易用的内置式工具和向导使 I/O 分配、功耗分析、时序驱动和 HDL 仿真变得快速而直观。另外，从 2013 年 10 月起不再更新 ISE 系列开发软件，而是替换为 Vivado 系列的开发软件。Vivado 设计套件是 Xilinx 面向未来 10 年的“All-Programmable”器件打造的开发工具，Vivado 设计套件包括高度集成的设计环境和新一代从系统到 IC 级的工具，这些均建立在共享的可扩展数据模型和通用调试环境基础上。Xilinx 有两大类 FPGA 产品：Spartan 类和 Virtex 类。这两个系列的差异仅限于芯片的规模和专用模块，都采用了先进的 0.13μm、90nm 甚至 65nm 制造工艺，具有相同的卓越品质。Spartan 系列主要面向低成本的中低端应用，是目前业界成本最低的一类 FPGA，目前最新器件为 Spartan-7，是 28nm 工艺，Spartan-6 是 45nm 工艺，该系列器件价格实惠，逻辑规模相对较小。Virtex 系列主要面向高端应用，属于业界的顶级产品。

Altera 公司成立于 1983 年，总部在美国加利福尼亚州。2015 年被 Intel 公司以 167 亿美元收购。Quartus II 软件和 MAX+PLUS II 软件是具有编译、仿真和编程功能的 Altera 工具，MAX+PLUS II 和 Quartus II 提供了一种与结构无关的设计环境，设计人员无须精通器件的内部结构，只需运用自己熟悉的输入工具（如原理图输入或高级行为描述语言）进行设计，就可以通过 MAX+PLUS II 和 Quartus II 把这些设计转换为最终结构所需要的格式。有关结构的详细知识已装入开发工具软件，设计人员无须手动优化自己的设计，因此设计速度非常快。

Altera 的主流 FPGA 分为两大类：一类侧重低成本应用，容量中等，性能可以满足一般的逻辑设计要求，如 Cyclone、Cyclone Ⅱ；还有一类侧重于高性能应用，容量大，性能可以满足各类高端应用，如 Stratix、Stratix Ⅱ等。

1.2　FPGA 开发流程

FPGA 开发流程如图 1-1 所示，先通过系统功能设计，再通过 VHDL/Verilog HDL 硬件描述语言进行 RTL 级 HDL 设计，然后进行 RTL 级仿真、综合、门级仿真、布局布线和时序仿真等步骤，最后生成下载配置文件，下载到 FPGA 中进行板级调试。

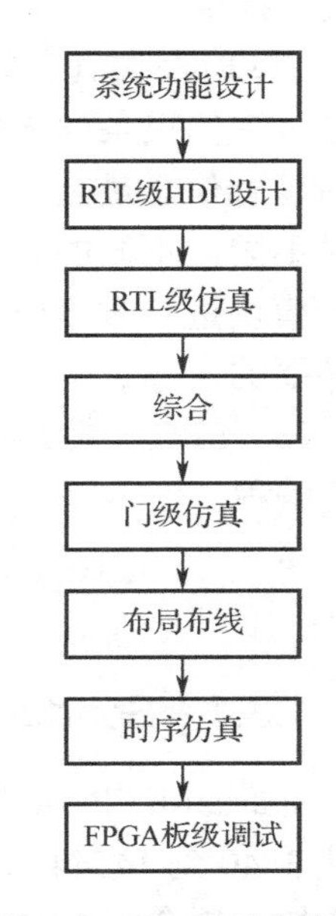

图 1-1　FPGA 开发流程

（1）系统功能设计。在系统设计之前，首先要进行方案论证、系统设计和 FPGA 芯片选型等准备工作。通常采用自顶向下的设计方法，把系统分成若干个基本模块，然后把每个基本模块细分。

（2）RTL 级 HDL 设计。RTL 级指不关注寄存器和组合逻辑的细节（如使用了多少个逻辑门、逻辑门的连接拓扑结构等），通过描述数据在寄存器之间的流动和如何处理、控制这些数据流动的模型的 HDL 设计方法。RTL 级比门级更抽象，同时也更简单高效。RTL 级的最大特点是可以直接用综合工具将其综合为门级网表，其中 RTL 级设计直接决定系统的功能和效率。

（3）RTL 级仿真。也称为功能（行为）仿真，或综合前仿真，是在编译之前对用户所设计的电路进行逻辑功能验证，此时的仿真没有延迟信息，仅对初步的功能进行检测。仿真前，先利用波形编辑器和 HDL 等建立波形文件及测试向量（将所关心的输入信号组合成序列），仿真结果将会生成报告文件和输出信号波形，从中观察各个节点信号的变化。虽然仿真不是必需步骤，但却是系统设计中最关键的一步。为了提高功能仿真的效率，需要建立测试平台 testbench，其测试激励通常使用行为级 HDL 语言描述。

（4）综合。综合就是将较高级抽象层次的描述转化成较低层次的描述。综合优化根据目标与要求优化所生成的逻辑连接，使层次设计平面化，供 FPGA 布局布线软件进行实现。从目前的层次来看，综合优化是指将设计输入编译成由与门、或门、非门、RAM、触发器等基本逻辑单元组成的逻辑连接网表，而并非真实的门级电路。真实具体的门级电路需要利用 FPGA 制造商的布局布线功能，根据综合后生成的标准门级结构网表来产生。

（5）门级仿真。也称为综合后仿真，综合后仿真检查综合结果是否与原设计一致。在仿真时，把综合生成的标准延时文件反标注到综合仿真模型中去，可估计门延时带来的影响。但该步骤不能估计线延时，因此与布线后的实际情况还有一定的差距，并不十分准确。目前的综合工具较为成熟，对于一般的设计可以省略这一步，但如果在布局布线后发现电路结构与设计意图不符，则需要回溯到综合后仿真来确认问题所在。

（6）布局布线。将综合生成的逻辑网表配置到具体的 FPGA 芯片上，将工程的逻辑和时序与器件的可用资源匹配。布局布线是最重要的过程，布局将逻辑网表中的硬件原语和底层单元合理地配置到芯片内部的固有硬件结构上，并且往往需要在速度最优和面积最优之间做出选择。布线根据布局的拓扑结构，利用芯片内部的各种连线资源，合理正确地连接各个元件。也可以简单地将布局布线理解为对 FPGA 内部查找表和寄存器资源的合理配置，布局可以被理解为挑选可实现设计网表的最优资源组合，布线就是将这些查找表和寄存器资源以最优的方式连接起来。FPGA 的结构非常复杂，特别是在有时序约束条件时，需要利用时序驱动的引擎进行布局布线。布线结束后，软件工具会自动生成报告，提供有关设计中各部分资源的使用情况。由于只有 FPGA 芯片生产商对芯片结构最了解，所以布局布线必须选择芯片开发商提供的工具。

（7）时序仿真。指将布局布线的延时信息反标注到设计网表中来检测有无时序违规（不满足时序约束条件或器件固有的时序规则，如建立时间、保持时间等）现象。时序仿真包含的延时信息最全，也最精确，能较好地反映芯片的实际工作情况。由于不同芯片的内部延时不同，不同的布局布线方案也给延时带来不同的影响。因此在布局布线后，对系统和各个模块进行时序仿真，分析时序关系，估计系统性能，以及检查和消除竞争冒险是非常有必要的。

（8）FPGA 板级调试。通过编程器将布局布线后的配置文件下载到 FPGA 中，对其硬件进行编程。

1.3　XC6SLX16 芯片介绍

1.3.1　Spartan-6 系列介绍

Spartan-6 FPGA 为 Xilinx 的低成本、低功耗 FPGA。Spartan-6 系列拥有 13 个成员，提供了从 3840 到 147443 逻辑单元的扩展密度，其功耗仅为以前 Spartan 系列的一半，并且连接速度更快、更全面。Spartan-6 系列以成熟的 45nm 低功耗铜工艺技术为基础，可在成本、功率和性能之间实现最佳平衡，并提供了新型和更高效的双寄存器 6 输入查询表（LUT）逻辑和丰富的内置系统级模块选择。其中包括 18KB（2×9KB）块 RAM，第二代 DSP48A1 Slice，SDRAM 控制器，增强的混合模式时钟管理块，SelectIO 技术，功耗优化的高速串行收发器块，PCIExpress 兼容的端点模块，高级系统级电源管理模式，自动检测配置选项，以及具有 AES 和设备 DNA 保护的增强的 IP 安全性。这些功能为定制 ASIC 产品提供了低成本的可编程替代方案，具有前所未有的易用性。Spartan-6 FPGA 为大批量逻辑设计、面向消费者的 DSP 设计及对成本敏感的嵌入式应用提供了最佳解决方案。Spartan-6 FPGA 是目标设计平台的可编程芯片基础，可提供集成的软件和硬件组件，使设计人员能够在开发周期开始时就立即专注于创新。

1.3.2　XC6SLX16-2CSG324C 芯片介绍

FPGA 高级开发系统上使用的 FPGA 芯片为 Spartan-6 系列的 XC6SLX16-2CSG324C，相关属性如表 1-1 所示。

表 1-1　XC6SLX16-2CSG324C 相关属性

属　性	参 数 值
封装类型	CSG
引脚数量	324
电源电压	1.14～1.26V
速度等级	−2

续表

属　性	参 数 值
I/O 数量	232
逻辑单元数量	14579
分布式 RAM	136KB
内嵌式块 RAM-EBR	576KB
最大工作频率	1080MHz
工作温度	-40～100℃

1.3.3　FPGA 速度等级

FPGA 芯片的速度等级取决于芯片内部的门延时和线延时，速度等级越高，芯片性能越好。Altera FPGA 的-6、-7、-8 速度等级逆向排序，序号越低，速度等级越高，-6 速度等级是最高的。而 Xilinx FPGA 的速度等级排序正好相反，序号越高，速度等级越高。

1.3.4　FPGA 可用 I/O 数量

XC6SLX16-2CSG324C 芯片引脚总数为 324 个，其中可用 I/O 数量为 232 个。FPGA 高级开发系统上的核心板通过两个 3710F 连接器将 148 个可用 I/O 引出供给平台上的外设使用，剩下的 I/O 用于核心板上的外扩 SRAM、Flash、摄像头、JTAG 下载等。

1.3.5　FPGA 逻辑单元

逻辑单元在 FPGA 器件内部，是用于完成用户逻辑的最小单元；逻辑单元在 Altera 中称为 LE（Logic Element），在 Xilinx 中称为 LC（Logic Cell）。一个逻辑阵列包含 16 个逻辑单元和一些其他资源，在一个逻辑阵列内部，16 个逻辑单元有着更为紧密的联系，可以实现特有的功能。一个逻辑单元主要由 4 个部件组成：一个 4 输入查询表、一个可编程的寄存器、一条进位链和一条寄存器级联链。XC6SLX16-2CSG324C 芯片内部的逻辑单元数量为 14579 个。

1.3.6　Spartan-6 配置

Spartan-6 FPGA 将配置数据（程序）存储在片内 SRAM 型的内部锁存器中，配置区域存储大小为 3～33MB，具体取决于设备大小和用户设计实现选项。SRAM 具有易失性，因此 FPGA 上电时必须重新载入配置数据。通过将 PROGRAM_B 引脚拉至低电平，也可以随时重新加载。

Spartan-6 FPGA 芯片能从外部非易失性存储设备加载配置数据，当然也可以由智能设备加载配置数据到 FPGA 配置区域中，如微处理器、DSP、微控制器、PC 等，甚至还可以从互联网中远程载入配置数据。

Spartan-6 FPGA 芯片有两个通用配置数据路径，第一个路径用于最小设备引脚要求，例如 SPI 协议，占用 I/O 数量少，但速度较慢。第二个路径是 8 位或 16 位数据路径，用于更高性能的工业设备，如控制器、8 位或 16 位并行接口的 Flash 存储设备。

Spartan-6 FPGA 芯片可以通过 5 种配置模式加载数据，具体使用哪种模式由引脚 M[1:0]

确定，如表 1-2 所示，总线位宽由 ISE 集成开发环境配置，具体可以参考本书配套资料包中的“09.硬件资料\Spartan-6_FPGA_Configuration_User_Guide.pdf”文件。

表 1-2　Spartan-6 FPGA 配置模式

配 置 模 式	M[1:0]	总线位宽
主串行或 SPI 模式	01	1，2，4
主 SelectMAP/BPI 模式	00	8，16
JTAG 模式	xx	1
从 SelectMAP 模式	10	8，16
从串行配置模式	11	1

1.4　FPGA 开发环境安装与配置

本书的所有例程均基于 ISE 14.7，建议读者选择相同版本的开发环境来学习。

1.4.1　ISE

ISE（Intergrated Software Environment）是 Xilinx FPGA/CPLD 的综合性集成设计平台，该平台集成了设计输入、仿真、逻辑综合、布局布线与实现、时序分析、芯片下载与配置、功率分析等几乎所有设计流程所需的工具。

ISE 的主要特点如下：

（1）ISE 是一个集成开发环境，利用它可以实现 FPGA/CPLD 的整个开发过程。ISE 集成了诸多开发工具，资源丰富，操作灵活，能够满足用户的各类开发需要。

（2）ISE 操作界面简洁直观，操作方便。ISE 的界面根据 FPGA/CPLD 的设计流程进行组织，通过依次执行界面中的设计流程选项就可以实现整个设计过程。

（3）ISE 拥有在线帮助选项，结合网络技术支持，用户在一般的设计过程中遇到的问题都能得到快速解决。

（4）ISE 拥有强大的辅助设计功能。在设计的每个阶段，ISE 都有相关的辅助设计帮助用户实现设计。在编写源代码时，可用编写向导生成文件头和模块框架，然后使用语言模板帮助编写代码。ISE 的 CORE Generator 可以生成各类 IP 核供用户使用，从而大大减少了工作量，提高了设计的质量和效率。

1.4.2　安装 ISE 14.7

双击运行本书配套资料包“02.相关软件\Xilinx_ISE_DS_14.7\Xilinx_ISE_DS_Win_14.7_1015_1”文件夹中的 xsetup.exe，在弹出的如图 1-2 所示的对话框中单击 Next 按钮。

弹出如图 1-3 所示的对话框，勾选 I accept and agree to the terms and conditions above 和 I also accept and agree to the following terms and conditions，然后单击 Next 按钮。

如图 1-4 所示，勾选 I accept and agree to the terms and conditions above，然后单击 Next 按钮。

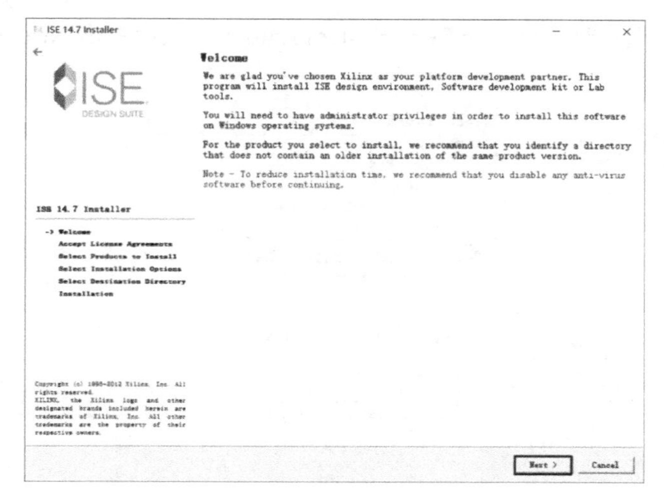

图 1-2　ISE 14.7 安装步骤 1

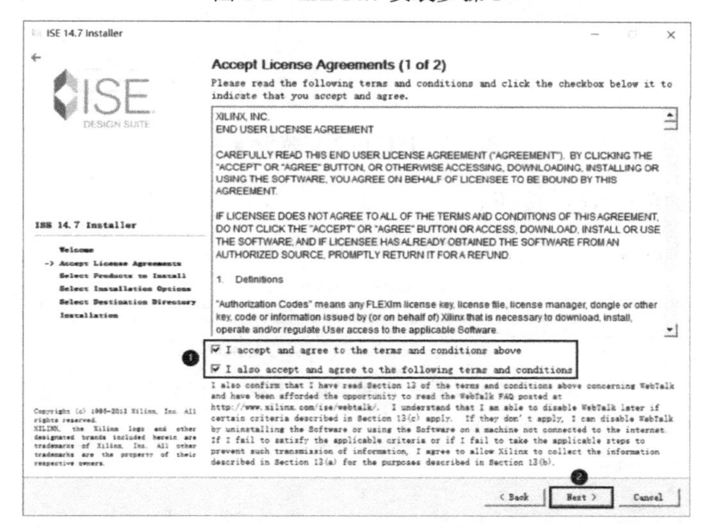

图 1-3　ISE 14.7 安装步骤 2

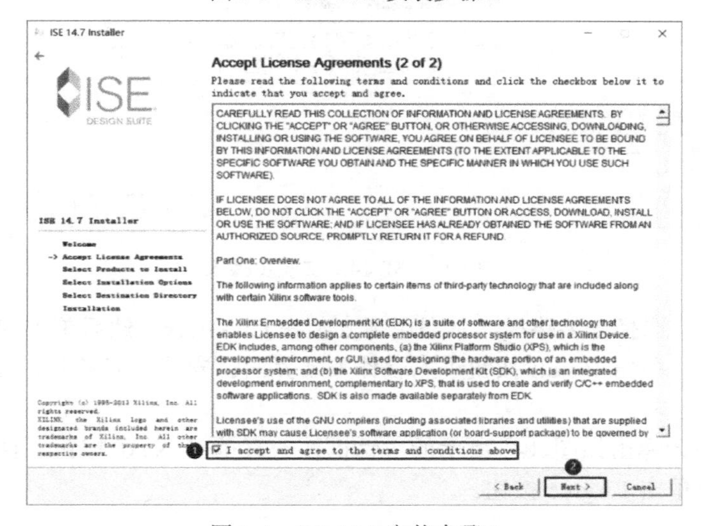

图 1-4　ISE 14.7 安装步骤 3

如图 1-5 所示，选择 ISE Design Suite System Edition，然后单击 Next 按钮。

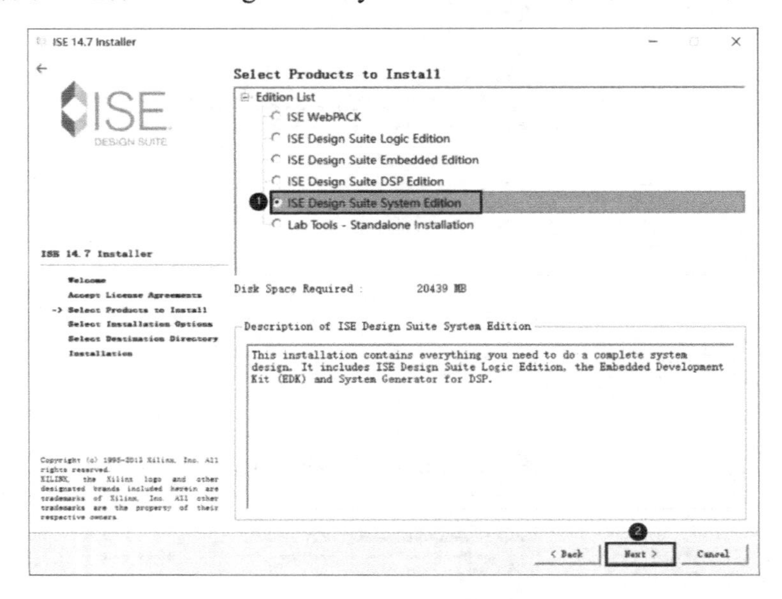

图 1-5　ISE 14.7 安装步骤 4

如图 1-6 所示，单击 Next 按钮。

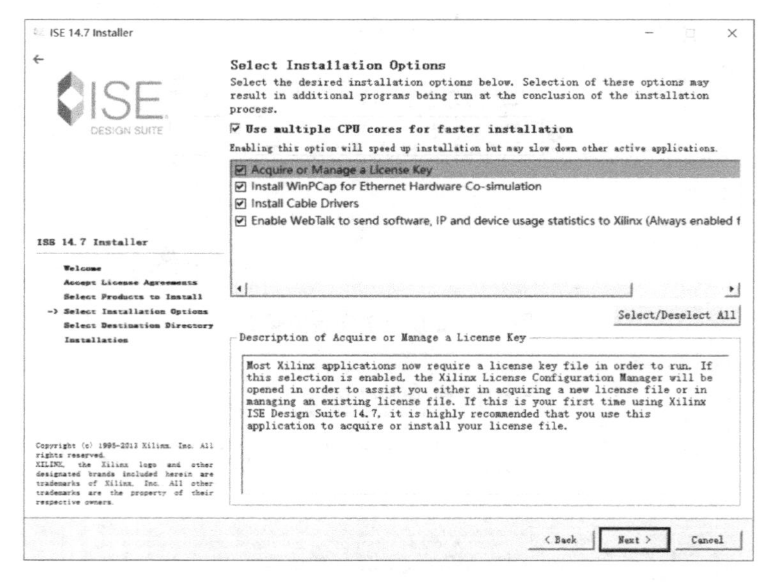

图 1-6　ISE 14.7 安装步骤 5

如图 1-7 所示，选择安装路径，本书选择安装在 C:\Xilinx，然后单击 Next 按钮。

如图 1-8 所示，单击 Install 按钮进入软件安装界面。安装时间较长，需要耐心等待一段时间。

在安装过程中会弹出如图 1-9 所示的对话框，一直单击 Next 按钮，直到出现如图 1-10 所示的对话框，再单击 I Agree 按钮。

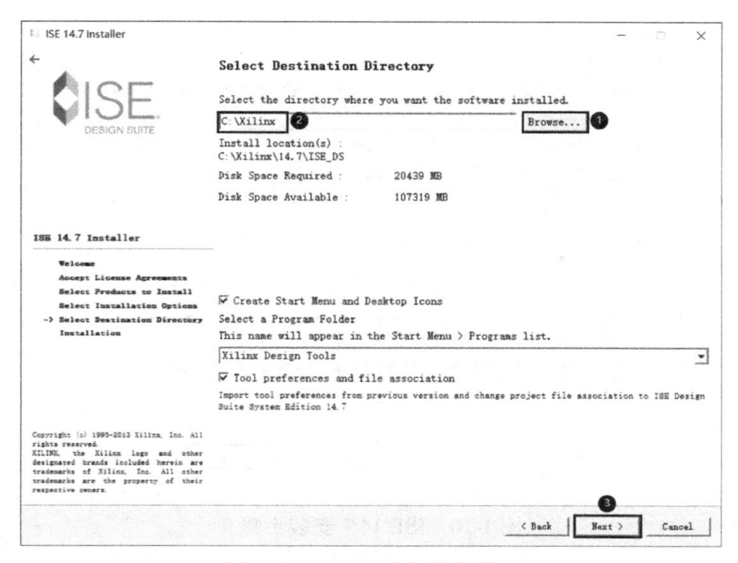

图 1-7　ISE 14.7 安装步骤 6

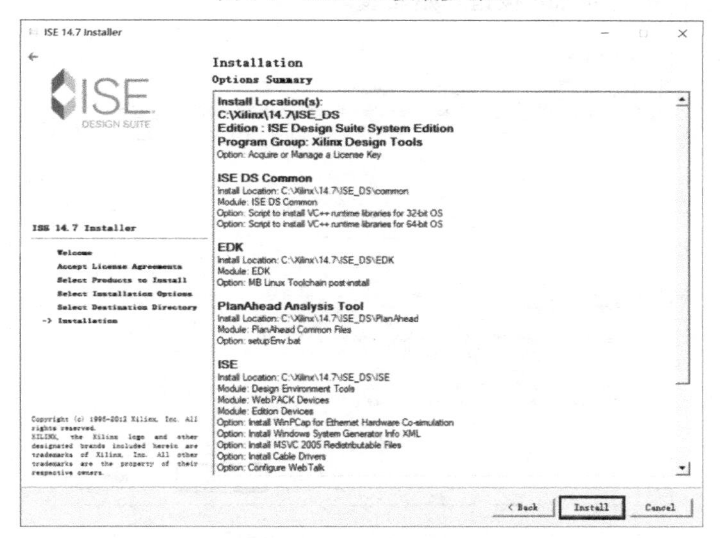

图 1-8　ISE 14.7 安装步骤 7

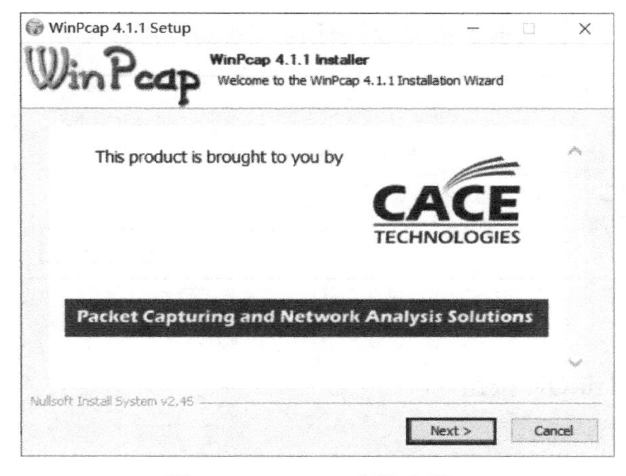

图 1-9　ISE 14.7 安装步骤 8

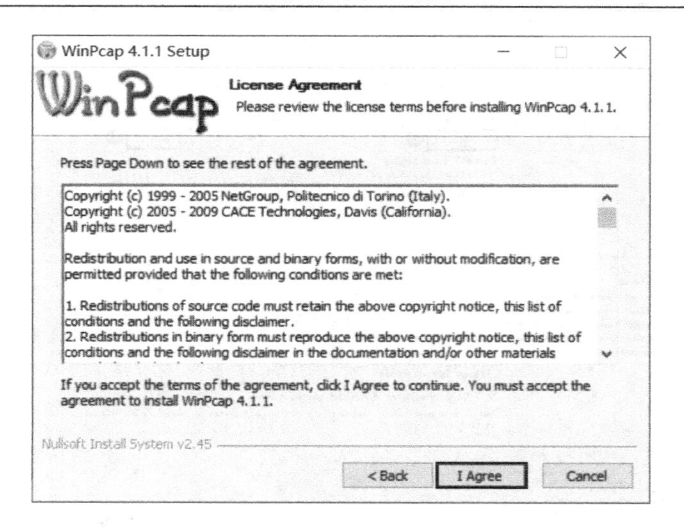

图 1-10　ISE 14.7 安装步骤 9

如图 1-11 所示，单击 Install 按钮开始安装。

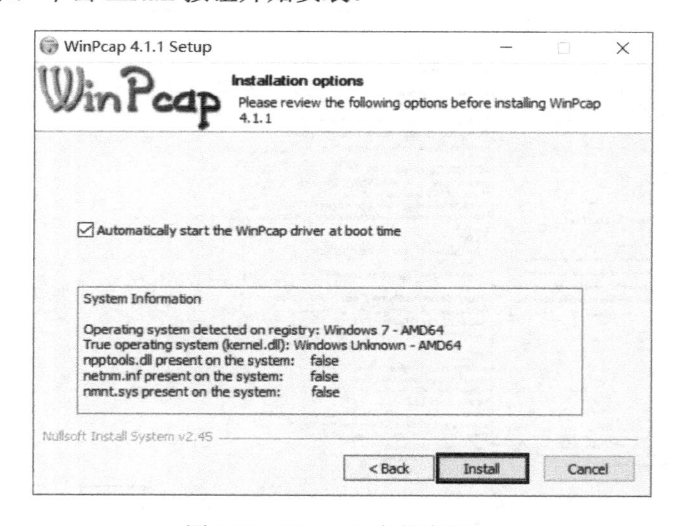

图 1-11　ISE 14.7 安装步骤 10

如图 1-12 所示，在安装过程中不要连接任何下载器，然后单击“确定”按钮。

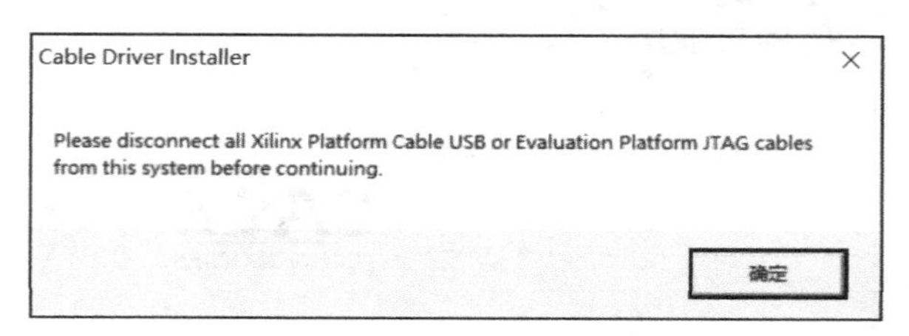

图 1-12　ISE 14.7 安装步骤 11

如图 1-13 所示，单击 OK 按钮。

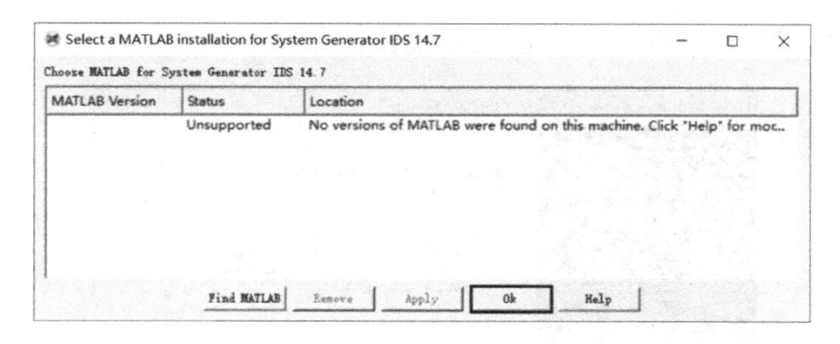

图 1-13　ISE 14.7 安装步骤 12

安装成功后如图 1-14 所示，单击 Finish 按钮。

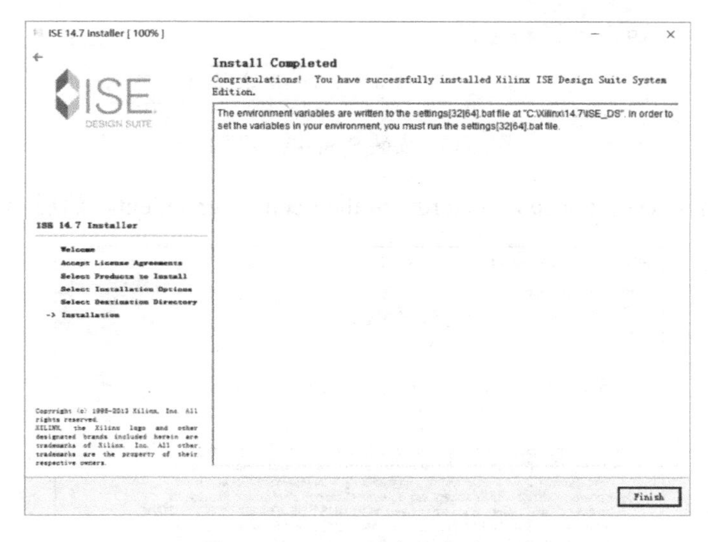

图 1-14　ISE 14.7 安装步骤 13

限于篇幅，本节仅简要介绍 ISE 14.7 软件的安装及配置，如果读者在安装过程中遇到问题，可以参考本书配套资料包“02.相关软件\Xilinx_ISE_DS_14.7”中的“ISE 14.7 软件的安装和配置教程”文件。

1.4.3　Synplify

综合工具在 FPGA 的设计中非常重要，类似于 C 语言的编译器将 C 语言翻译成机器能执行的代码，综合工具将 HDL 描述的语句转换为 EDA 工具可以识别的格式，Synplify 还可以将设计映射到具体的 FPGA 器件中，即用选定的 FPGA 型号中的资源来实现设计。

Synplify/Synplify Pro 是 Synplicity 公司出品的综合工具，该工具支持大多数半导体厂商的 FPGA，在实际应用中，可以使用 Synplify 对设计进行综合得到 EDIF 网表文件，再在 ISE 中引入网表文件进行布局布线就可以实现设计。Synplify 和 Synplify Pro 是两个不同的版本，后者的功能更强大，体现在很多功能只能在 Synplify Pro 中使用，Synplify 的功能是 Synplify Pro 中的一部分。

1.4.4　安装 Synplify

双击运行本书配套资料包“02.相关软件\Synplify201103”文件夹中的 fpga201103sp2.exe，

在弹出如图 1-15 所示的对话框中，单击 Next 按钮。

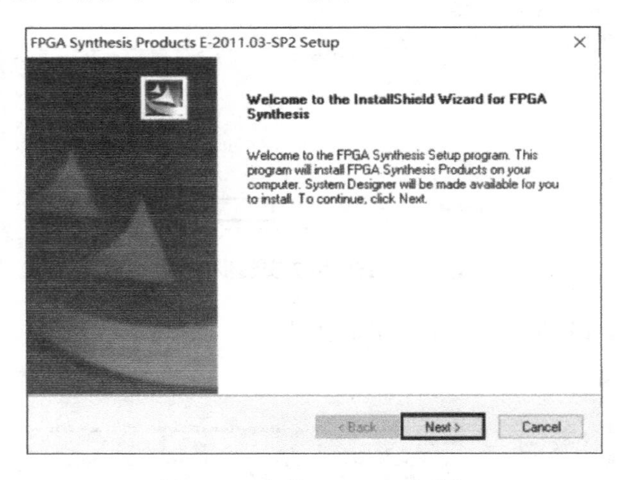

图 1-15　安装 Synplify 步骤 1

如图 1-16 所示，选择 I accept the terms of the license agreement，然后单击 Next 按钮。

图 1-16　安装 Synplify 步骤 2

保持默认设置，一直单击 Next 按钮，在 Synplify 的安装过程中会弹出如图 1-17 所示的窗口，单击“是”按钮。

图 1-17　安装 Synplify 步骤 3

Synplify 成功安装，如图 1-18 所示，单击 Finish 按钮。

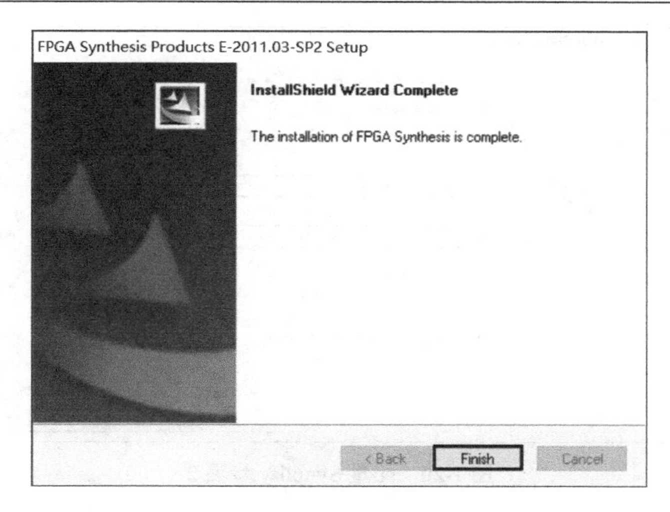

图 1-18　安装 Synplify 步骤 4

安装成功后，需要在 ISE 中添加 Synplify 工具，打开 ISE Design Suite 14.7 软件，执行菜单栏命令 Edit→Preferences，如图 1-19 所示。

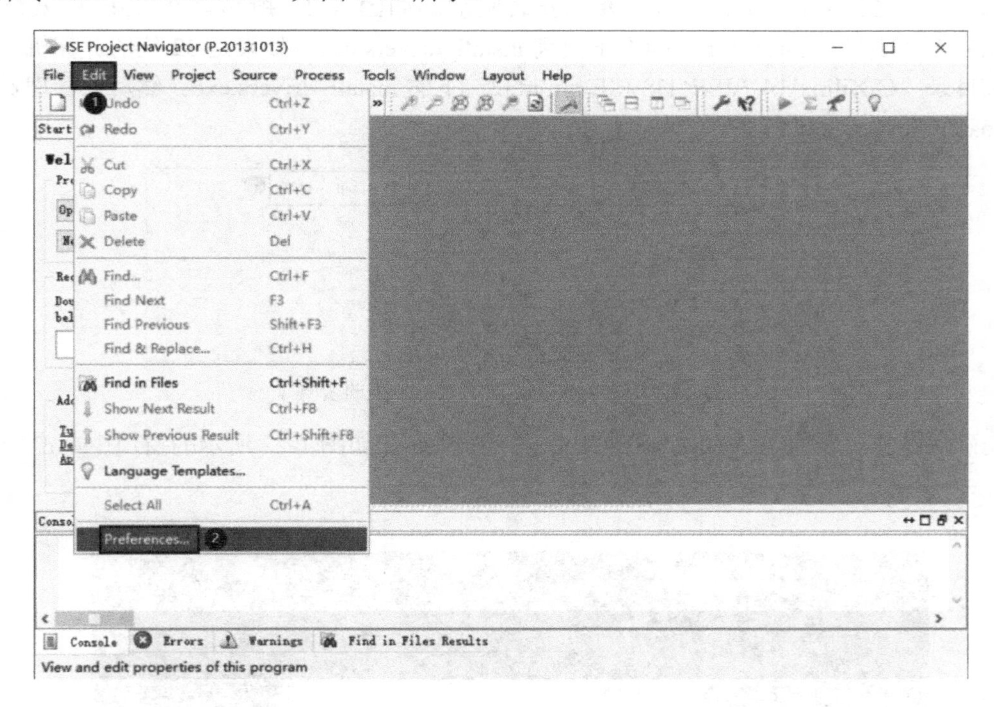

图 1-19　配置 Synplify 步骤 1

在弹出的 Preferences 对话框中，在 ISE General→Integrated Tools 标签页的 Synplify 栏中输入 synplify.exe 的路径，在 Synplify Pro 栏中输入 synplify_premier.exe 的路径，然后单击 Apply 按钮，如图 1-20 所示。

限于篇幅，本节仅简要介绍 Synplify 软件的安装及配置，如果读者在安装过程中遇到问题，可以参考本书配套资料包“02.相关软件\ Synplify201103”中的“Synplify 软件的安装和配置教程”文件。

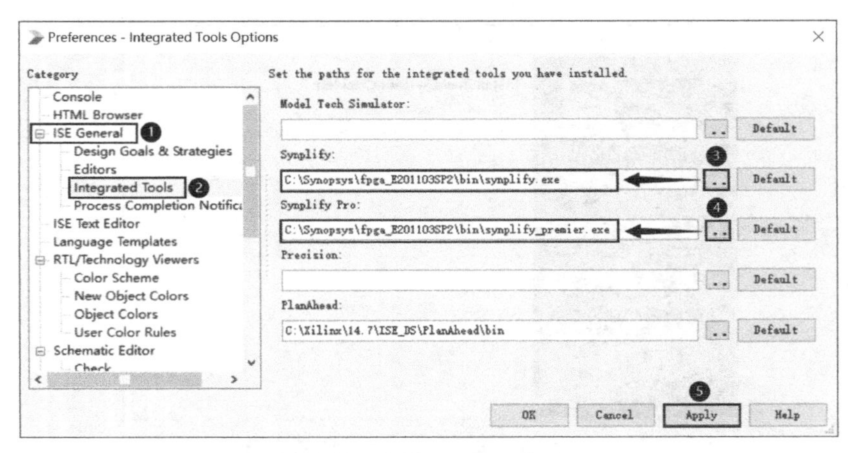

图 1-20　配置 Synplify 步骤 2

1.4.5　安装 Xilinx USB Cable 驱动

Xilinx USB Cable 是 FPGA 下载器中的一种，用于将本书的实验代码下载到 FPGA 高级开发系统中，在使用下载器之前，要先安装驱动。如图 1-21 所示，在 ISE 的安装目录“C:\Xilinx\14.7\ISE_DS\ISE\bin\nt64”下找到 install_drivers.exe，如果是 32 位的计算机，则使用安装目录“C:\Xilinx\14.7\ISE_DS\ISE\bin\nt32”下的 install_drivers.exe。然后以管理员身份运行 install_drivers.exe 程序。

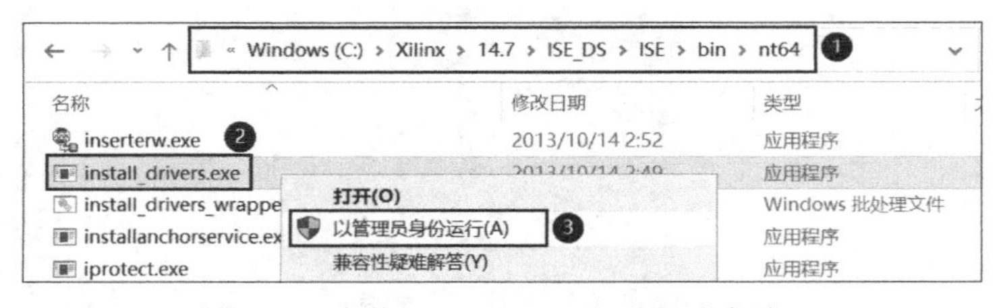

图 1-21　安装 Xilinx USB Cable 驱动步骤 1

先确保计算机没有与 Xilinx USB Cable 相连，然后在如图 1-22 所示的窗口中单击“确定”按钮。

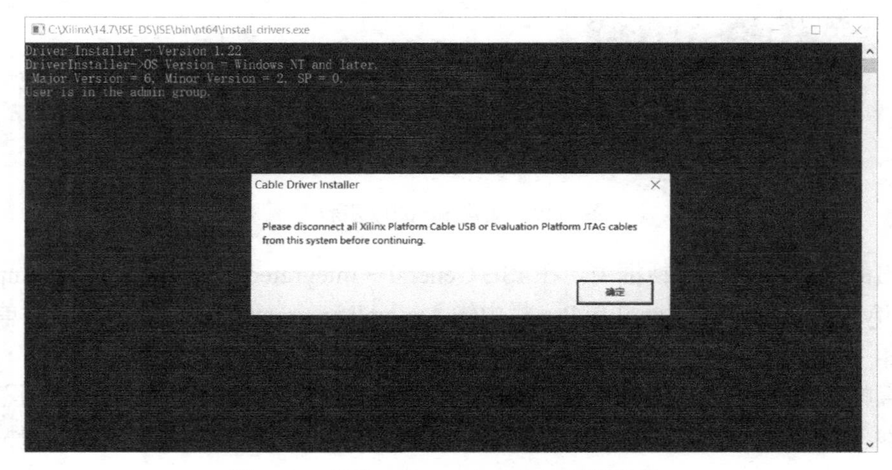

图 1-22　安装 Xilinx USB Cable 驱动步骤 2

如图 1-23 所示，窗口开始运行，几秒后窗口会自动关闭。

```
C:\Xilinx\14.7\ISE_DS\ISE\bin\nt64\install_drivers.exe
Driver Installer - Version 1.22
DriverInstaller->OS Version = Windows NT and later.
 Major Version = 6. Minor Version = 2. SP = 0.
User is in the admin group.
number of applications using Windriver = 1.
number of connected devices = 0.
number of applications using Windriver = 1.
number of connected devices = 0.
Installing WinDriver6...
 wdreg exepath=C:\Xilinx\14.7\ISE_DS\ISE\bin\nt64\wdreg.exe.
 install command=C:\\Xilinx\14.7\ISE_DS\ISE\bin\nt64\wdreg.exe -silent -inf C:\\Xilinx\14.7\ISE_DS\ISE\bin\nt64\windrvr6.i
nf install.
WDREG utility v10.21. Build Aug 31 2010 14:21:54
 Installer exit code = 0.
 wdreg exepath=C:\Xilinx\14.7\ISE_DS\ISE\bin\nt64\wdreg.exe.
 install command=C:\\Xilinx\14.7\ISE_DS\ISE\bin\nt64\wdreg.exe -silent -inf C:\\Xilinx\14.7\ISE_DS\ISE\bin\nt64\xusbdrvr.i
nf install.
WDREG utility v10.21. Build Aug 31 2010 14:21:54
```

图 1-23　安装 Xilinx USB Cable 驱动步骤 3

然后把 Xilinx USB Cable 插入计算机的 USB 接口，可以看到指示灯亮起，说明驱动安装成功，同时，在计算机的“设备管理器”中也能看到 Xilinx USB Cable，如图 1-24 所示，这样就完成了驱动安装。

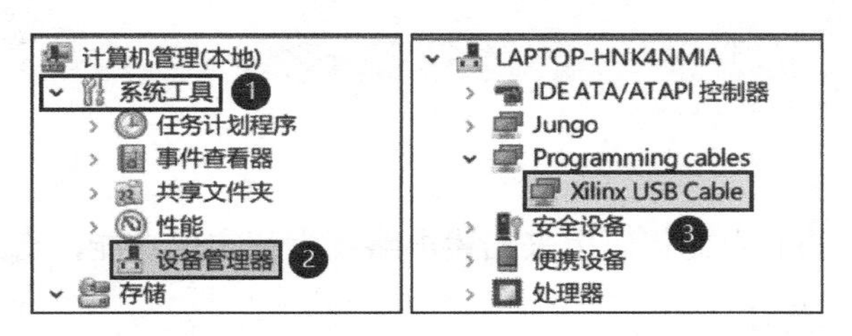

图 1-24　安装 Xilinx USB Cable 驱动步骤 4

1.5　VHDL 语法基础

1.5.1　库声明

库（library）的建立和使用有利于设计重用与代码共享，同时可以使代码结构更加清晰，在 VHDL 设计中有 3 个常用的库：ieee 库、std 库和 work 库。在使用一个库之前，首先需要对库进行声明，经过声明后，在设计中就可以调用库中的代码。库语句关键词 library 指明所使用的库名，use 语句指明库中的程序包，声明格式如下：

```
library 库名;
use 库名.程序包名.all;
use 库名.程序包名.项目名;
```

本书所有实验都用到了 ieee 库，用到的程序包有 std_logic_1164、std_logic_arith 和 std_logic_unsigned，声明格式如下：

```
library ieee;
use ieee.std_logic_1164.all;
```

```
use ieee.std_logic_arith.all;
use ieee.std_logic_unsigned.all;
```

1.5.2 实体

实体（entity）用来描述电路的所有输入/输出引脚，语法结构如下：

```
entity 实体名 is
    port(
        引脚名 : in 信号类型;
        引脚名 : inout 信号类型;
        引脚名 : out 信号类型
        );
end entity;
```

例如，某实验有 3 个外部引脚：两个输入引脚（clk_50mhz_i 和 rst_n_i）和一个输出引脚（led_o），信号类型为 std_logic 和 std_logic_vector，其中“--”后面为注释内容。

```
entity led is
  port(
    clk_50mhz_i : in std_logic; --时钟输入，50MHz
    rst_n_i     : in std_logic; --复位输入，低电平有效
    led_o       : out std_logic_vector(3 downto 0) --led 输出，共 4 位
    );
end entity;
```

1.5.3 结构体

结构体（architecture）中的代码用来描述电路行为和实现功能，格式如下：

```
architecture rtl of 结构体名 is
    说明语句
begin
    功能描述语句
end rtl;
```

“说明语句”包含在结构体中，用来说明和定义数据对象、数据类型、元件声明等。“说明语句”并非是必需的。但“功能描述语句”必须在结构体中给出相应的电路功能描述语句。

1.5.4 元件声明

一个元件（component）是一段结构完整的程序（包括库声明、实体和结构体），如果将这些程序声明为 component，就可以被其他电路调用（实例化），从而使程序具有层次化结构。调用一个元件之前，要在结构体的声明部分对该元件进行声明，格式如下：

```
component 元件名 is
    port(
        引脚名表
        );
end component;
```

例如，在某实验中调用了元件（分频器 clk_gen_1hz），那么在结构体中要对该元件进行

声明，“引脚名表”来自于元件的实体，格式如下：

```
component clk_gen_1hz is
    port(
      clk_i   : in  std_logic; --时钟输入，50MHz
      rst_n_i : in  std_logic; --复位输入，低电平有效
      clk_o   : out std_logic  --时钟输出，1Hz
      );
end component;
```

1.5.5　常量定义

常量的定义和设置主要是为了使程序更容易阅读和修改。在程序中，常量是一个恒定不变的值，一旦作了数据类型和赋值定义后，在程序中就不能再改变，具有全局意义。常量定义的格式如下：

```
constant 常量名 : 数据类型 := 表达式;
```

例如，某实验中定义了常量 LED0_ON 的数据类型为 std_logic_vector，它等于 0001。

```
constant LED0_ON : std_logic_vector(3 downto 0) := "0001"; --LED0 点亮
```

1.5.6　变量定义

在 VHDL 语法规则中，变量是一个局部量，只能在进程和子程序中使用。变量不能将信息带出对它做出定义的当前结构。变量的赋值是一种理想化的数据传输，是立即发生的，不存在任何延时行为。变量的主要作用是在进程中作为临时的数据存储单元。变量定义的格式如下：

```
variable 变量名 : 数据类型 := 初始值;
```

例如，以下两句表述分别定义了变量 a 是取值范围为 0～15 的整数型变量；变量 b 为标准位类型的变量，初始值为 1。

```
variable a : integer range 0 to 15;
variable b : std_logic := '1';
```

1.5.7　信号

信号可以作为设计实体中并行语句模块间的信息交流通道，信号定义的格式如下：

```
signal 信号名 : 数据类型 := 初始值;
```

信号初始值的设置不是必需的，初始值的设置仅在 VHDL 的行为仿真中有效，例如，定义 1Hz 时钟信号和计数信号，并且计数信号的初始值为 00。

```
signal s_clk_1hz : std_logic; --1Hz 时钟信号
signal s_cnt     : std_logic_vector(1 downto 0) := "00"; --计数信号，2 位
```

1.5.8　直接赋值语句

直接赋值语句用于信号赋值，格式如下：

```
信号名 <= 表达式;
```

例如，计数信号 s_cnt 执行加 1 操作后再赋给 s_cnt，赋值语句如下：

```
s_cnt <= s_cnt + '1';
```

1.5.9　when...else 语句

when...else 语句在满足“条件 1”时取“值 1”，否则判断是否满足“条件 2”，如果满足，则取“值 2”，否则继续判断，依次类推。when...else 语句的表达格式如下：

```
目标变量 <=
  值 1 when 条件 1 else
  值 2 when 条件 2 else
  值 3 when 条件 3 else
  …
  值 n;
```

when...else 语句举例如下，在满足 s_cnt=00 时，led_o 取值为 LED0_ON，否则判断 s_cnt 的值是否为 01，如果满足，那么 led_o 取值为 LED1_ON，否则继续判断，依次类推，若 s_cnt 对列出的 4 个条件都不满足，那么 led_o 取值为 LED_OFF。

```
led_o <=
  LED0_ON when s_cnt = "00" else
  LED1_ON when s_cnt = "01" else
  LED2_ON when s_cnt = "10" else
  LED3_ON when s_cnt = "11" else
  LED_OFF;
```

1.5.10　with...select...when 语句

with...select...when 语句判断“表达式”的取值，如果“表达式取值 a”，则“目标变量”赋“值 1”，否则继续判断“表达式”是否为“表达式取值 b”，如果是，则“目标变量”赋“值 2”，否则继续判断，依次类推。

```
with 表达式 select
目标变量 <=值 1 when 表达式取值 a
          值 2 when 表达式取值 b
          值 3 when 表达式取值 c
          …
          值 n when others;
```

with...select...when 语句举例如下，通过判断 s_cnt 的值为 00、01、10、11 或 others，从而对 led_o 赋值为 LED0_ON、LED1_ON、LED2_ON、LED3_ON 或 LED_OFF。

```
with s_cnt select
  led_o <= LED0_ON when "00"
           LED1_ON when "01"
           LED2_ON when "10"
           LED3_ON when "11"
           LED_OFF when others;
```

1.5.11　process 语句

VHDL 的 process 语句几乎在所有的时序逻辑设计中都会使用，一旦 process 括号内敏感信号的动作条件满足，则 process 语句将会启动并执行，格式如下：

```
process(敏感表)
  变量声明
begin
  代码部分（详细电路设计）
end process;
```

process 语句举例如下，变量声明部分不是必需的，根据设计需求添加。注意，除了直接赋值语句，本书介绍的其他语句都需要在 process 语句的代码部分中使用。

```
process(s_cnt)
begin
  case s_cnt is
    when "00"   => led_o <= LED0_ON;
    when "01"   => led_o <= LED1_ON;
    when "10"   => led_o <= LED2_ON;
    when "11"   => led_o <= LED3_ON;
    when others => led_o <= LED_OFF;
  end case;
end process;
```

1.5.12　if...else 语句

if...else 语句首先判断表达式 1 的条件是否满足，若满足则执行逻辑电路 1，否则判断表达式 2 的条件是否满足，若满足则执行逻辑电路 2，否则继续判断，依次类推，基本语法如下：

```
if 表达式 1 then
  逻辑电路 1
elsif 表达式 2 then
  逻辑电路 2
…
else
  逻辑电路 n
end if;
```

if...else 语句举例如下，此处为在时钟上升沿进行加 1 计数的逻辑电路，如果复位（rst_n_i=0），那么计数变量 s_cnt 赋值为 00；否则在时钟上升沿（rising_edge(s_clk_1hz)），计数变量 s_cnt 加 1 计数。

```
process(s_clk_1hz, rst_n_i)
begin
  if(rst_n_i = '0') then
    s_cnt <= "00";
  elsif rising_edge(s_clk_1hz) then
    s_cnt <= s_cnt + '1';
  end if;
end process;
```

1.5.13　case 语句

case 语句根据表达式的取值来执行相应的逻辑电路，基本语法如下：

```
case 表达式 is
  when 表达式取值 1 =>
     逻辑电路 1
  when 表达式取值 2 =>
     逻辑电路 2
  …
  when others =>
     逻辑电路 n
end case;
```

case 语句举例如下，根据 s_cnt 的值，对 led_o 赋相应的值。

```
process(s_cnt)
begin
  case s_cnt is
    when "00"   => led_o <= LED0_ON;
    when "01"   => led_o <= LED1_ON;
    when "10"   => led_o <= LED2_ON;
    when "11"   => led_o <= LED3_ON;
    when others => led_o <= LED_OFF;
  end case;
end process;
```

1.5.14　运算符

赋值运算符用来给信号、变量和常量赋值，如表 1-3 所示。

表 1-3　赋值运算符

赋值运算符	描　述
<=	用于对信号赋值
:=	用于对变量、常量和参数传递赋值，也可用于赋初始值
=>	给矢量中的某些位赋值，或对某些位之外的其他位（常用 others 表示）赋值

下面举例说明赋值运算符的使用方法。

```
signal x : std_logic;
variable y : std_logic_vector(3 downto 0);
signal z : std_logic_vector(0 to 7);

x <= '1';                           --通过<=将值'1'赋给信号 x
y := "0000";                        --通过:=将值"0000"赋给变量 y
z <= "10000000";                    --最低位是 1，其他位是 0
z <= (0 => '1', others => '0');    --最低位是 1，其他位是 0
```

逻辑运算符用来执行逻辑运算操作。操作数必须是 bit、std_logic 或 std_ulogic 类型的数据（或是这些数据类型的扩展，即 bit_vector、std_logic_vector 或 std_ulogic_vector）。VHDL 的逻辑运算符如表 1-4 所示，它们的优先级是从上到下递减的。

表 1-4　逻辑运算符

逻辑运算符	描　述
NOT	取反
AND	与
OR	或
NAND	与非
NOR	或非
XOR	异或
XNOR	同或

下面举例说明逻辑运算符的优先级，注意，在 VHDL 语法中字母是不区分大小写的，这里按照本书规范采用小写。

```
y <= not a and b; --a 取反后与 b 相与
y <= not(a and b); --a 和 b 相与的结果取反
y <= a nand b; --a 和 b 相与的结果取反
```

算术运算符用来执行算术运算操作，如表 1-5 所示。

表 1-5　算术运算符

算术运算符	描　述
+	加，A+B
-	减，A-B
*	乘，A*B
/	除，A/B
**	指数运算，A^B
MOD	取模
REM	取余
ABS	取绝对值

关系运算符用来对两个操作数进行比较运算，关系运算符左右两边操作数的数据类型必须相同。VHDL 有 6 种关系运算符，如表 1-6 所示。

表 1-6　关系运算符

关系运算符	描　述
=	等于
/=	不等于
<	小于
>	大于
<=	小于或等于
>=	大于或等于

并置运算符用于位的拼接，其操作数可以是支持逻辑运算的任何数据类型。并置运算符有两种：&和(,,,)，下面举例说明。

```
signal x : bit_vector(3 downto 0) := "1100";
signal y : bit_vector(3 downto 0) := "0010";

z <= x & y; --z <= "11000010"
z <= y & x; --z <= "00101100"
z <= ('1', '1', '0', '0', '0', '0', '0', '0'); --z <= "11000000"
```

1.6　FPGA 高级开发系统简介

本书以 FPGA 高级开发系统为开发平台，对数字电路的 FPGA 设计与实现进行介绍，该系统主要针对“硬件描述语言及数字系统设计”“数字电路与数字系统设计”“EDA 技术”等课程，搭载了丰富的模块。读者可以基于 FPGA 高级开发系统完成 FPGA 的基础实验、数字电路的 FPGA 设计与实现等。除此之外，FPGA 高级开发系统还可以与人体生理参数监测系统搭配学习医疗电子专业的相关内容。

FPGA 高级开发系统搭载的资源非常丰富，包括 LED、七段数码管、音频、以太网、矩阵键盘、A/D 转换、D/A 转换、SD 卡、NL668 通信、USB 转串口、蓝牙及 Wi-Fi 等，可以开展诸多 FPGA 相关实验。其中，数字电路的 FPGA 设计与实现涉及的硬件模块主要有拨动开关、LED、七段数码管、A/D 和 D/A 转换这 5 个部分，下面分别对这些硬件电路模块进行介绍。

1.6.1　拨动开关电路

拨动开关电路在数字电路实验中主要用于作为二进制编码输入的控制，电路原理图如图 1-25 所示，以拨动开关 SW_0 的电路为例，SW_0 的公共端（2 号引脚）经限流电阻后连接到 SW0 网络，当 SW_0 上拨时，公共端与 3 号引脚的 KEY_+3V3 相连，SW0 输出为高电平，同时，SW0 又与 XC6SLX16 芯片的 F15 引脚相连，即 F15 引脚输入为 1；反之，当 SW_0 下拨时，公共端与 1 号引脚的 GND 相连，F15 引脚输入为 0，从而实现了数字电路 0/1 的编码输入控制。

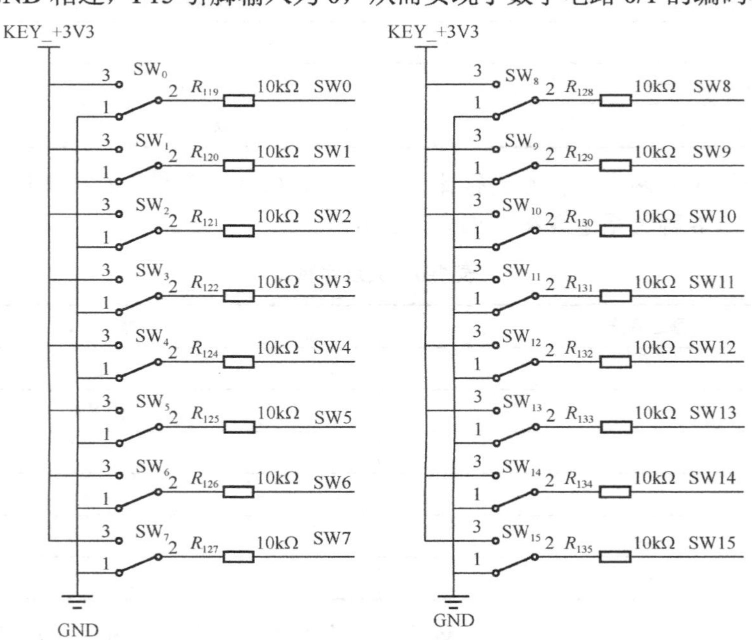

图 1-25　拨动开关电路原理图

FPGA 高级开发系统搭载了 16 个拨动开关电路供数字电路实验使用，可以支持 16 位的二进制编码输入控制，丰富了实验内容和可操作性。其中 16 个拨动开关的网络名与 XC6SLX16 芯片引脚的分配关系如表 1-7 所示。

表 1-7　拨动开关引脚分配

网 络 名	芯 片 引 脚	网 络 名	芯 片 引 脚
SW0	F15	SW8	E11
SW1	C15	SW9	D12
SW2	C13	SW10	C14
SW3	C12	SW11	F14
SW4	F9	SW12	C9
SW5	F10	SW13	C10
SW6	G9	SW14	C11
SW7	F11	SW15	D11

1.6.2　LED 电路

LED 电路在数字电路实验中用于作为二进制编码输出的显示，电路原理图如图 1-26 所示。以 LED_0 的电路为例，LED_0 的负极一端与 GND 相连，正极一端经过一个限流电阻后连接到 LED0 网络，而 LED0 网络又与 XC6SLX16 芯片的 G14 引脚相连，因此，当 G14 引脚输出为 1 时，LED0 网络输入一个高电平，LED_0 便会被点亮；反之，当 G14 引脚输出为 0 时，LED_0 则会熄灭，从而利用 LED 实现了数字电路 0/1 的编码输出显示。

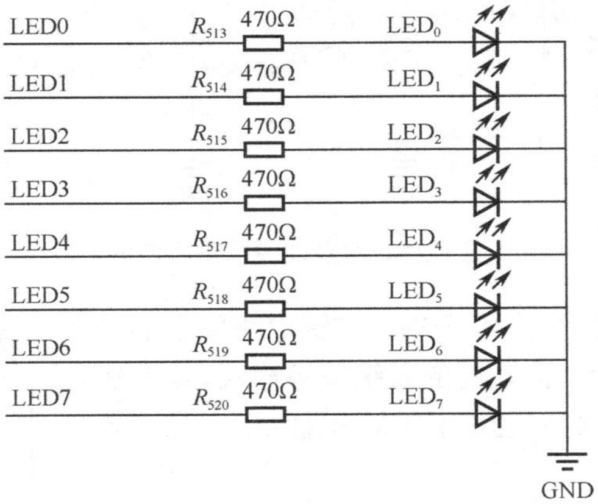

图 1-26　LED 电路原理图

FPGA 高级开发系统搭载了 8 个 LED 电路供数字电路实验使用，可以支持 8 位的二进制编码输出显示，同时，8 个 LED 选用了红、黄、绿、白 4 种不同的颜色，增加了实验的可玩性。8 个 LED 的颜色、网络名及与 XC6SLX16 芯片引脚的分配关系如表 1-8 所示。

表 1-8　LED 引脚分配

颜　色	网 络 名	芯 片 引 脚
红灯	LED0	G14

续表

颜　色	网 络 名	芯 片 引 脚
黄灯	LED1	F16
绿灯	LED2	H15
白灯	LED3	G16
红灯	LED4	H14
黄灯	LED5	H16
绿灯	LED6	J13
白灯	LED7	J16

1.6.3　独立按键电路

独立按键电路在数字电路实验中主要作为系统按键使用，用于在数-模转换和模-数转换实验中设置波形。电路原理图如图 1-27 所示，以 KEY_1 的电路为例，该电路包含一个独立按键 KEY_1、与 KEY_1 串联的 10kΩ 限流电阻 R_{102}、与 KEY_1 并联的 100nF 滤波电容 C_{107}。

XC6SLX16 芯片的 G13 引脚与 KEY1 网络相连，当 KEY_1 未按下时，KEY1 网络与高电平相连，G13 引脚为高电平；当 KEY_1 按下时，KEY1 网络与 GND 相连，G13 引脚为低电平，由此便可以通过读取 G13 引脚的电平来判断按键是否按下。

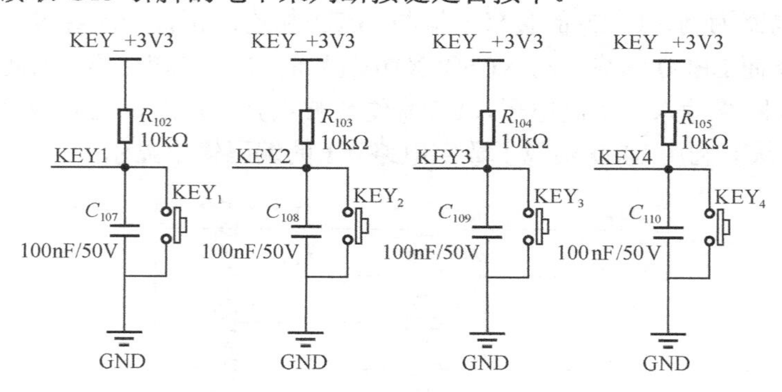

图 1-27　独立按键电路原理图

FPGA 高级开发系统搭载了 4 个独立按键电路供数字电路实验使用，可以支持 4 种不同功能的系统按键输入。4 个独立按键的网络名与 XC6SLX16 芯片引脚的分配关系如表 1-9 所示。

表 1-9　独立按键引脚分配

网 络 名	芯 片 引 脚
KEY1	G13
KEY2	F13
KEY3	H12
KEY4	H13

1.6.4　七段数码管电路

七段数码管实际上由组成 8 字形状的 7 个发光二极管，加上小数点，共 8 个发光二极管构成（见图 1-28），分别由字母 a、b、c、d、e、f、g、dp 表示。当发光二极管被施加电压后，相应的段即被点亮，从而显示出不同的字符，如图 1-29 所示。

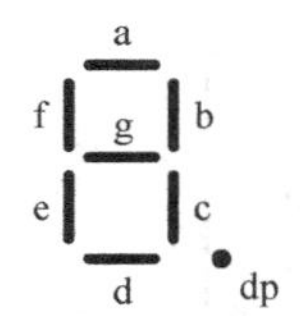

图 1-28　七段数码管示意图

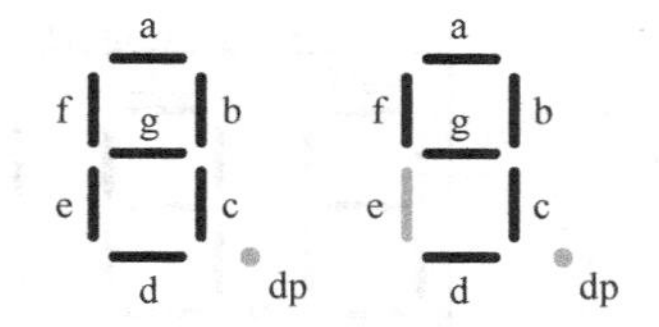

图 1-29　七段数码管显示样例

七段数码管内部电路有两种连接方式，所有发光二极管的阳极连接在一起，并与电源正极（VCC）相连，称为共阳型，如图 1-30（a）所示；所有发光二极管的阴极连接在一起，并与电源负极（GND）相连，称为共阴型，如图 1-30（b）所示。

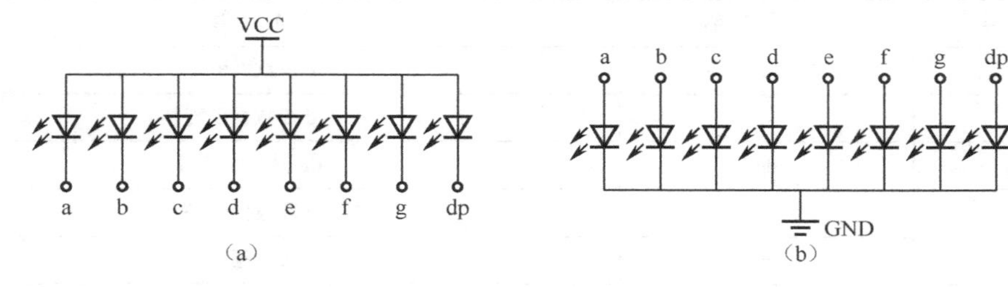

图 1-30　共阳型和共阴型七段数码管内部电路示意图

七段数码管常用来显示数字和简单字符，如 0、1、2、3、4、5、6、7、8、9、A、b、C、d、E、F。对于共阳型七段数码管，当 dp 和 g 引脚连接高电平，其他引脚连接低电平时，显示数字 0。如果将 dp、g、f、e、d、c、b、a 引脚按照从高位到低位组成一个字节，且规定引脚为高电平对应逻辑 1，引脚为低电平对应逻辑 0，那么，二进制编码 11000000（0xC0）对应数字 0，二进制编码 11111001（0xF9）对应数字 1。表 1-10 为共阳型七段数码管常用数字和简单字符译码表。

表 1-10　共阳型七段数码管译码表

序　号	8 位输出（dp g f e d c b a）	显 示 字 符	序　号	8 位输出（dp g f e d c b a）	显 示 字 符
0	11000000（0xC0）	0	8	10000000（0x80）	8
1	11111001（0xF9）	1	9	10010000（0x90）	9
2	10100100（0xA4）	2	10	10001000（0x88）	A
3	10110000（0xB0）	3	11	10000011（0x83）	b
4	10011001（0x99）	4	12	11000110（0xC6）	C
5	10010010（0x92）	5	13	10100001（0xA1）	d
6	10000010（0x82）	6	14	10000110（0x86）	E
7	11111000（0xF8）	7	15	10001110（0x8E）	F

FPGA 高级开发系统选用的是 4 位共阳型七段数码管，可以支持 4 个数字或简单字符的显示，4 位七段数码管引脚图如图 1-31 所示。其中，a、b、c、d、e、f、g、dp 为数据引脚，1、2、3、4 为位选引脚，4 位七段数码管引脚功能描述如表 1-11 所示。

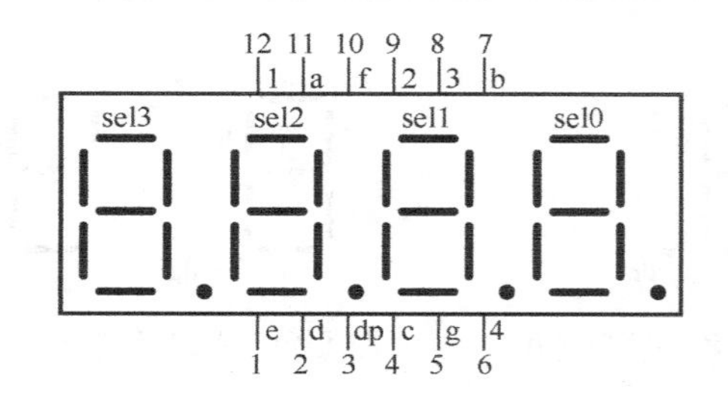

图 1-31 4 位七段数码管引脚图

表 1-11 4 位七段数码管引脚功能描述

引脚编号	引脚名称	描　述
1	e	e 段数据引脚
2	d	d 段数据引脚
3	dp	dp 段数据引脚
4	c	c 段数据引脚
5	g	g 段数据引脚
6	4	左起 4 号数码管（sel0）位选引脚
7	b	b 段数据引脚
8	3	左起 3 号数码管（sel1）位选引脚
9	2	左起 2 号数码管（sel2）位选引脚
10	f	f 段数据引脚
11	a	a 段数据引脚
12	1	左起 1 号数码管（sel3）位选引脚

图 1-32 所示为 4 位共阳型七段数码管的内部电路示意图。数码管 sel3 的所有发光二极管的正极相连，引出作为 sel3 的位选引脚；数码管 sel2 的所有发光二极管的正极相连，引出作为 sel2 的位选引脚；以此类推，引出 sel1 和 sel0 的位选引脚。4 个数码管的 a 段对应的发光二极管的负极相连，引出作为 a 段数据的引脚；4 个数码管的 b 段对应的发光二极管的负极相连，引出作为 b 段数据的引脚；以此类推，引出 c、d、e、f、g、dp 段数据的引脚。

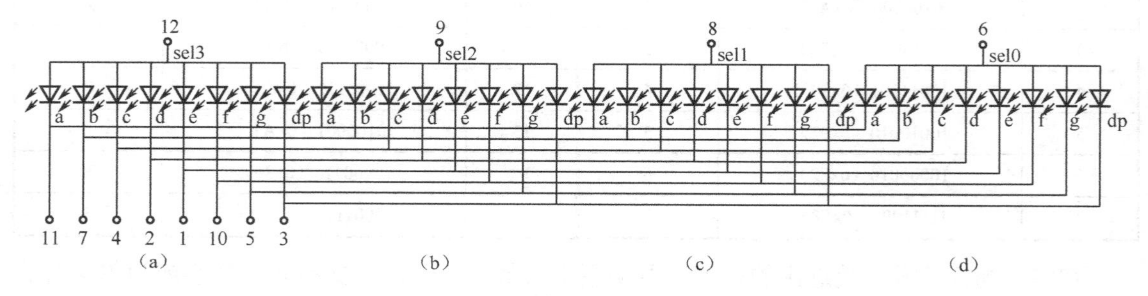

图 1-32 4 位共阳型七段数码管内部电路示意图

七段数码管电路在数字电路中用于作为数字或简单字符的显示，电路原理图如图 1-33 所示。以七段数码管 U_{502} 的电路为例，U_{502} 是一个 4 位共阳型七段数码管，通过 12 个引脚可以控制数码管每一位的点亮与熄灭，其中，引脚 6、8、9、12 为位选引脚，分别用于控制 SEL0～

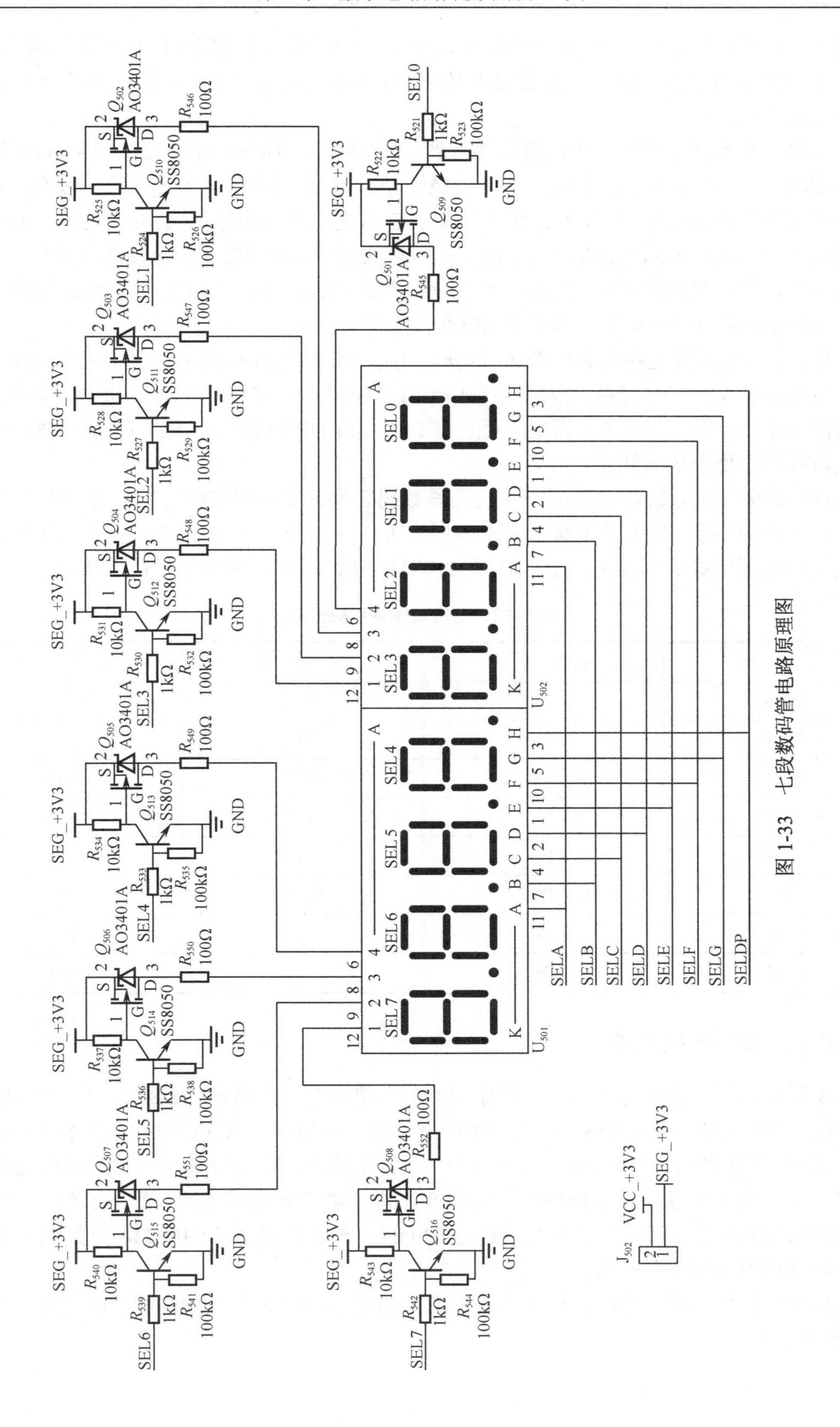

图 1-33　七段数码管电路原理图

SEL3 相应位数码管点亮，其余 8 个数据引脚则用于控制数码管的相应段被点亮，这 12 个引脚均由 XC6SLX16 芯片控制。下面通过对数码管 SEL0 的点亮与熄灭，简单介绍一下七段数码管电路的显示原理。

U_{502} 的 6 号数据引脚经一个电路后连接到 SEL0 网络，而 SEL0 又与 XC6SLX16 芯片的 F3 引脚相连，当 F3 引脚输出高电平时，三极管 Q_{509} 导通，MOS 管 Q_{501} 的 1 号引脚（G 级）为低电平，因此 Q_{501} 也被导通，U_{502} 的 6 号引脚输入高电平，SEL0 位选引脚使能，此时只要控制 SELA～SELDP 网络输出的电平高低，就可以实现数码管 SEL0 相应段的熄灭与点亮（低电平为点亮，高电平为熄灭）；反之，当 F3 引脚输出低电平时，SEL0 位选引脚失能，无论 SELA～SELDP 输出何种电平，数码管 SEL0 都为熄灭状态。

此外，七段数码管电路还有一个 2P 的排针 J_{502}，该排针分别与系统电源 VCC_+3V3 和数码管供电电源 SEG_+3V3 连接，因此，当插上跳线帽时，VCC_+3V3 会与 SEG_+3V3 连上，七段数码管电路才有电源供应，否则，无论 SELA～SELDP 和 SEL0～SEL7 输出为何种电平，七段数码管都会处于熄灭状态。

FPGA 高级开发系统搭载了两个 4 位七段数码管供数字电路实验使用，可以支持 8 位数字或简单字符的显示，极大地丰富了显示内容和可玩性。其中，控制位选引脚的 SEL0～SEL7 网络及控制数据引脚的 SELA～SELDP 网络与芯片引脚的分配关系如表 1-12 所示。

表 1-12　七段数码管引脚分配

网络名	芯片引脚	网络名	芯片引脚
SEL0	F3	SELA	J7
SEL1	G6	SELB	L16
SEL2	G3	SELC	K13
SEL3	H4	SELD	K14
SEL4	H3	SELE	K15
SEL5	H5	SELF	K6
SEL6	J3	SELG	L15
SEL7	J6	SELDP	G11

1.6.5　D/A 转换电路

D/A 转换电路在数字电路实验中用于将并行二进制数字量转换为连续变化的直流电压或直流电流，其核心在于数-模转换芯片 AD9708，该芯片属于 TxDAC™系列高性能、低功耗 CMOS 数-模转换器（DAC）的 8 位分辨率产品，最大采样率为 125MSPS（Million Samples Per Second，每秒采样百万次）。AD9708 具有灵活的单电源工作电压范围（2.7～5.5V），它还是一款电流输出 DAC，标称满量程输出电流为 20mA，输出阻抗大于 100kΩ，可提供差分电流输出，以支持单端或差分应用。

AD9708 芯片引脚排列如图 1-34 所示，表 1-13 是 AD9708 芯片的引脚功能描述，该芯片共有 28 个引脚。

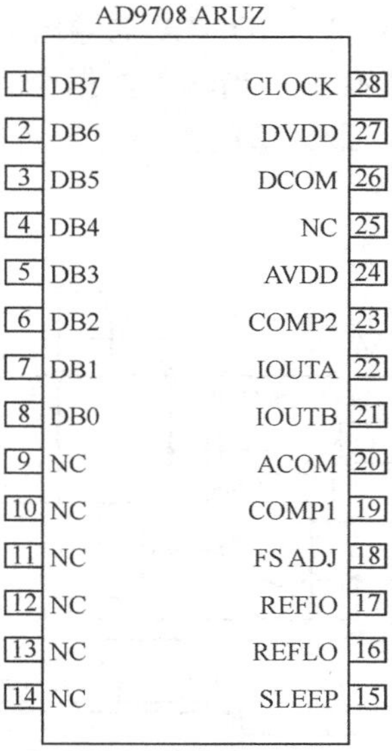

AD9708 ARUZ

引脚	名称	名称	引脚
1	DB7	CLOCK	28
2	DB6	DVDD	27
3	DB5	DCOM	26
4	DB4	NC	25
5	DB3	AVDD	24
6	DB2	COMP2	23
7	DB1	IOUTA	22
8	DB0	IOUTB	21
9	NC	ACOM	20
10	NC	COMP1	19
11	NC	FS ADJ	18
12	NC	REFIO	17
13	NC	REFLO	16
14	NC	SLEEP	15

图 1-34　AD9708 芯片引脚图

表 1-13　AD9708 芯片引脚功能描述

引脚编号	引脚名称	描　述
1～8	DB7～DB0	8 位数字量输入端，其中 DB0 为最低位，DB7 为最高位
9～14，25	NC	空脚
15	SLEEP	掉电控制输入端，不使用时不需要连接，悬空即可
16	REFLO	当使用内部 1.2V 参考电压时，该引脚接地即可
17	REFIO	作为内部参考时用作参考输入，连接地即可；用作 1.2V 参考电压输出时，该引脚连接 100nF 电容到地即可激活内部参考电压
18	FS ADJ	满量程电流输出调节引脚，由基准控制放大器调节，可通过外部电阻 RSET 从 2mA 调至 20mA
19	COMP1	带宽/降噪节点，连接 100nF 电容到电源可以获得最佳性能
20	ACOM	模拟公共地
21	IOUTB	DAC 电流输出 B 端
22	IOUTA	DAC 电流输出 A 端
23	COMP2	开关驱动电路的内部偏置节点，连接 100nF 电容到地
24	AVDD	模拟电源端
26	DCOM	数字公共地
27	DVDD	数字电源端
28	CLOCK	时钟输入，数据在时钟的上升沿锁存

AD9708 芯片内部功能框图如图 1-35 所示，AD9708 在时钟（CLOCK）的驱动下工作，内部集成了+1.2V 参考电压（+1.20V REF）、运算放大器、电流源（CURRENT SOURCE ARRAY）和锁存器（LATCHES）。两个电流输出端 IOUTA 和 IOUTB 为一对差分电流，当输

入数据为 0（DB7～DB0=00000000）时，IOUTA 的输出电流为 0，而 IOUTB 的输出电流达到最大，最大值的大小跟参考电压有关；当输入数据全为高电平（DB7～DB0=11111111）时，IOUTA 的输出电流达到最大，最大值的大小与参考电压有关，而 IOUTB 的输出电流为 0。

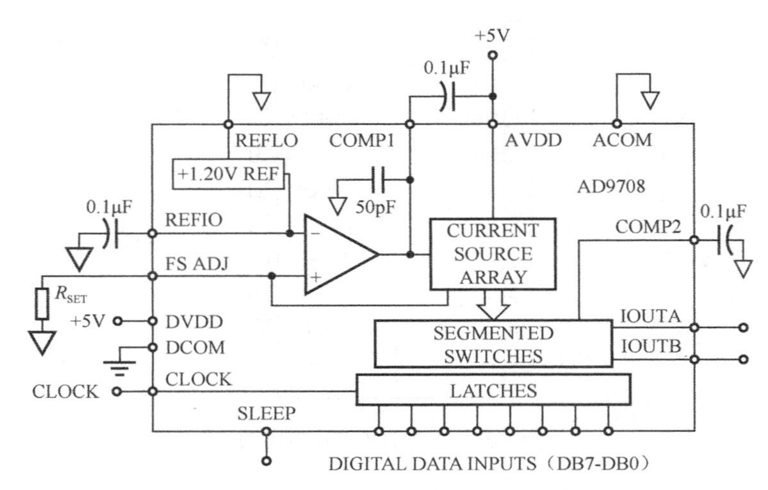

图 1-35　AD9708 芯片内部功能框图

AD9708 的时序图如图 1-36 所示。AD9708 的大多数引脚都与硬件设计有关，与 FPGA 之间的接口只有一条时钟线 CLOCK 与一组数据总线 DB0～DB7。DB0～DB7 和 CLOCK 是 AD9708 的 8 位输入数据和输入时钟，在每个时钟周期 DAC 都会完成一次输出，因此时钟频率也是 DAC 的采样频率。IOUTA 和 IOUTB 为 AD9708 输出的电流信号，由时序图可知，AD9708 在每个输入 CLOCK 的上升沿读取数据总线 DB0～DB7 上的数据，将其转换为相应的电流 IOUTA 或 IOUTB 输出。需要注意的是，CLOCK 的时钟频率越快，AD9708 的数-模转换速度越快，AD9708 的时钟频率最快为 125MHz。IOUTA 和 IOUTB 为 AD9708 输出的一对差分电流信号，通过外部电路低通滤波器与运放电路输出模拟电压信号，电压范围是-5～+5V。当输入数据等于 0 时，AD9708 输出的电压值为+5V；当输入数据等于 255 时，AD9708 输出的电压值为-5V。

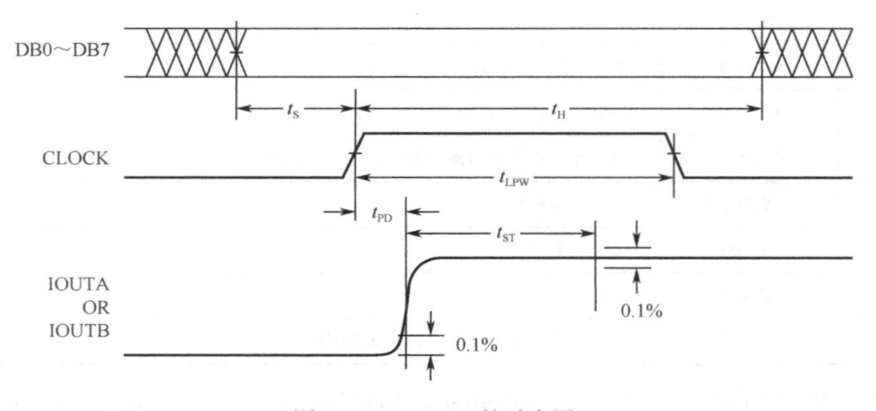

图 1-36　AD9708 的时序图

AD9708 是一款数字信号转模拟信号的器件，内部没有集成 DDS（Direct Digital Synthesizer，直接数字式频率合成器）的功能，但是可以通过控制 AD9708 的输入数据，使其模拟 DDS 的功能。例如，使用 AD9708 输出一个正弦波模拟电压信号，那么只需要将 AD9708 的输入数据按照正弦波的波形变化即可。

如图 1-37 所示为 AD9708 的输入数据和输出电压值按照正弦波变化的波形图。数据在 0～255 之间按照正弦波的波形变化，最终得到的电压也会按照正弦波波形变化，当输入数据重复按照正弦波的波形数据变化时，那么 AD9708 就可以持续不断地输出正弦波的模拟电压波形。注意，最终得到 AD9708 的输出电压变化范围是由外部电路决定的，当输入数据为 0 时，AD9708 输出+5V 的电压；当输入数据为 255 时，AD9708 输出-5V 的电压。由此可以看出，只要控制输入数据，就可以输出任意波形的模拟电压信号，包括正弦波、方波、锯齿波、三角波等。

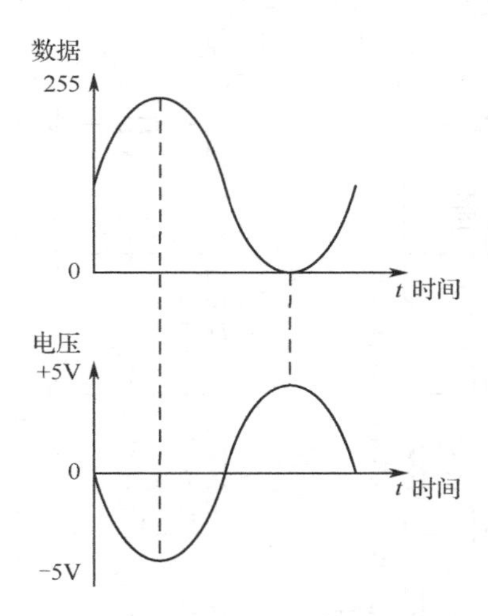

图 1-37　AD9708 的输入数据和输出电压值波形图

D/A 转换电路的原理图如图 1-38 所示，FPGA 高级开发系统的 XC6SLX16 芯片通过 DA_DB7～DA_DB0 及 DA_CLK 网络连接 AD9708 的 8 位输入数据引脚 DB7～DB0 和时钟引脚 CLK，由芯片输出 8 位的并行数字信号，通过输入数据引脚 DB7～DB0 将数字信号输入 AD9708 中，经过高速 DAC 芯片转换后，从 AD9708 的 IOUTA 和 IOUTB 端口输出差分电流；差分输出后，为了防止噪声干扰，电路中接入了低通滤波器，在滤波器后，连接了 2 片高性能 145MHz 带宽的运放 AD8065，实现差分信号变单端信号及幅度调节等功能，使整个电路性能得到了最大限度的提升，幅度调节使用的是 5kΩ 的电位器，最终的输出范围是-5～5V（10Vpp）。

FPGA 高级开发系统搭载了一路 8 位的 D/A 转换电路，其中，时钟网络 DA_CLK、输入数据网络 DA_DB0～DA_DB7 与 XC6SLX16 芯片引脚的分配关系如表 1-14 所示。

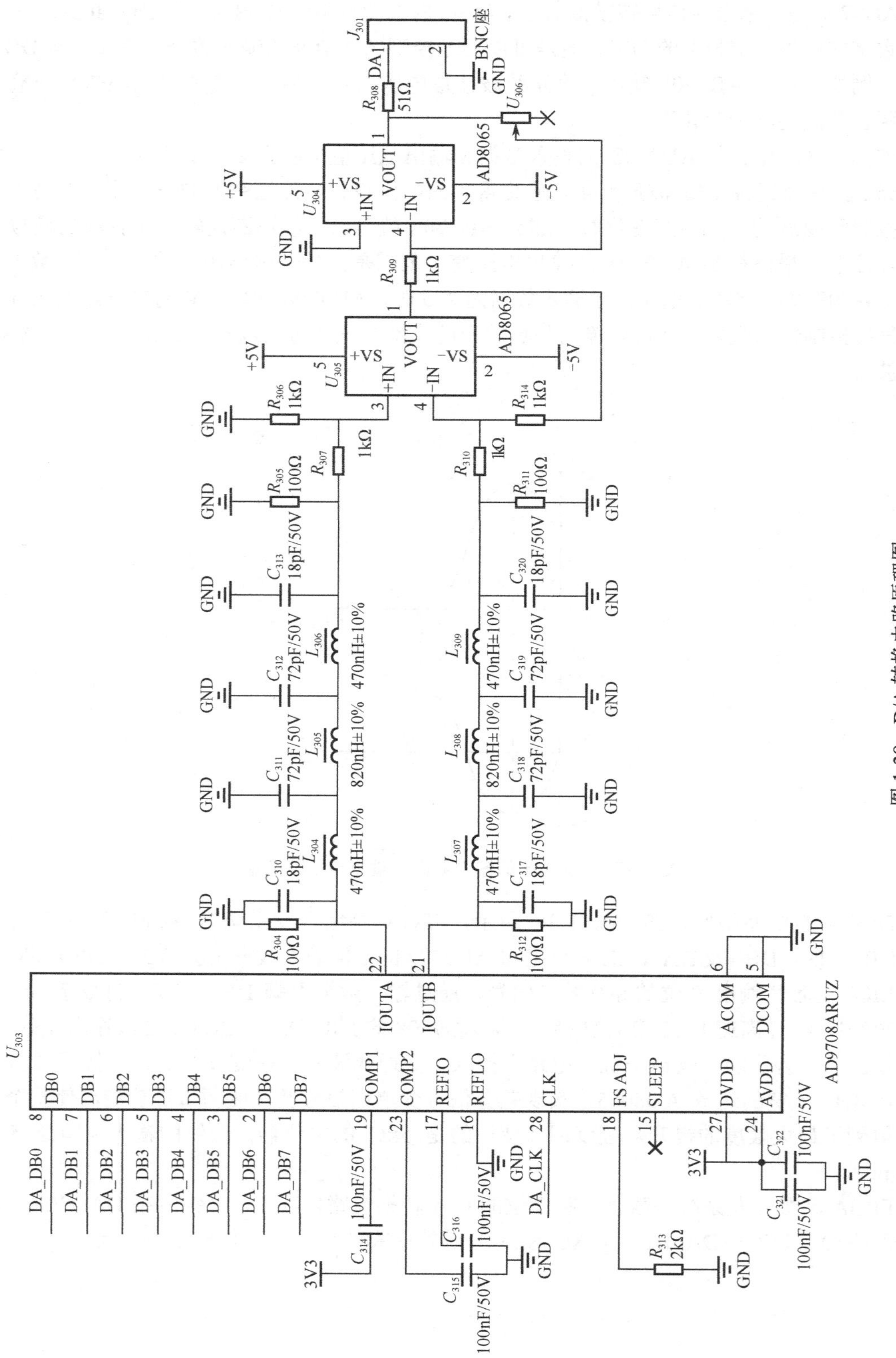

图 1-38　D/A 转换电路原理图

表 1-14　D/A 转换引脚分配

网　络　名	芯 片 引 脚
DA_CLK	P2
DA_DB0	P4
DA_DB1	T3
DA_DB2	N5
DA_DB3	U1
DA_DB4	U2
DA_DB5	T1
DA_DB6	T2
DA_DB7	P1

1.6.6　A/D 转换电路

A/D 转换电路在数字电路实验中用于将连续变化的模拟信号转换为离散的并行二进制数字信号，其核心是模-数转换芯片 AD9280，该芯片是 ADI 公司生产的一款单芯片、8 位、32MSPS 模-数转换器，具有高性能、低功耗的特点。

AD9280 芯片引脚排列如图 1-39 所示，表 1-15 是 AD9280 芯片的引脚功能描述，该芯片共有 28 个引脚。

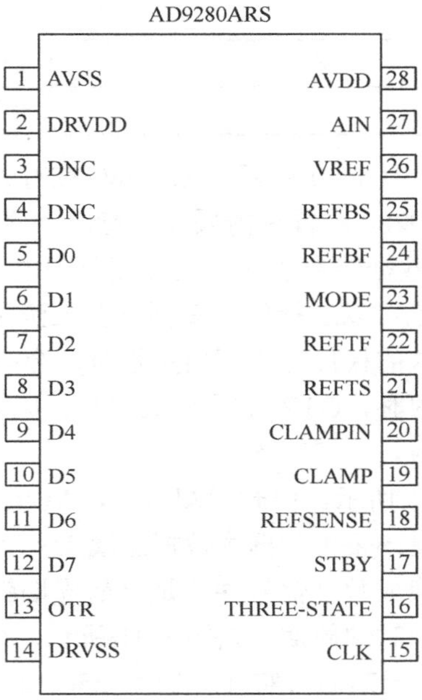

图 1-39　AD9280 芯片引脚图

表 1-15　AD9280 芯片引脚功能描述

引脚编号	引脚名称	描　述
1	AVSS	模拟地
2	DRVDD	数字驱动电源
3，4	DNC	空脚
5～12	D0～D7	8 路数字信号输出
13	OTR	超出范围指示器
14	DRVSS	数字地
15	CLK	时钟输入
16	THREE-STATE	该引脚接电源为高阻抗状态，接地为正常操作，接地即可
17	STBY	该引脚接电源为断电模式，接地为正常操作，接地即可
18	REFSENSE	参考选择，接地即可
19	CLAMP	该引脚接电源为启用钳位模式，接地为无钳位，接地即可
20	CLAMPIN	钳位基准输入，接地即可
21	REFTS	顶部参考
22	REFTF	顶部参考去耦
23	MODE	模式选择，接电源
24	REFBF	底部参考去耦
25	REFBS	底部参考
26	VREF	内部参考电压输出
27	AIN	模拟输入
28	AVDD	模拟电源

AD9280 的内部功能框图如图 1-40 所示，AD9280 在时钟（CLK）的驱动下工作，用于控制所有内部转换的周期；AD9280 内置片内采样保持放大器（SHA），同时采用多级差分流水线架构，保证了 32MSPS 的数据转换速率下全温度范围内无失码；AD9280 内部集成了可编程的基准源，根据系统需要也可以选择外部高精度基准满足系统的要求。AD9280 输出的数据以二进制格式表示，当输入的模拟电压超出量程时，会拉高 OTR（out-of-range）信号；当输入的模拟电压在量程范围内时，OTR 信号为低电平，因此可以通过 OTR 信号来判断输入的模拟电压是否在测量范围内。

AD9280 的时序图如图 1-41 所示。由时序图可知，AD9280 在每个输入 CLOCK 的上升沿对输入的模拟信号做一次采集，采集数据由数据总线 DATA 输出，每个时钟周期 ADC 都会完成一次采集。模拟信号转换成数字信号并不是当前周期就能转换完成的，从采集模拟信号开始到输出数据需要经过 3 个时钟周期。如图 1-41 所示，在时钟 CLOCK 上升沿采集的模拟电压信号 S1，经过 3 个时钟周期后（实际再加上 25ns 的时间延时），输出转换后的数据 DATA1。注意，AD9280 芯片的最大转换速度是 32MSPS，即输入的时钟最大频率为 32MHz。

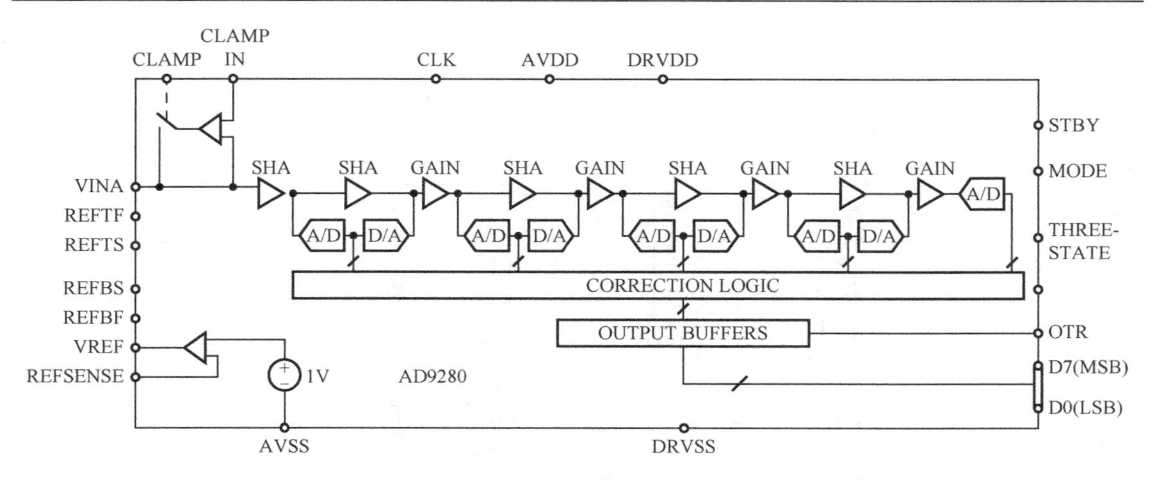

图1-40　AD9280的内部功能框图

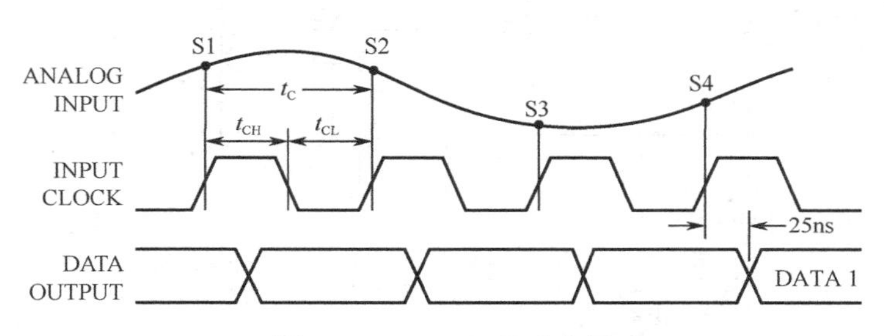

图1-41　AD9280的时序图

AD9280支持输入的模拟电压范围是0～2V，0V对应输出的数字信号为0，2V对应输出的数字信号为255。而AD9708经外部电路后，输出的电压范围是-5～+5V，因此在AD9280的模拟输入端增加电压衰减电路，使-5～+5V之间的电压转换成0～2V之间。那么实际上对于用户使用来说，当AD9280的模拟输入接口连接-5V电压时，输出的数据为0；当AD9280的模拟输入接口连接+5V电压时，输出的数据为255。当AD9280模拟输入端接-5～+5V之间变化的正弦波电压信号时，其转换后的数据也是成正弦波波形变化的，如图1-42所示。

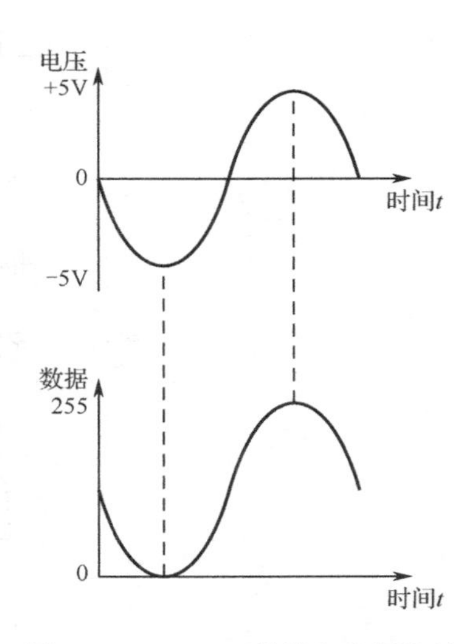

图1-42　AD9280的输入电压和输出数据波形图

A/D转换电路原理图如图1-43所示，FPGA高级开发系统上的XC6SLX16芯片通过AD_D7～AD_D0及AD_CLK网络连接AD9280的8位输出数据引脚D7～D0和时钟引脚CLK，在模拟信号进入AD9280芯片之前，经过了AD8065芯片构建的衰减电路，衰减以后输入范围满足ADC芯片的输入范围（0～2V），衰减后的模拟信号经AD9280芯片转换得到8位的并行数字信号，由输出数据引脚D7～D0并行输出该数字信号，并将信号输入芯片中。

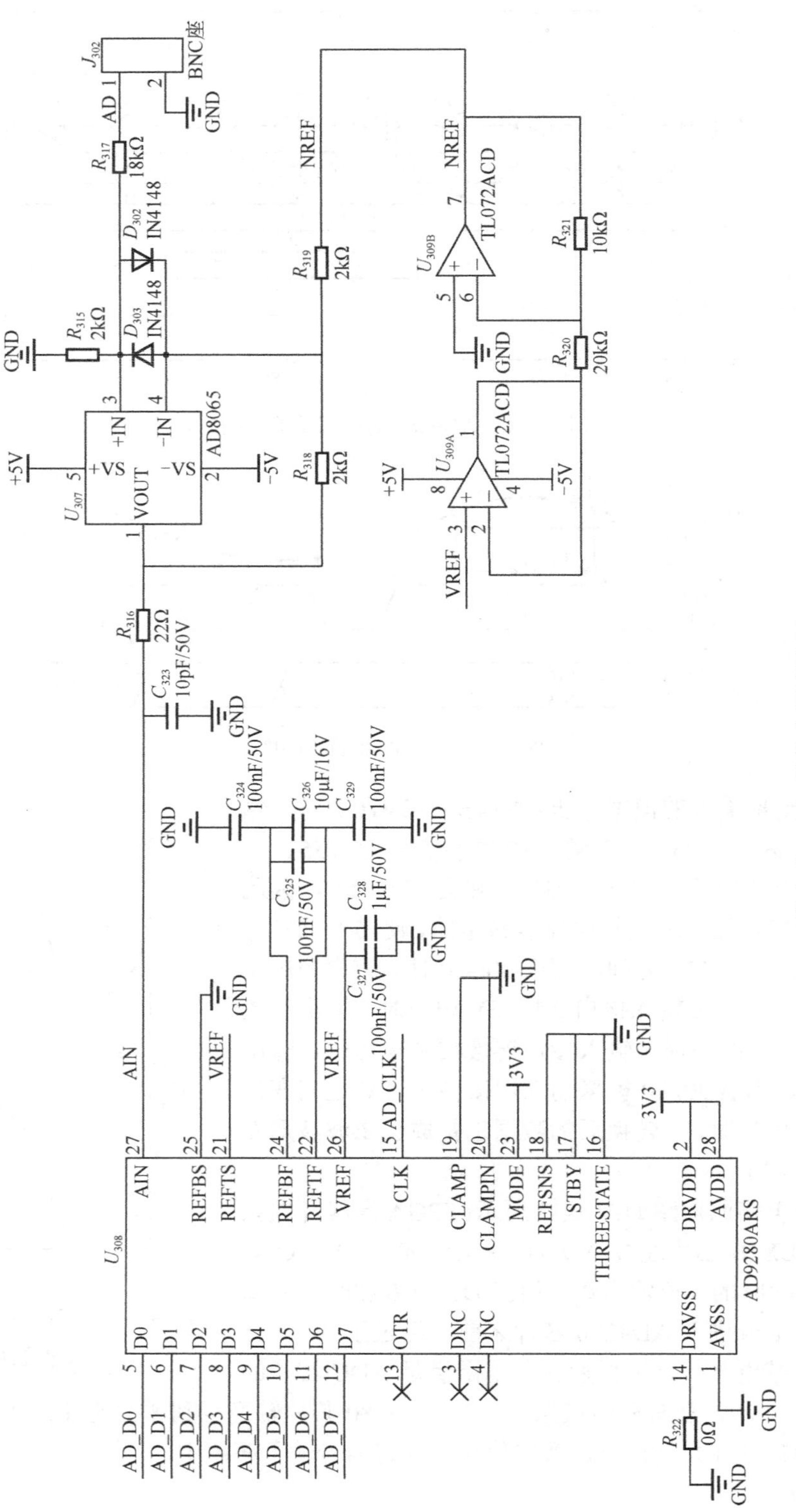

图 1-43　A/D 转换电路原理图

FPGA 高级开发系统搭载了一路 8 位的 A/D 转换电路，其中，时钟网络 AD_CLK、输出数据网络 AD_D0～AD_D7 与 XC6SLX16 芯片引脚的分配关系如表 1-16 所示。

表 1-16　A/D 转换引脚分配

网 络 名	芯 片 引 脚
AD_CLK	L3
AD_D0	R3
AD_D1	N4
AD_D2	P3
AD_D3	M5
AD_D4	N3
AD_D5	L4
AD_D6	M3
AD_D7	K4

1.7　基于 FPGA 高级开发系统可开展的部分实验

基于本书配套的 FPGA 高级开发系统，可以开展的实验非常丰富，这里仅列出具有代表性的 14 个实验，如表 1-17 所示。

表 1-17　FPGA 高级开发系统可开展的部分实验清单

序　号	实 验 名 称	序　号	实 验 名 称
1	集成逻辑门电路功能测试	8	数据选择器设计
2	基于原理图的简易数字系统设计	9	触发器设计
3	基于 HDL 的简易数字系统设计	10	同步时序逻辑电路分析与设计
4	编码器设计	11	异步时序逻辑电路分析与设计
5	译码器设计	12	计数器设计
6	加法器设计	13	移位寄存器设计
7	比较器设计	14	数-模和模-数转换实验

1.8　本书配套的资料包

本书配套的资料包名称为“数字电路的 FPGA 设计与实现”（可通过微信公众号“卓越工程师培养系列”提供的链接获取），为了保持与本书实验步骤的一致性，建议将资料包复制到计算机的 D 盘。资料包由若干文件夹组成，如表 1-18 所示。

其中，软件资料包中的“VHDL 程序设计规范（LY-STD009—2019）”是 VHDL 程序设计的通用规范，因此在其中的实体定义里，输入/输出引脚的命名规范与数字电路设计中的引脚名会有所不同，为方便数字电路的学习与设计，数字电路相关 VHDL 程序的输入/输出引脚命名采用与常用数字电路器件引脚一致的命名，除此之外的代码设计依旧按照规范进行编写。

表 1-18　本书配套资料包清单

序号	文件夹名	文件夹介绍
1	入门资料	存放学习数字电路的 FPGA 设计与实现相关的入门资料，建议读者在开始实验前，先阅读入门资料
2	相关软件	存放本书使用到的软件，如 ISE14.7、Synplify 等
3	原理图	存放 FPGA 高级开发系统的 PDF 版本原理图
4	例程资料	存放数字电路的 FPGA 设计与实现所有实验的相关素材，读者根据这些素材开展各个实验
5	PPT 讲义	存放配套 PPT 讲义
6	视频资料	存放配套视频资料
7	数据手册	存放 FPGA 高级开发系统所用元器件的数据手册，便于读者进行查阅
8	软件资料	存放本书使用到的“VHDL 程序设计规范（LY-STD009—2019）”，以及标准工程样例等
9	硬件资料	存放 FPGA 高级开发系统所使用到的硬件相关资料
10	参考资料	存放 FPGA 高级开发系统的相关资料

第2章　集成逻辑门电路功能测试

数字集成电路产品的种类很多，若按照集成逻辑门所采用的不同有源器件，可将其分为两大类：双极型集成电路和单极型集成电路。其中，双极型集成电路以双极晶体管（使用电子和空穴两种载流子）作为主要器件，又可细分为晶体管-晶体管逻辑（TTL）、射极耦合逻辑（ECL）和集成注入逻辑（I^2L）等具体类型；单极型集成电路以单极晶体管（使用电子或空穴一种载流子），特别是金属-氧化物-半导体（Metal Oxide Semiconductor，MOS）场效应晶体管作为主要器件，包括 NMOS、PMOS 和 CMOS 等几种类型。其中，TTL 和 CMOS 是两种最常用的数字集成电路，其性能参数主要包括：直流电源电压、输入/输出逻辑电平、扇出系数、传输延时和功耗等。

与传统使用 74 系列数字集成电路（如 74LS00、74LS08 等芯片）实现的数字系统不同，本书主要基于 FPGA 构建数字系统，因此，本实验只涉及数字集成电路的输入/输出逻辑电平性能参数，读者可以通过查阅其他数字电路理论教材了解其他的性能参数。最常用的数字集成电路包括 TTL 和 CMOS 两种，因此，本实验选用型号为 74HC00D 的 TTL 芯片和型号为 CD4011BM96 的 CMOS 芯片，这两款芯片均为 4 路 2 输入与非门，选用其中的一个与非门，并将该与非门的一个输入端接高电平，通过调节另一个输入端的电平从 0V 开始逐步增加，记录该与非门对应的输出电平，并绘制输入/输出逻辑电平曲线，最终了解 TTL 和 CMOS 数字集成电路的输入/输出逻辑电平性能参数。

2.1　预备知识

1．数字集成电路产品的种类。

2．TTL 门电路和 CMOS 门电路的定义和种类。

3．数字集成电路的性能参数（直流电源电压、输入/输出逻辑电平、扇出系数、传输延时、功耗等）。

4．7400 数字集成电路（4 路 2 输入）引脚排列和逻辑功能。

5．4011 数字集成电路（4 路 2 输入）引脚排列和逻辑功能。

2.2　实验内容

本实验基于 7400 和 4011 数字集成电路，二者均是 4 路 2 输入与非门，引脚排列和逻辑图如图 2-1 所示。

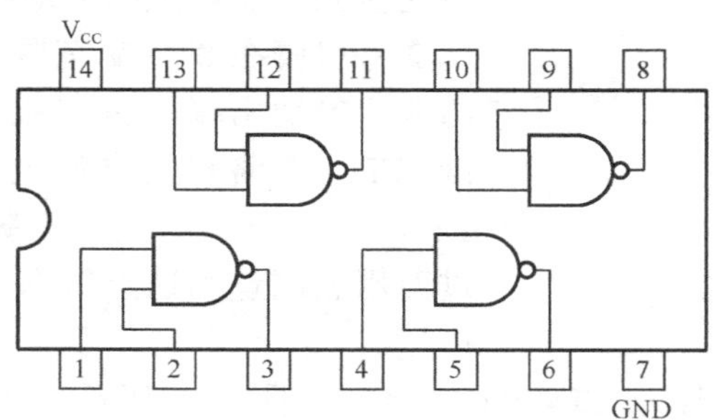

图 2-1　4 路 2 输入与非门引脚排列和逻辑图

数字集成电路有 4 个不同的输入/输出逻辑电平参数，分别是：①低电平输入电压 $U_{IL(max)}$；②高电平输入电压 $U_{IH(min)}$；③低电平输出电压 $U_{OL(max)}$；④高电平输出电压 $U_{OH(min)}$。当输入电平在 $U_{IL(max)}$和 $U_{IH(min)}$之间时，逻辑电路可能把它当作 0，也可能把它当作 1，而当逻辑电路因所接负载过多等原因不能正常工作时，高电平输出可能低于 $U_{OH(min)}$，低电平输出可能高于 $U_{OL(max)}$。图 2-2 给出了数字集成电路的输入/输出逻辑电平。

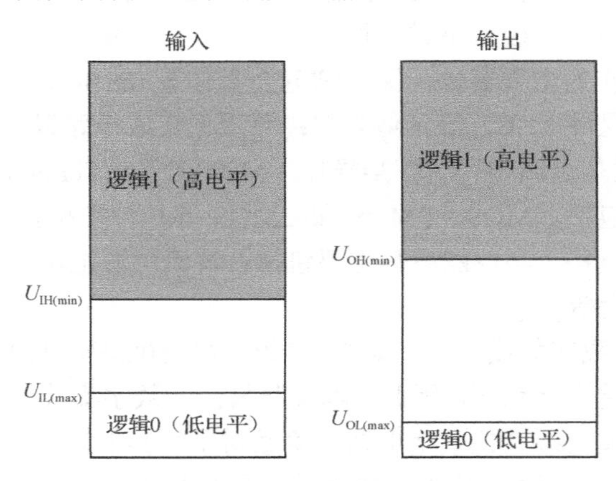

图 2-2　数字集成电路的输入/输出逻辑电平

通常标准 TTL 电路的直流电源电压为 5V，当其电源电压在 4.5～5.5V 范围内时能正常工作。CMOS 电路的直流电源电压范围为 3～18V，常用的有 3.3V 和 5V 两种，其中 3.3V 的 CMOS 电路当其电源电压在 2～3.6V 范围内时能正常工作，5V 的 CMOS 电路当其电源电压在 2～6V 范围内时能正常工作。

表 2-1　标准 TTL 和不同电平 CMOS 与非门的输入/输出逻辑电平性能参数

参 数 名 称	单　位	标准 TTL	3.3V CMOS	5V CMOS
$U_{IL(max)}$	V	0.8	0.8	1.5
$U_{IH(min)}$	V	2.0	2.0	3.5
$U_{OL(max)}$	V	0.4	0.2	0.1
$U_{OH(min)}$	V	2.4	3.1	4.9

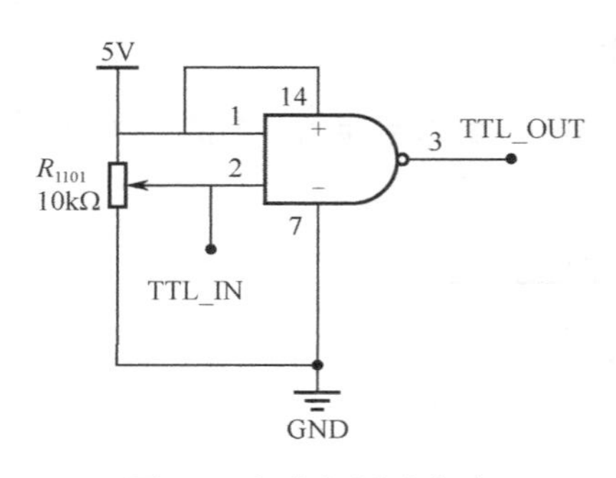

图 2-3　与非门测试电路

FPGA 高级开发系统上的 TTL 与非门芯片型号为 74HC00D。如图 2-3 所示为 TTL 与非门测试电路，74HC00D 芯片的 1 号引脚连接到 5V 电源；2 号引脚连接到可调电阻的滑动片，调节可调电阻即可实现 2 号引脚在 0～5V 范围内变化；3 号引脚为 TTL 与非门的输出端；14 号引脚与 5V 电源相连，为标准 TTL 电路直流电源电压。测试点 TTL_IN 和 TTL_OUT 分别与 2 号引脚和 3 号引脚相连，可通过万用表测量测试点得到 TTL 与非门的输入/输出电压。

CMOS 与非门芯片型号为 CD4011BM96，如图 2-4 所示为 CMOS 与非门测试电路，

CD4011BM96 芯片的 1 号引脚连接到一个范围为 0～12V 的可调电源；2 号引脚连接到可调电阻的滑动片，调节可调电阻即可实现 2 号引脚在 0V～1 号引脚电平范围内变化；3 号引脚为 CMOS 与非门的输出端；14 号引脚为电源电压引脚，调节电源电压即可改变 CMOS 与非门的直流电源电压。测试点 SUPPLY_OUT、CMOS_IN 和 CMOS_OUT 分别与 CMOS 与非门的输入/输出引脚相连，可通过万用表测量测试点得到 CMOS 与非门的输入/输出电压。本实验需记录不同输入电平对应的输出电平，并绘制输入/输出逻辑电平曲线。

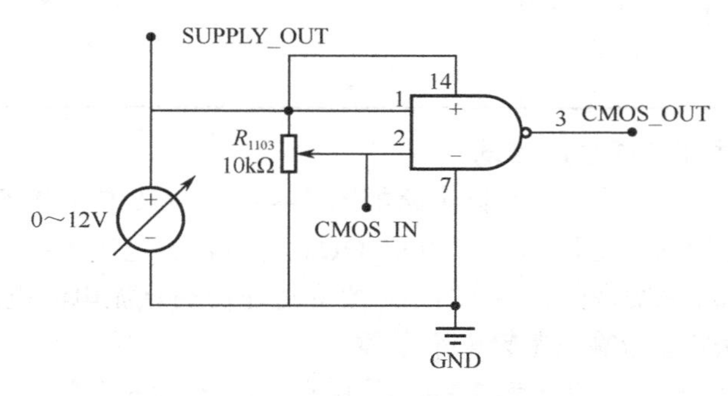

图 2-4　CMOS 与非门测试电路

2.3　实验步骤

步骤 1：TTL 逻辑电路功能测试

TTL 输入/输出逻辑电平曲线测试电路如图 2-3 所示，其中 TTL_IN 对应输入电压 U_I，TTL_OUT 对应输出电压 U_O。调节 R_{1101} 使输入电压 U_I 从 0V 开始，按表 2-2 中所列的 U_I 值逐步升高电压，并把对应的 U_O 值记录到表 2-2 中，然后绘制 TTL 输入/输出逻辑电平曲线 $U_O = f(U_I)$。

表 2-2　TTL 数字集成电路输入/输出逻辑电平曲线

74HC00D			
序号	U_I（V）	U_O（V）	输入/输出逻辑电平曲线
1	0		
2	0.2		
3	0.4		
4	0.7		
5	0.9		
6	1.0		
7	1.1		
8	1.2		
9	1.3		
10	1.4		
11	1.5		

续表

74HC00D			
序号	U_I（V）	U_O（V）	输入/输出逻辑电平曲线
12	2.0		
13	2.4		
14	3.0		
15	4.5		
16	5.0		

步骤 2：CMOS 逻辑电路功能测试

COMS 输入/输出逻辑电平曲线测试电路如图 2-4 所示，其中 SUPPLY_OUT 对应直流电源电压，CMOS_IN 对应输入电压 U_I，CMOS_OUT 对应输出电压 U_O。可调电源的电压控制是通过调节电位器 R_{1105} 来实现的，调节 R_{1105} 改变与非门的直流电源电压就可以测试不同直流电源电压下的 CMOS 输入/输出逻辑电平曲线。

调节 R_{1105} 将直流电源电压设置为 3.3V，再调节 R_{1103} 使输入电压 U_I 从 0V 开始，按表 2-3 中所列 U_I 值逐步升高，并把对应的 U_O 值记录到表 2-3 中。然后绘制 3.3V CMOS 输入/输出逻辑电平曲线 $U_O = f(U_I)$。

表 2-3　3.3V CMOS 数字集成电路输入/输出逻辑电平曲线

CD4011BM96			
序号	U_I（V）	U_O（V）	输入/输出逻辑电平曲线
1	0		
2	0.5		
3	1.0		
4	1.4		
5	1.5		
6	1.6		
7	1.7		
8	1.8		
9	1.9		
10	2.0		
11	2.1		
12	2.2		
13	2.5		
14	3.0		
15	3.3		

本 章 任 务

任务 1：通过 R_{1105} 将直流电源电压设置为 5V，再调节 R_{1103} 使输入电压 U_I 从 0V 开始，按表 2-4 中所列的 U_I 值逐步升高，并把对应的 U_O 值记录到表 2-4 中。然后绘制 5V CMOS 输入/输出逻辑电平曲线 $U_O = f(U_I)$。

表 2-4　5V CMOS 数字集成电路输入/输出逻辑电平曲线

CD4011BM96			
序号	U_I（V）	U_O（V）	输入/输出逻辑电平曲线
1	0		
2	0.5		
3	1.0		
4	1.2		
5	1.5		
6	1.8		
7	2.1		
8	2.4		
9	2.7		
10	3.0		
11	3.3		
12	3.6		
13	4.0		
14	4.5		
15	5.0		

第3章　基于原理图的简易数字系统设计

原理图是最早的数字系统设计方式，优点是简单明了。但自从出现了 HDL（Hardware Discription Language），如 VHDL 和 Verilog HDL，基于原理图的数字系统设计方式就逐渐减少，因为原理图设计比较麻烦，可读性和可修改性都不高，非常不适合复杂的数字系统设计。对于初学者而言，先接触原理图设计方式，可以快速理解和掌握整个设计流程，然后逐步转换到 HDL 设计方式。本实验是基于原理图设计一个简易数字系统，通过学习本章，掌握基于 ISE 集成开发环境的数字系统设计流程，包括电路设计、电路仿真、引脚约束和板级验证。

3.1　预备知识

1．常用的门电路（与门、或门、非门、与非门、或非门、异或门等）。

2．组合逻辑电路的分析方法。

3．组合逻辑电路的设计方法。

4．组合逻辑电路的特点。

5．ISE 集成开发环境设计流程。

3.2　实验内容

使用 ISE 集成开发环境自带的门电路，基于原理图设计一个简易数字系统，输入为 A 和 B，非门输出为 Y1、与门输出为 Y2、与非门输出为 Y3、或门输出为 Y4、或非门输出为 Y5、异或门输出为 Y6，如图 3-1 所示，编写测试激励文件，对该数字系统进行仿真。

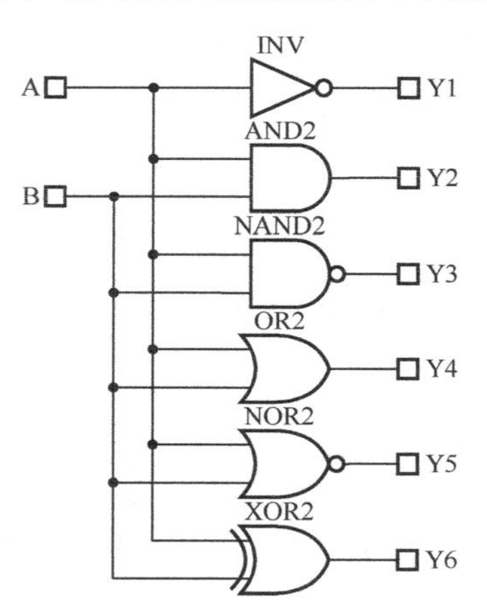

图 3-1　简易数字系统电路图

完成仿真后，编写引脚约束文件，其中，A 和 B 使用拨动开关 SW_0 和 SW_1 来输入，分别连接 XC6SLX16 芯片的 F15 和 C15 引脚，输出 Y1～Y6 使用 LED_0～LED_5 来表示，对应 XC6SLX16 芯片引脚依次为 G14、F16、H15、G16、H14 和 H16，如图 3-2 所示。使用 ISE 集成开发环境生成.bit 文件，并将其下载到 FPGA 高级开发系统进行板级验证。

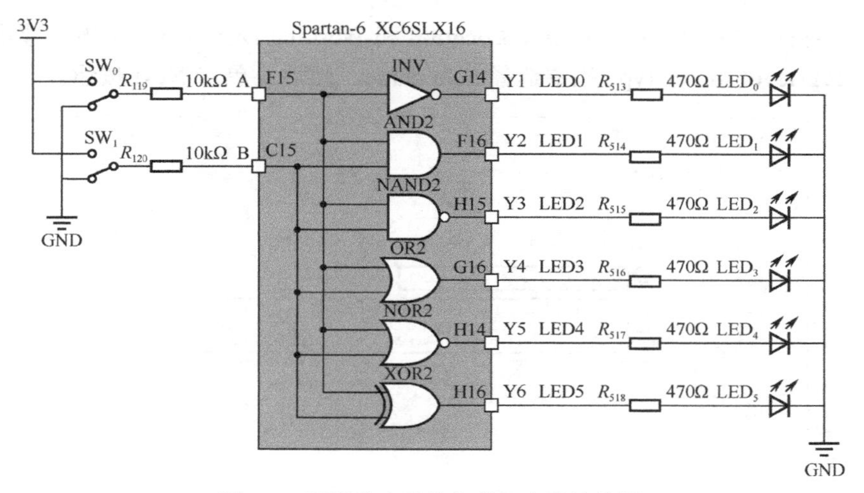

图 3-2　简易数字系统与外部电路连接图

3.3　实验步骤

步骤 1：新建工程

在 D 盘新建 Spartan6DigitalTest 文件夹，将本书配套资料包中的“04.例程资料\Material”文件夹复制到 Spartan6DigitalTest 文件夹中，然后在 Spartan6DigitalTest 文件夹中新建一个 Product 文件夹，作为一个总工作目录，往后的实验开发均在此文件夹下进行，在 Product 文件夹中新建 Exp2.1_EasyDigitalSystem 文件夹，用作本次实验的工作目录。注意，工程路径中不能存在中文。

将“D:\Spartan6DigitalTest\Material\Exp2.1_EasyDigitalSystem”文件夹中的所有文件夹（包括 code、project）复制到“D:\Spartan6DigitalTest\Product\Exp2.1_EasyDigitalSystem”文件夹中。其中，code 文件夹用于存放 VHDL 源码或 SCH 原理图文件，project 文件夹用于存放工程文件。

下面开始新建工程，打开 ISE Design Suite 14.7 软件，在如图 3-3 所示的软件界面中，执行菜单栏命令 File→New Project。

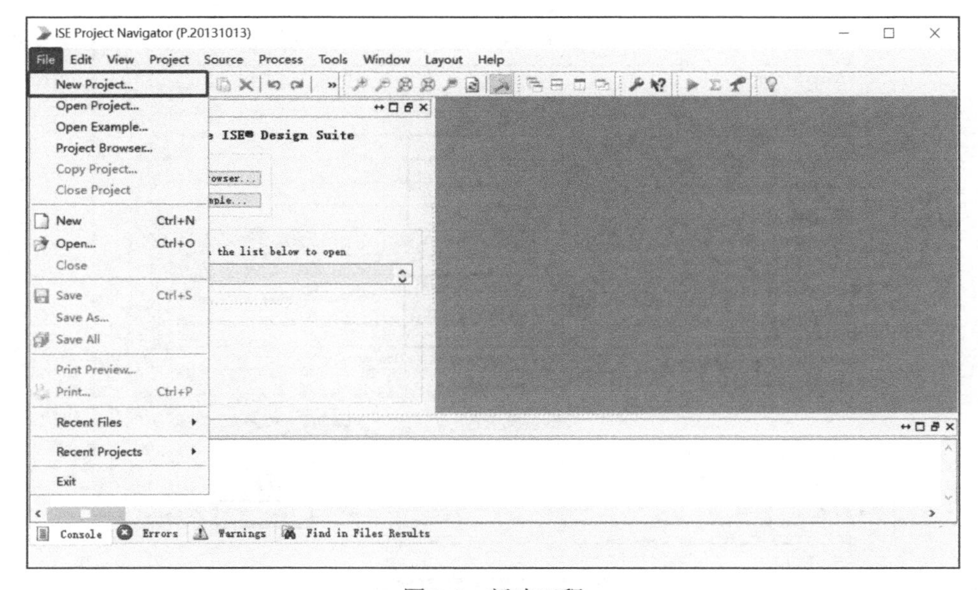

图 3-3　新建工程

在弹出的对话框中，分别在 Name、Location 和 Working Directory 栏中输入如图 3-4 所示的内容，在 Top-level source type 栏中选择 Schematic，然后，单击 Next 按钮。

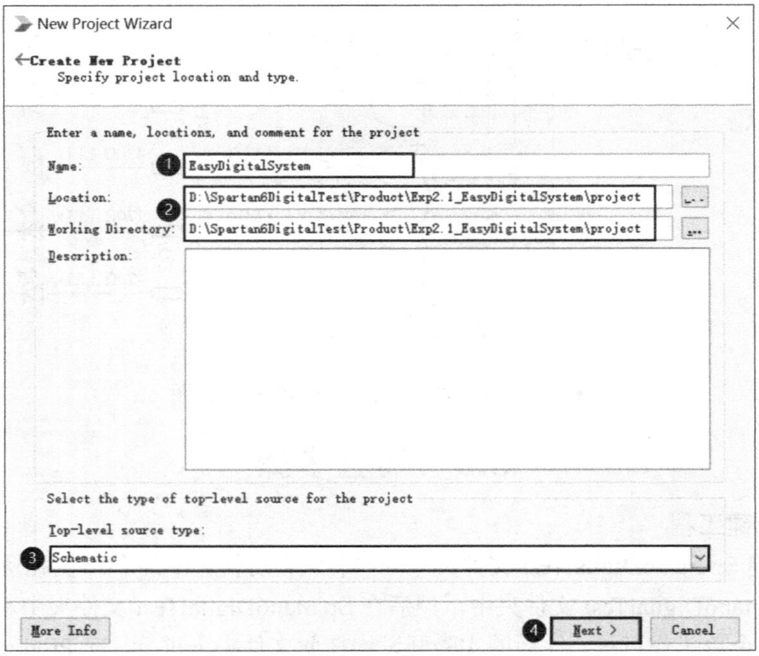

New Project Wizard

Create New Project
Specify project location and type.

Enter a name, locations, and comment for the project

Name: ❶ EasyDigitalSystem

Location: ❷ D:\Spartan6DigitalTest\Product\Exp2.1_EasyDigitalSystem\project

Working Directory: D:\Spartan6DigitalTest\Product\Exp2.1_EasyDigitalSystem\project

Description:

Select the type of top-level source for the project

Top-level source type:

❸ Schematic

More Info　　❹ Next >　　Cancel

图 3-4　创建原理图工程

在弹出的对话框中，分别在 Family、Device、Package、Speed、Synthesis Tool、Simulator 及 Preferred Language 栏中，选择如图 3-5 所示的选项，然后单击 Next 按钮。

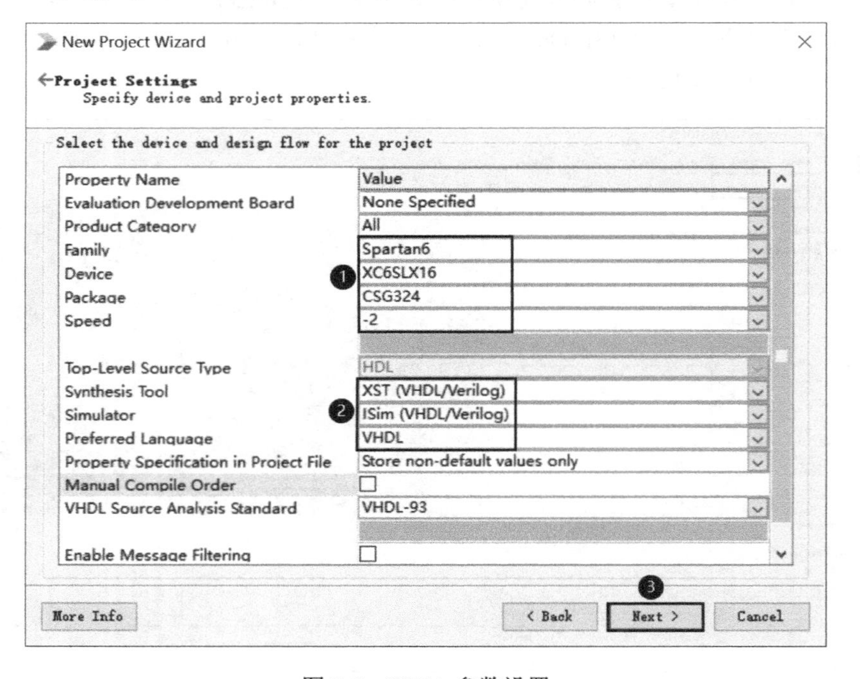

图 3-5　FPGA 参数设置

确认工程名、工程路径、器件、仿真综合工具等信息是否正确，如果有问题，单击 Back 按钮返回相应的对话框中进行更改，否则，直接单击 Finish 按钮，如图 3-6 所示。

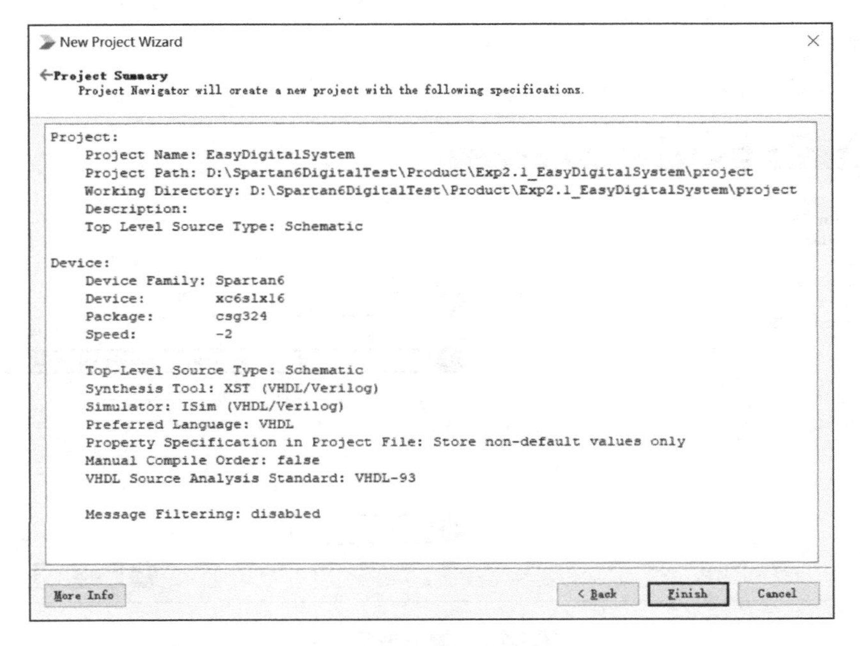

图 3-6　工程设计信息

步骤 2：新建原理图文件

完成工程创建后，接着还需要新建原理图文件，因此，右键单击 xc6slx16-2csg324，在快捷菜单中选择 New Source，如图 3-7 所示。

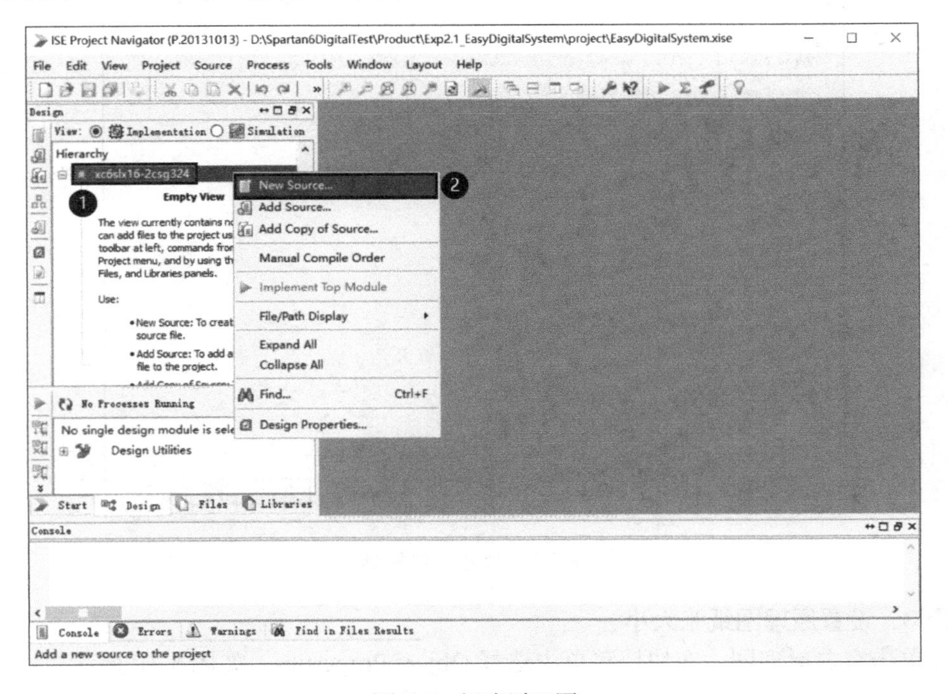

图 3-7　新建原理图

在弹出的对话框中，文件类型选择 Schematic，分别在 File name、Location 栏中输入如图 3-8 所示的内容，并勾选 Add to project，最后单击 Next 按钮。

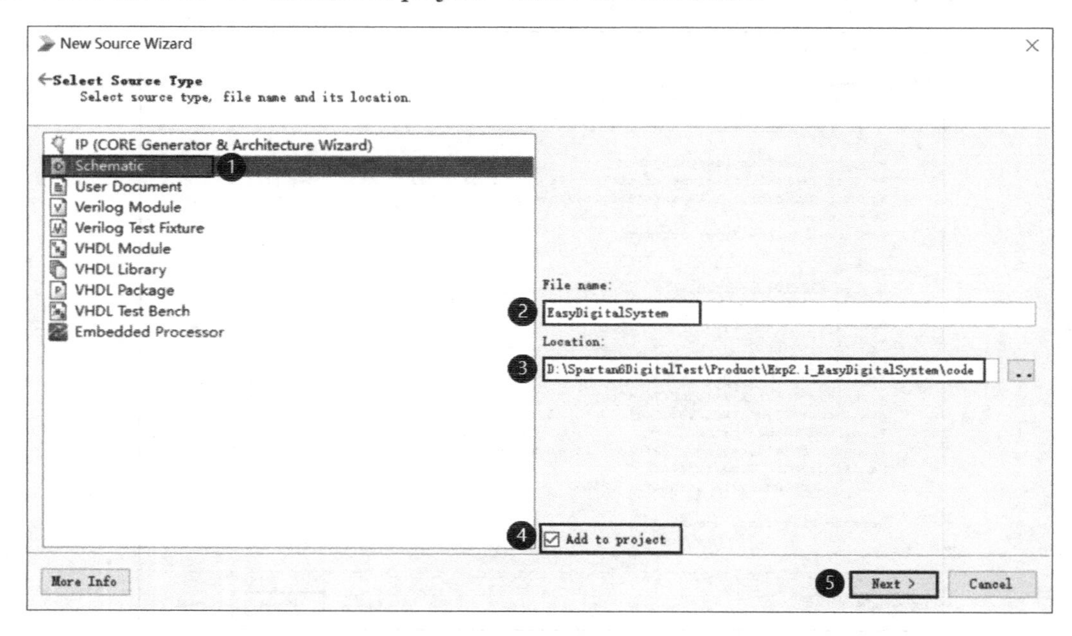

图 3-8　创建原理图文件

确认文件路径、文件类型、文件名等信息无误后，单击 Finish 按钮，如图 3-9 所示。

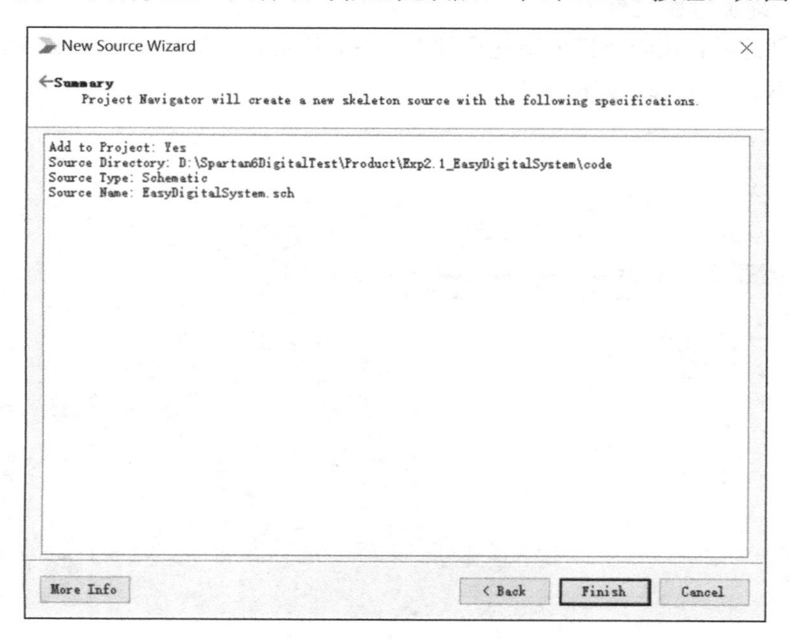

图 3-9　新建文件信息

步骤 3：设置原理图纸张大小

右键单击空白原理图，在快捷菜单中选择 Object Properties，如图 3-10 所示。

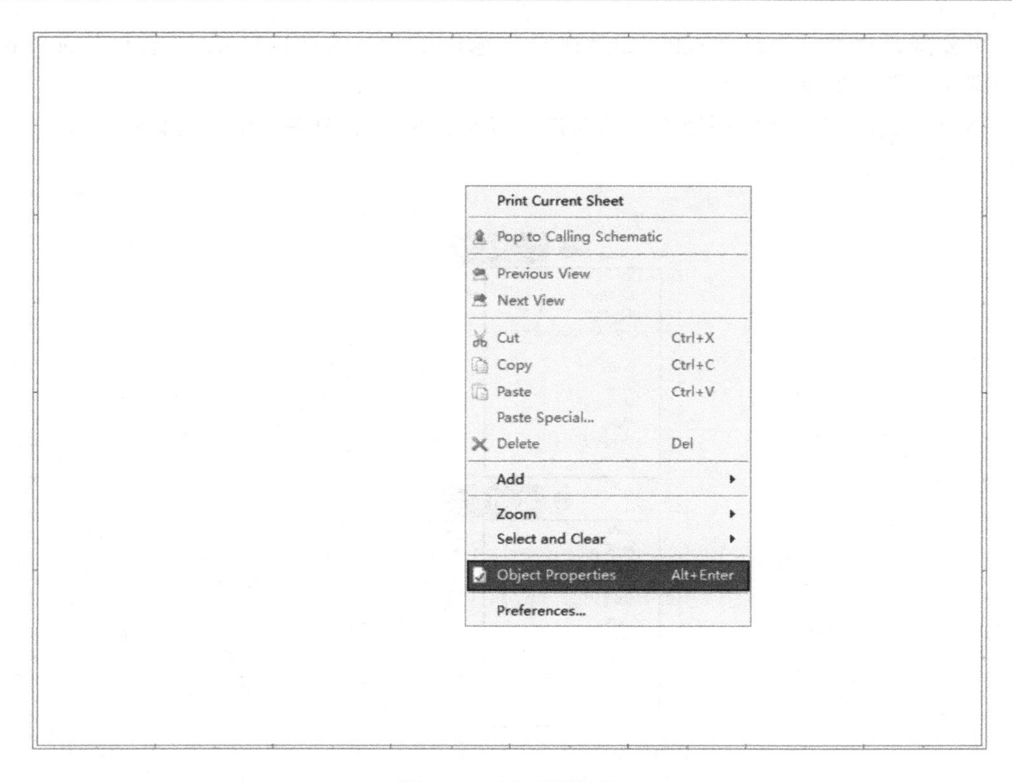

图 3-10　原理图设置

在弹出的 Schematic Properties-Sheets 对话框中，选择 Sheets，并在 Size 栏中选择 A4=297×210mm，最后单击 OK 按钮，完成设置，如图 3-11 所示。

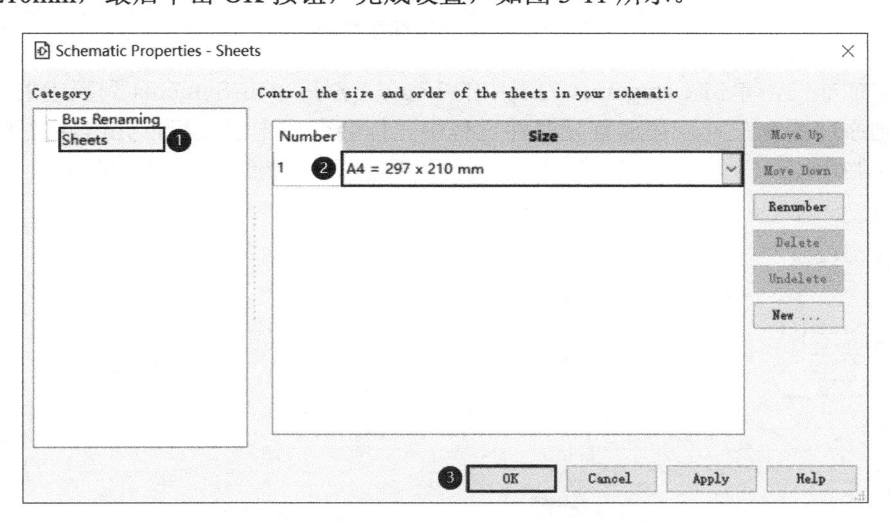

图 3-11　设置原理图尺寸

步骤 4：添加元器件

在原理图设计系统环境的左侧，单击 Symbols 标签页，如图 3-12 所示。该页分为两个部分：Categories 区将元器件分成不同的类别，如计数器（Counter）、译码器（Decoder）等；Symbols 区内为该类别下的具体元器件，单击选中元器件，然后在原理图工作区合适的位置单击即可完成元器件的添加，添加完成后按 Esc 键退出。单击 Symbol Info 可查看当前 Symbols 窗口中选中元器件的具体信息。

当前显示的所有元器件都是 ISE 自带的，在后面的章节中将介绍如何制作和添加自定义元器件。

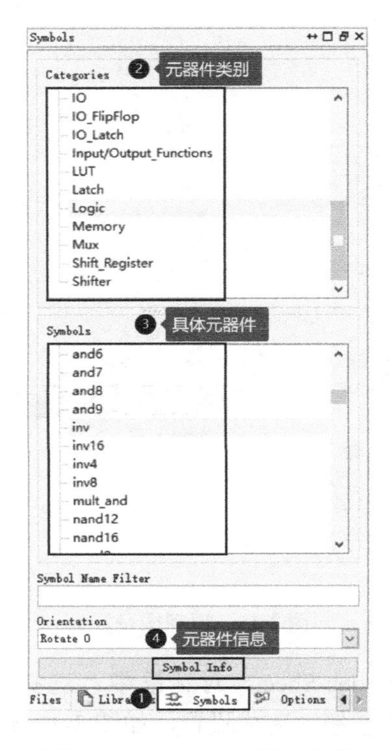

图 3-12　Symbols 标签页介绍

首先添加非门，单击 Categories 列表中的 Logic，然后单击 Symbols 列表中的 inv，并将光标移动到原理图空白处，在放置元器件过程中光标会变成十字光标，元器件位于光标右上角，如图 3-13 所示。

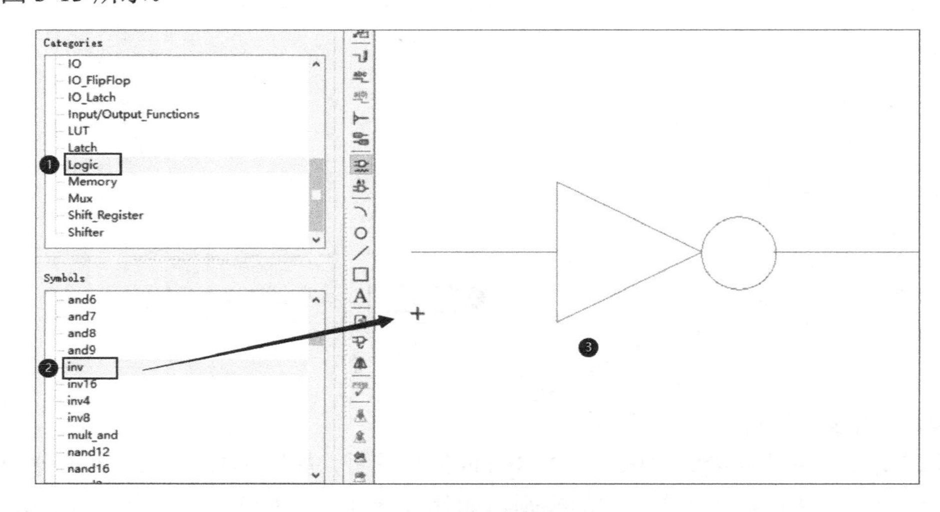

图 3-13　选择并添加非门

单击完成元器件放置，有时需要双击才能添加；右键单击或按 Esc 键可退出放置，非门（INV）放置完成后如图 3-14 所示。

放置在原理图中的非门两端引脚的末端有两个小正方形，在 ISE 集成开发环境中这个小正方形代表着电气属性，引脚横线则不具有电气属性，即这两个小正方形才是非门引脚的主体。因此，布线的时候导线一定要连接到小正方形上。

接着，依次添加与门（AND2）、与非门（NAND2）、或门（OR2）、或非门（NOR2）和异或门（XOR2）到原理图上，这些元器件均在 Categories 的 Logic 分类中。添加完成后的最终效果如图 3-15 所示。

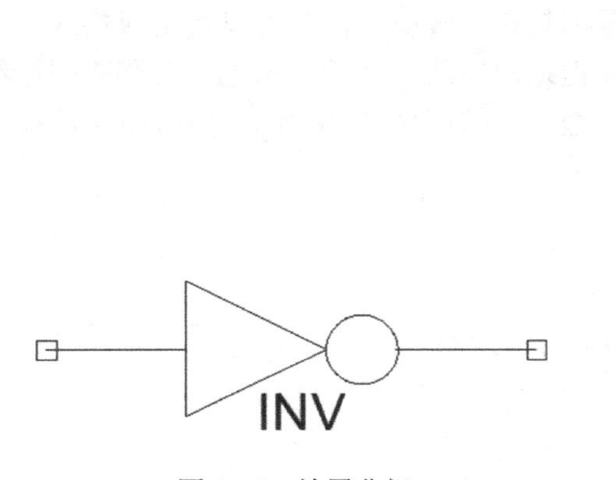

图 3-14　放置非门

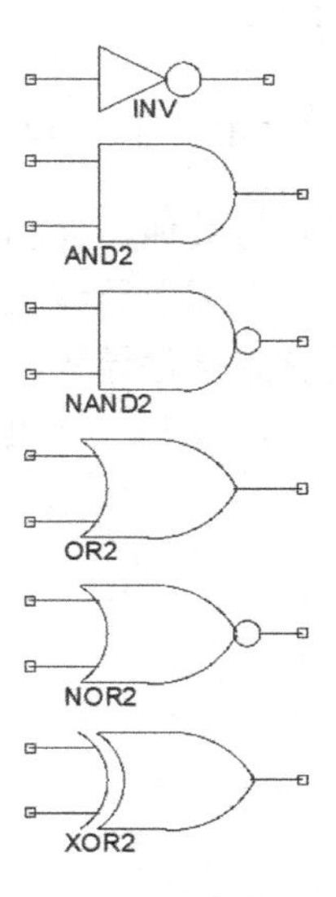

图 3-15　放置所有元器件

步骤 5：添加布线

单击原理图左侧工具栏中的按钮，将光标移动到原理图空白处，此时光标变成十字光标，如图 3-16 所示。

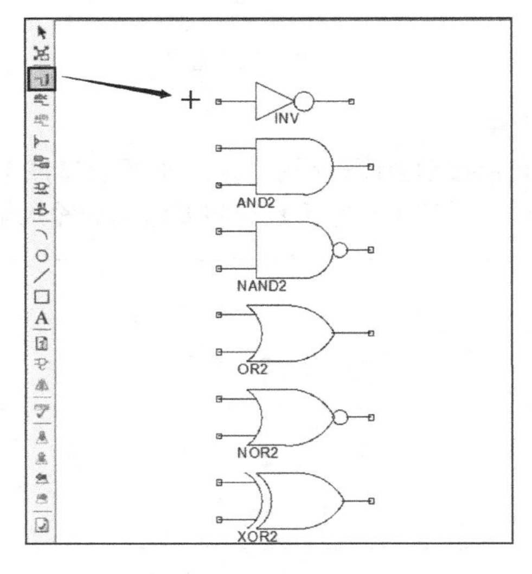

图 3-16　布线

将光标移动至非门左侧的小正方形上，光标可以自动检测到具有电气属性的小正方形，如图 3-17 所示。

单击小正方形，然后移动光标即可进行布线。在布线过程中，单击可以确定导线的拐点，双击可结束这一段导线的布线，按 Esc 键则退出布线，如图 3-18 所示。

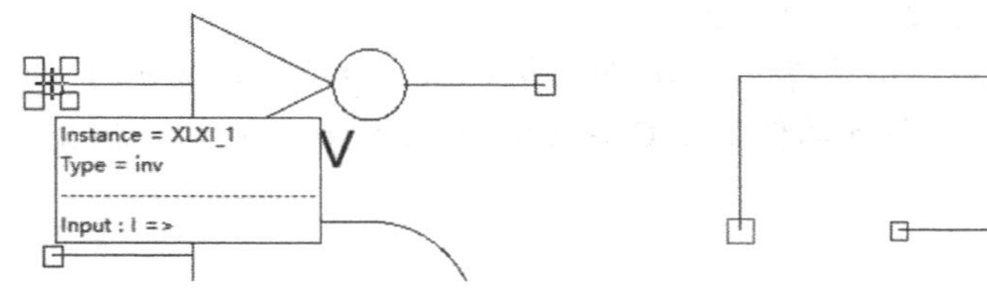

图 3-17　非门的电气属性　　　　图 3-18　移动光标进行布线

导线一端未与其他器件相连时，悬空端会有一个红色小正方形，代表导线该端悬空且同样有电气属性，实际上导线上的任意位置都具有电气属性，都可以接出或接入导线。如果在布线时接错线或需删除导线，要先按 Esc 键退出布线，然后单击选中要删除的导线，选中后导线会变成红色，按 Delete 键即可删除。最后，按照图 3-19 所示内容完成布线。

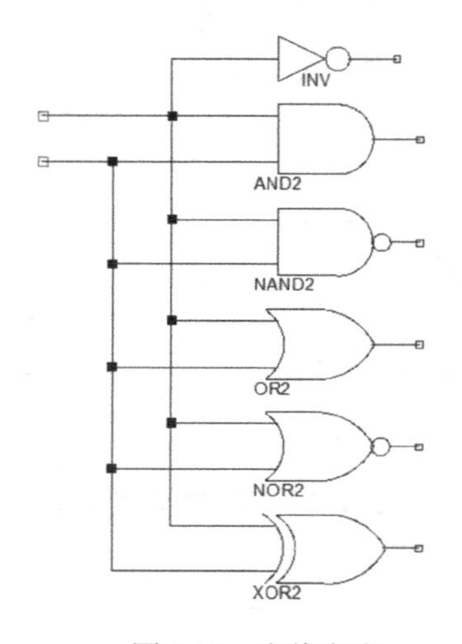

图 3-19　布线完成

步骤 6：添加输入/输出端口

单击按钮，然后将光标移动至原理图空白处，光标会变成十字光标，并且有个正方形随着光标移动，如图 3-20 所示。这个正方形代表将要添加的输入/输出端口。

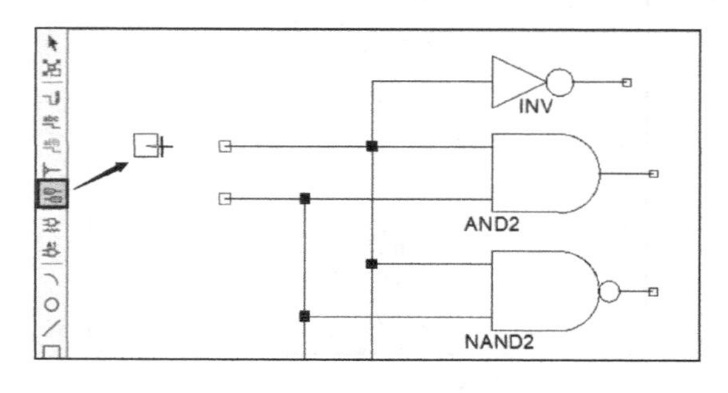

图 3-20　添加端口步骤 1

将光标移动至其中一个红色小正方形的中间，光标同样也会自动检测到电气属性，如图 3-21 所示。

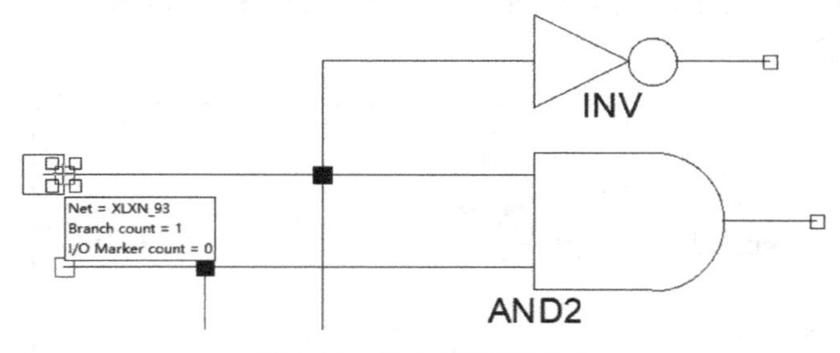

图 3-21　添加端口步骤 2

此时单击即可完成输入/输出端口的添加，如图 3-22 所示。添加输入/输出端口时软件会自动判断并调整输入/输出方向，同时端口名字可能也会和图 3-22 所示的不一样，在后面会介绍如何修改端口名字。

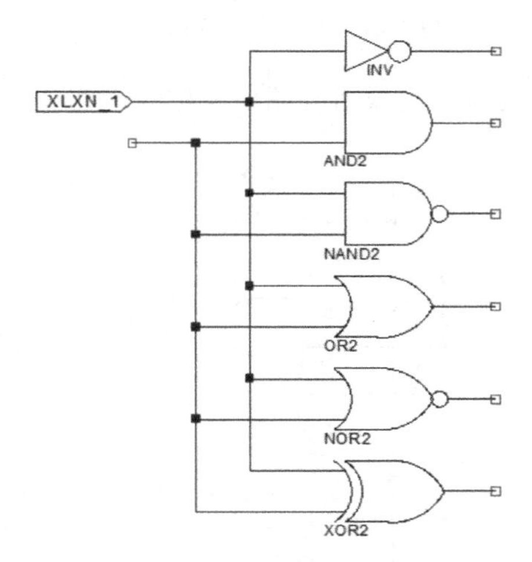

图 3-22　添加端口步骤 3

参考图 3-23 所示的内容，完成输入/输出端口的添加。

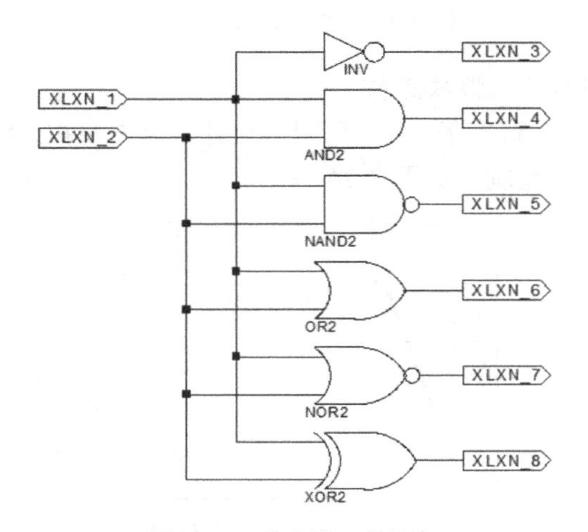

图 3-23　完成端口的添加

下面介绍如何修改端口名称。首先右键单击或按 Esc 键退出添加端口，然后双击需要修改名称的端口（这里以 XLXN_1 端口为例），在弹出的对话框中，选择 Nets 栏中的 XLXN_1，将 Name 栏的值改为 A，然后单击 OK 按钮。另外，修改 PortPolarity 还可以改变端口输入/输出方向，如图 3-24 所示。

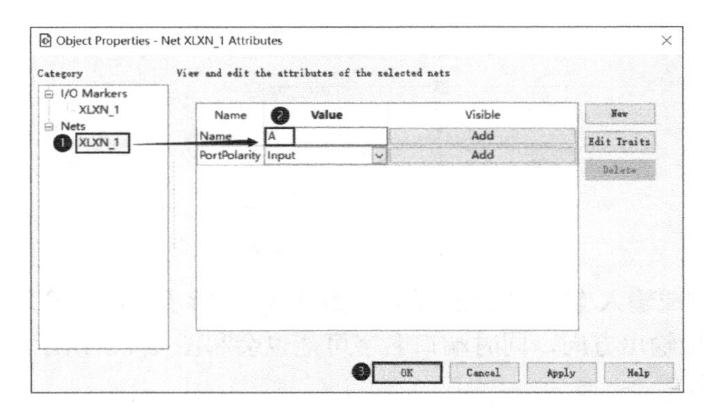

图 3-24　端口属性窗口

最后，按照图 3-25 所示的内容，完成所有端口名称的修改。

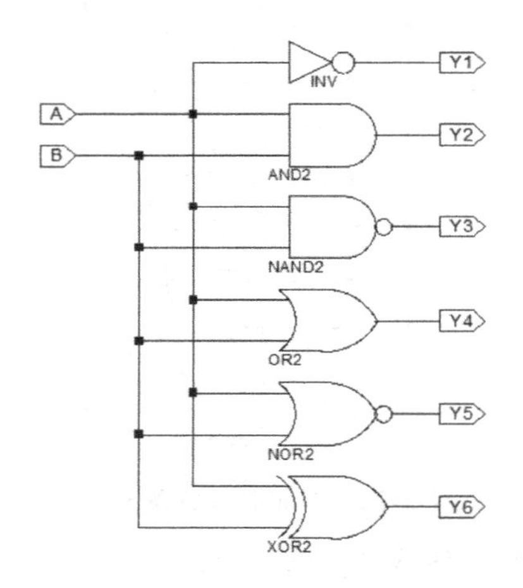

图 3-25　完成端口名称修改

步骤 7：添加原理图外框和版本信息

单击□按钮，将十字光标移动至左上角网格点处，单击长按，将光标从左上角拖动至右下角即可完成原理图外框的绘制，如图 3-26 所示。

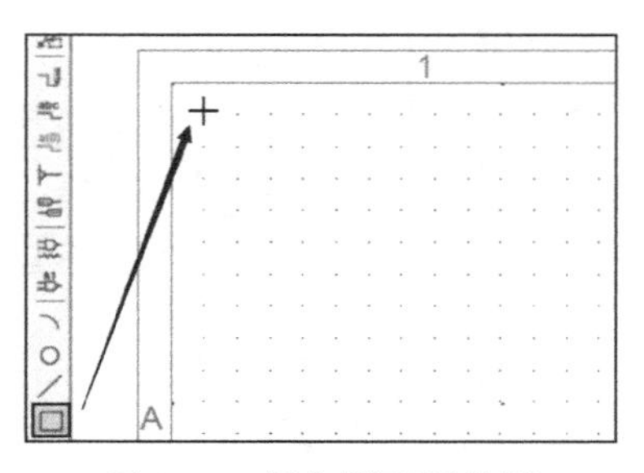

图 3-26　添加原理图外框

添加的原理图外框属于标注信息，仅起到提示作用，不对电路产生任何影响，下面调整原理图外框线条的粗细和颜色。

双击原理图外框，在弹出的对话框中，将 Line Width 设置为 Wide，将 Line Color 设置为 Blue，最后单击 OK 按钮完成设置，如图 3-27 所示。

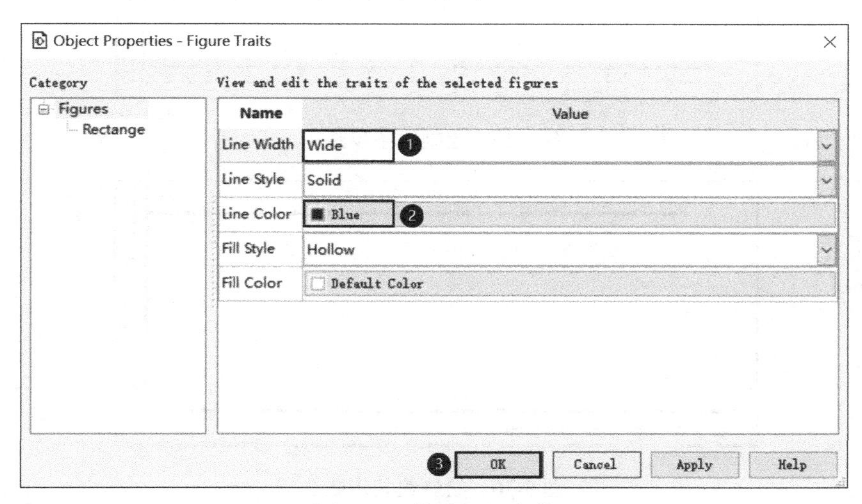

图 3-27　修改矩形参数

完成设置后的效果如图 3-28 所示，下面添加版本信息。

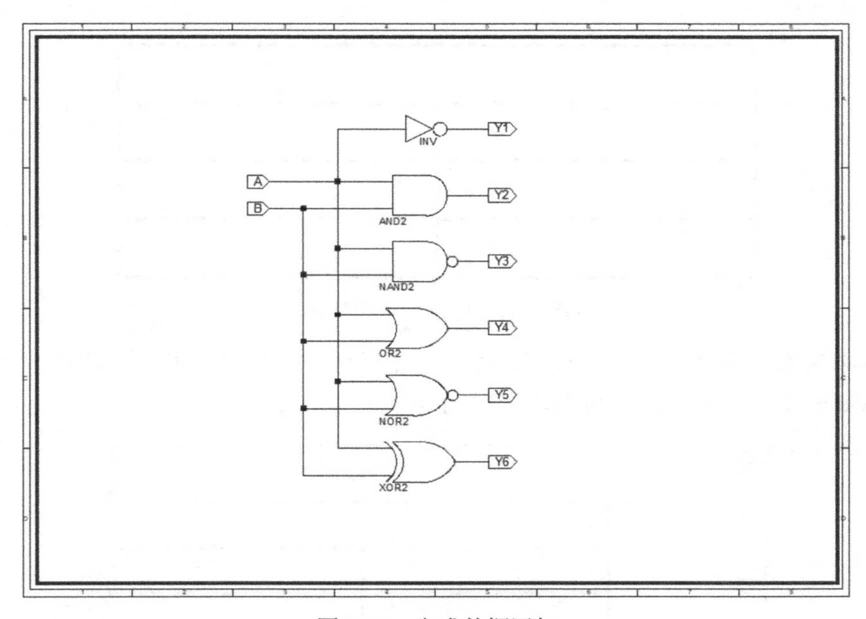

图 3-28　完成外框添加

首先，进行原理图版本框的绘制，单击 ╱ 按钮，十字光标移动到原理图框右下角。单击拖动绘制线条，效果如图 3-29 所示，按 Esc 键可退出绘制。

其次，双击线条，将 Line Width 设置为 Wide，将 Line Color 设置为 Blue，完成设置后线条的效果如图 3-30 所示。

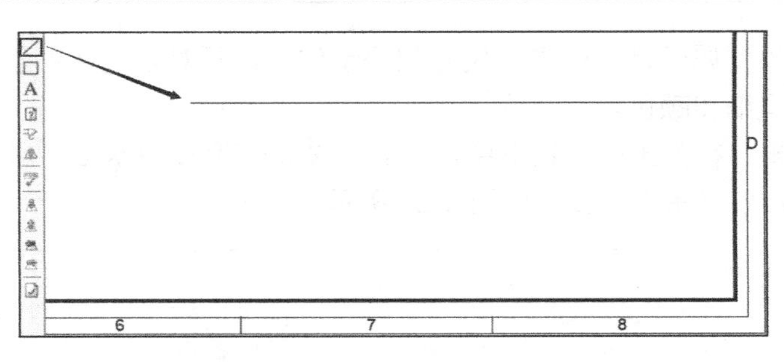

图 3-29　绘制线条步骤 1

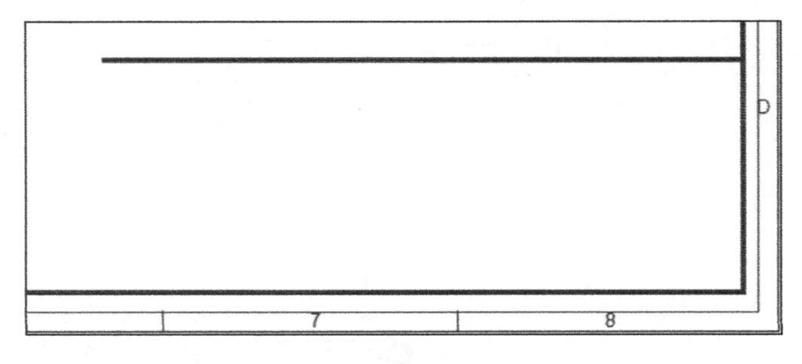

图 3-30　绘制线条步骤 2

最后，参考图 3-31 所示的内容，利用线条工具 ╱ 完成版本框的整体绘制，图中网格点可作为绘制参考。

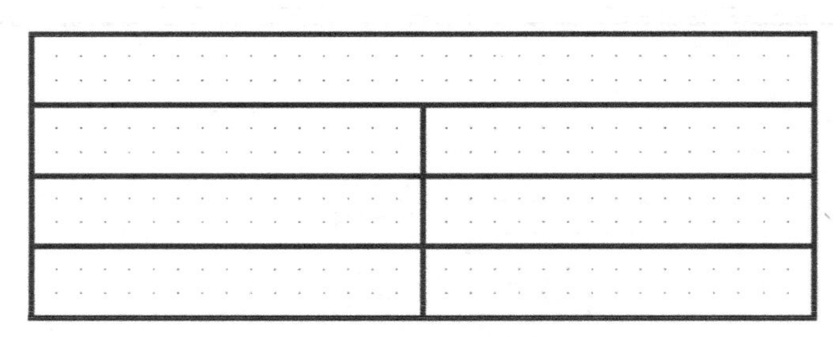

图 3-31　绘制版本框外框

在框内添加版本信息，单击 A 按钮，将十字光标拖动到如图 3-32 所示的版本框内，光标上有 Text_Value 文本，在合适的位置单击即可完成文本放置。

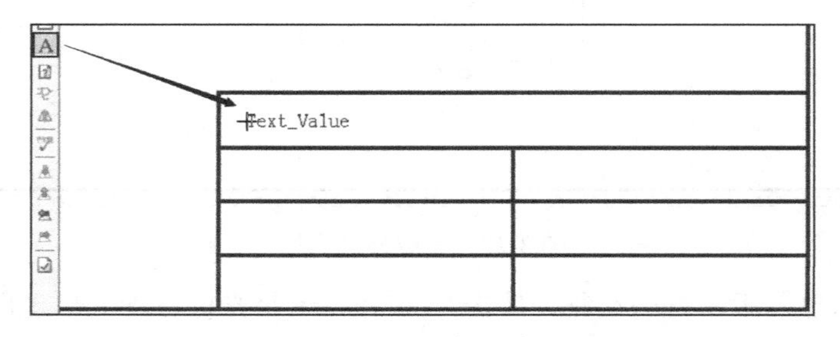

图 3-32　添加文字

放置完成后还需要对文本内容及字体大小等进行修改。双击文本 Text_Value，在弹出的对话框中，将 Text Font Size 修改为 24，将 Text Value 修改为 DocumentName:EasyDigitalSystem.sch，然后单击 OK 按钮即可完成文本修改，如图 3-33 所示。

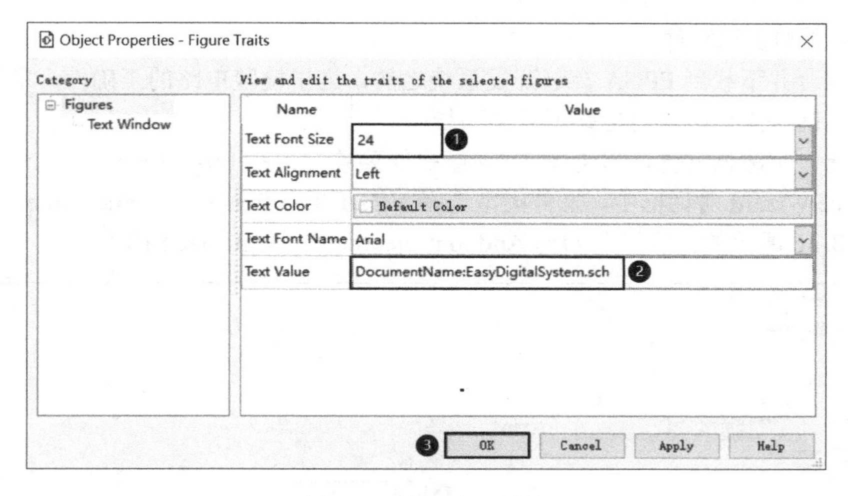

图 3-33　修改文本属性

最后，根据实际情况填写原理图其余信息，包括版本、日期、作者等，最终效果如图 3-34 所示。

DocumentName:EasyDigitalSystem.sch	
Revision:V1.0.0	Size:A4
SheetNumber:1	SheetTotal:1
Author:Leyutek	Data:2020/12/16/Wed

图 3-34　版本框最终效果

至此，原理图绘制完成，整体效果如图 3-35 所示，单击按钮保存原理图。在原理图中不仅有电路部分，还包含了外框、版本信息等。在后面的实验中外框和版本信息模版会在配套资料包的 Material 中提供，因此原理图设计只需完成电路绘制和信息完善即可。

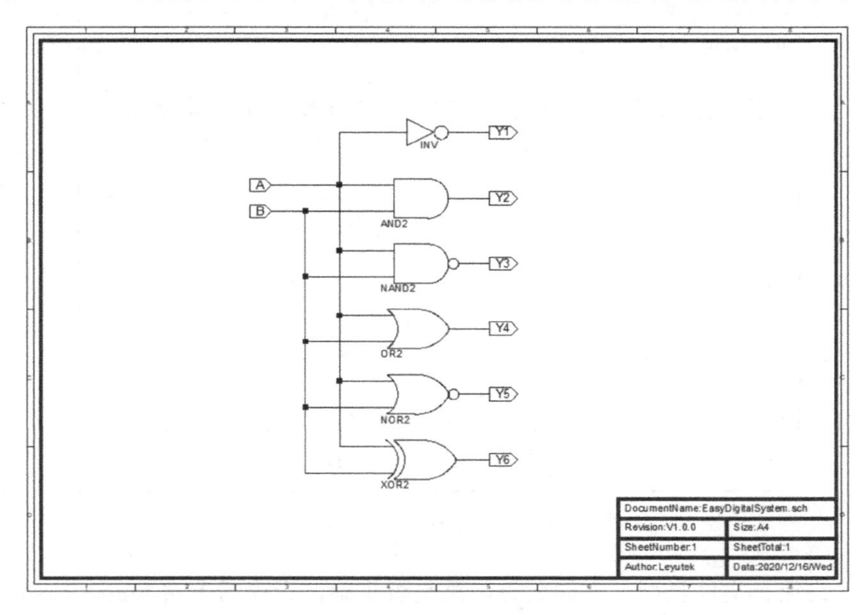

图 3-35　原理图最终效果

步骤 8：添加仿真文件

将工程综合并下载到 FPGA 高级开发系统之前，为了检验电路的正确性，需要对电路进行仿真测试，确保无误后再将电路下载到系统中。

首先新建一个测试文件，参考图 3-7（或执行菜单栏命令 Project→New Source），在弹出的 New Source Wizard 对话框中，文件类型选择 VHDL Test Bench，在 File name、Location 栏中输入如图 3-36 所示的内容，并勾选 Add to project，最后单击 Next 按钮。

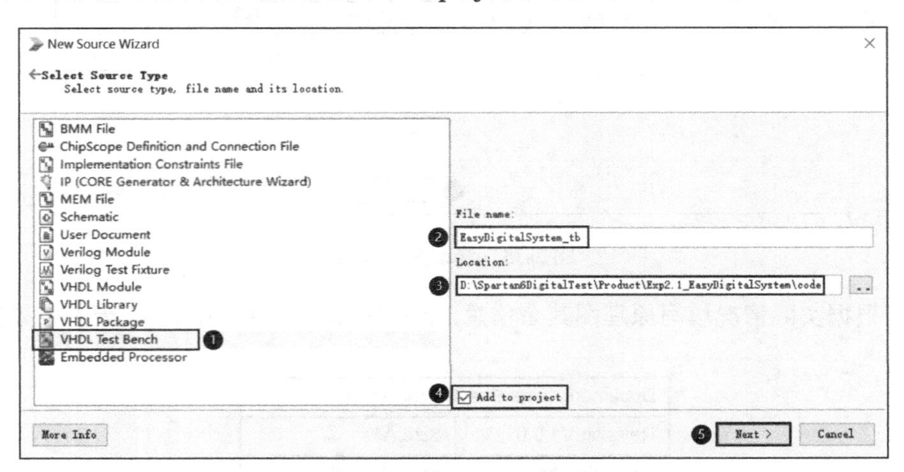

图 3-36　创建 VHDL 测试文件

仿真文件本教程推荐使用 VHDL 语言仿真，涉及 VHDL 语法部分在后面的章节中将会介绍，当然也可以选择使用 Verilog 语言仿真。

如图 3-37 所示的窗口用于选择仿真目标，若工程中有多个文件，可以选择特定的仿真目标，通常选择顶层文件作为仿真目标。本实验只有一个文件，直接单击 Next 按钮即可。

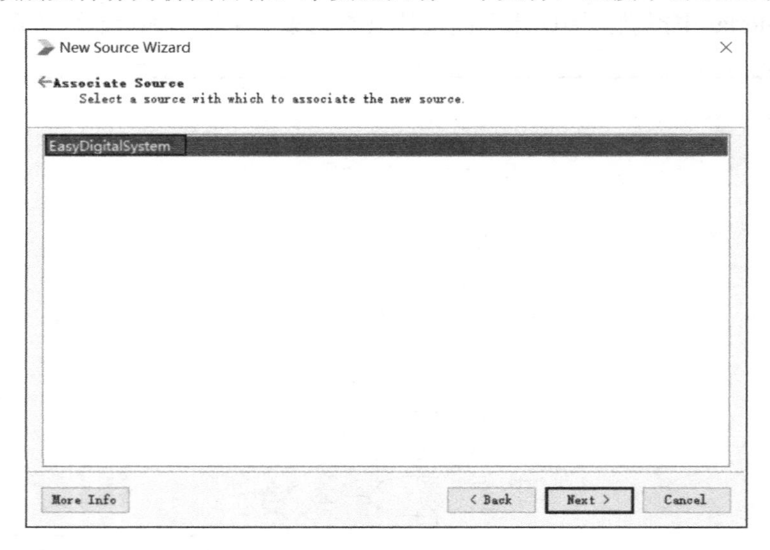

图 3-37　新建仿真对象

确认文件路径、文件类型、文件名等信息是否正确，无误后单击 Finish 按钮，如图 3-38 所示。

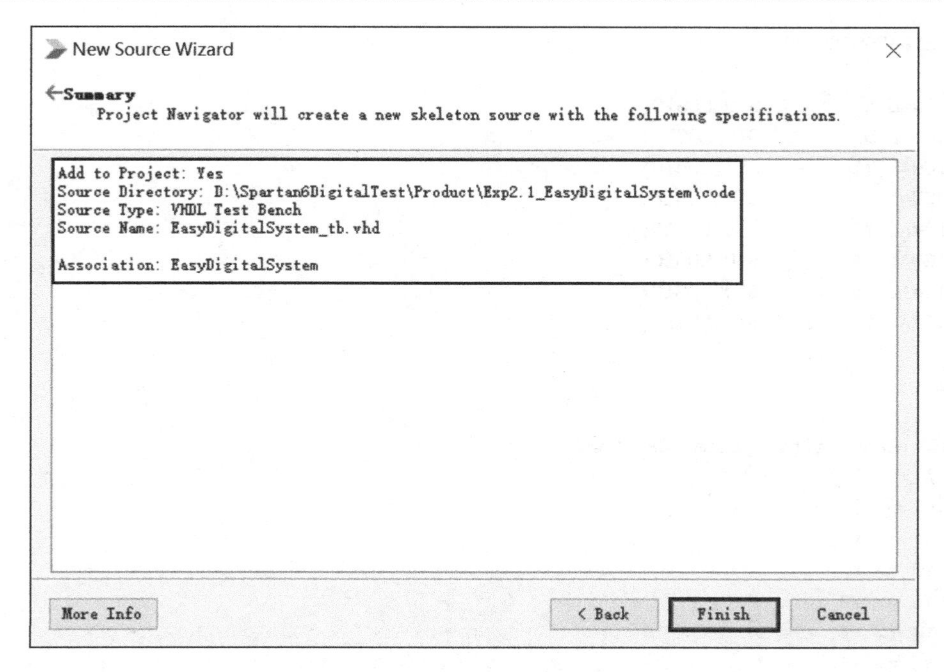

图 3-38　仿真文件信息

成功添加仿真文件后，ISE 集成开发环境会自动打开新创建的 EasyDigitalSystem_tb.vhd 文件，程序清单 3-1 是 ISE 软件自动生成的测试代码，为了介绍方便，程序清单 3-1 中省略了部分代码，下面完善 EasyDigitalSystem_tb.vhd 文件。

将程序清单 3-1 的第 46 至 60 行代码添加到 EasyDigitalSystem_tb.vhd 文件中并保存，这段代码用于对两个输入端口 A 和 B 的状态进行仿真，“wait for + 时间”语句表示延时一定时间后再执行下一行代码，因此，wait for 100 ns 表示延时 100ns，即 A、B 端口状态会保持 100ns 后再发生改变。第 61 行的“WAIT”后面没加时间，仿真会一直等待，状态不再改变，如果加上时间，那么会在所有状态仿真完成后进行循环仿真。

程序清单 3-1

```
1.   LIBRARY ieee;
2.   USE ieee.std_logic_1164.ALL;
3.   USE ieee.numeric_std.ALL;
4.   LIBRARY UNISIM;
5.   USE UNISIM.Vcomponents.ALL;
6.   ENTITY EasyDigitalSystem_EasyDigitalSystem_sch_tb IS
7.   END EasyDigitalSystem_EasyDigitalSystem_sch_tb;
8.   ARCHITECTURE behavioral OF EasyDigitalSystem_EasyDigitalSystem_sch_tb IS
9.
10.    COMPONENT EasyDigitalSystem
11.      PORT( A   :   IN   STD_LOGIC;
12.        B  :   IN   STD_LOGIC;
13.        Y1 :   OUT  STD_LOGIC;
14.        Y2 :   OUT  STD_LOGIC;
15.        Y3 :   OUT  STD_LOGIC;
16.        Y4 :   OUT  STD_LOGIC;
17.        Y5 :   OUT  STD_LOGIC;
18.        Y6 :   OUT  STD_LOGIC);
```

```
19.     END COMPONENT;
20.
21.   SIGNAL A    :   STD_LOGIC;
22.   SIGNAL B    :   STD_LOGIC;
23.   SIGNAL Y1   :   STD_LOGIC;
24.   SIGNAL Y2   :   STD_LOGIC;
25.   SIGNAL Y3   :   STD_LOGIC;
26.   SIGNAL Y4   :   STD_LOGIC;
27.   SIGNAL Y5   :   STD_LOGIC;
28.   SIGNAL Y6   :   STD_LOGIC;
29.
30. BEGIN
31.
32.   UUT: EasyDigitalSystem PORT MAP(
33.     A => A,
34.     B => B,
35.     Y1 => Y1,
36.     Y2 => Y2,
37.     Y3 => Y3,
38.     Y4 => Y4,
39.     Y5 => Y5,
40.     Y6 => Y6
41.     );
42.
43. -- *** Test Bench - User Defined Section ***
44.   tb : PROCESS
45.   BEGIN
46.     A <= '0';
47.     B <= '0';
48.     wait for 100 ns;
49.
50.     A <= '0';
51.     B <= '1';
52.     wait for 100 ns;
53.
54.     A <= '1';
55.     B <= '0';
56.     wait for 100 ns;
57.
58.     A <= '1';
59.     B <= '1';
60.     wait for 100 ns;
61.     WAIT; -- will wait forever
62.   END PROCESS;
63. -- *** End Test Bench - User Defined Section ***
64.
65. END;
```

完成代码添加后，单击左侧工作区左下角的 Design 标签页，切换到工程设计窗口，如图 3-39 所示。该功能窗口分为两类：Implementation 与硬件电路有关，整个工程的编译、下载都在该类中进行；Simulation 表示仿真部分，专门负责仿真。

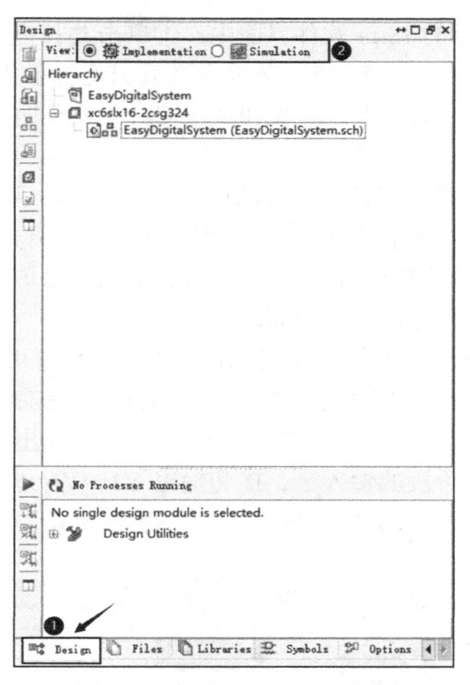

图 3-39　切换到工程设计窗口

首先，将功能窗口切换到 Simulation，单击 EasyDigitalSystem_tb.vhd，然后双击 Behavioral Check Syntax，对仿真文件 EasyDigitalSystem_tb.vhd 进行语法检查，Console 栏出现 Process "Behavioral Check Syntax" completed successfully 表示检查语法成功。最后，右键单击 Simulate Behavioral Model，选择 Rerun All。

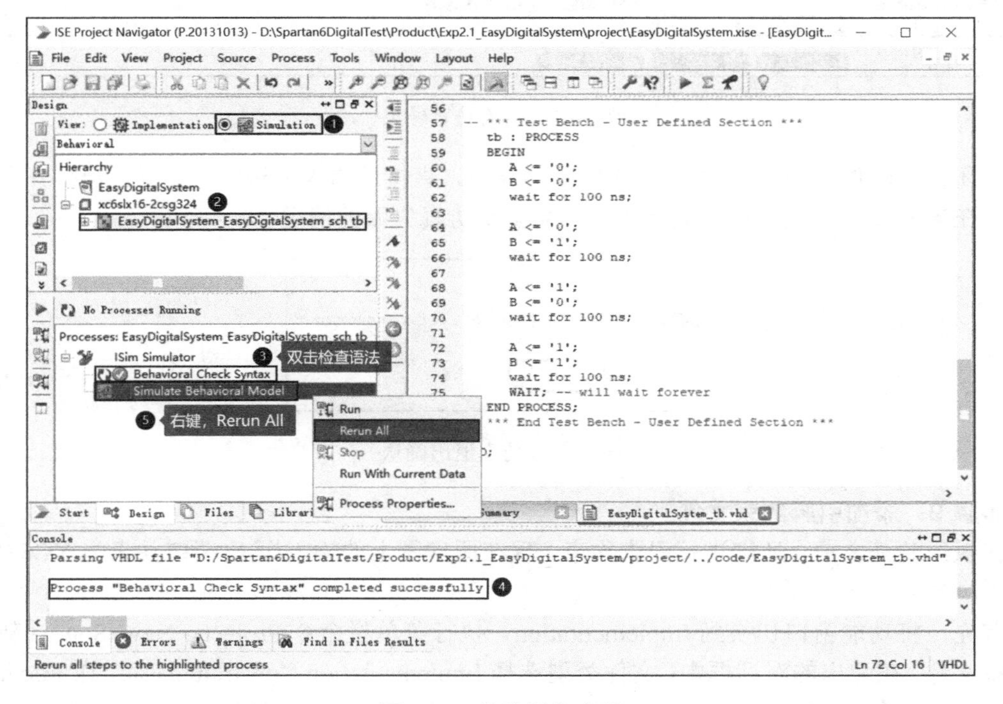

图 3-40　仿真操作步骤

在弹出的如图 3-41 所示的 ISim 软件界面中：①单击按钮重新开始；②单击按钮，运行仿真；③单击按钮，可以停止仿真，本实验仿真只运行了 400ns，不需要停止；④单击按钮，查看完整的仿真波形，单击按钮或按 Ctrl 键的同时滚动鼠标滚轮则可以对仿真进行放大和缩小。

在 Name 窗口中显示的是仿真信号对应的信号名，默认显示小写，在 Value 窗口中显示的是实线光标处各仿真信号对应的具体值，在仿真界面单击可将光标调整至波形的任意位置，如图 3-41 所示，在光标 1 的位置单击，然后按 Shift 键的同时单击光标 2 的位置，此时可以在光标的右下角查看两个位置之间的时间间隔。

下面对仿真结果进行分析，如图 3-41 所示，调整光标位置可查看不同节点的输入/输出，首先将光标调整到 50ns 的位置，即光标 2 的位置，由波形和左侧 Value 的值可以得知，A、B 此时为 0，Y1 输出为 1，输出符合非门（INV）的要求；Y2 输出为 0，输出符合与门（and2）的要求……依次对前后四个阶段的输入 A、B 和输出 Y1～Y6 进行分析，若输出全部正确则表明电路设计准确无误，可以关闭仿真进行下一步的板级验证。

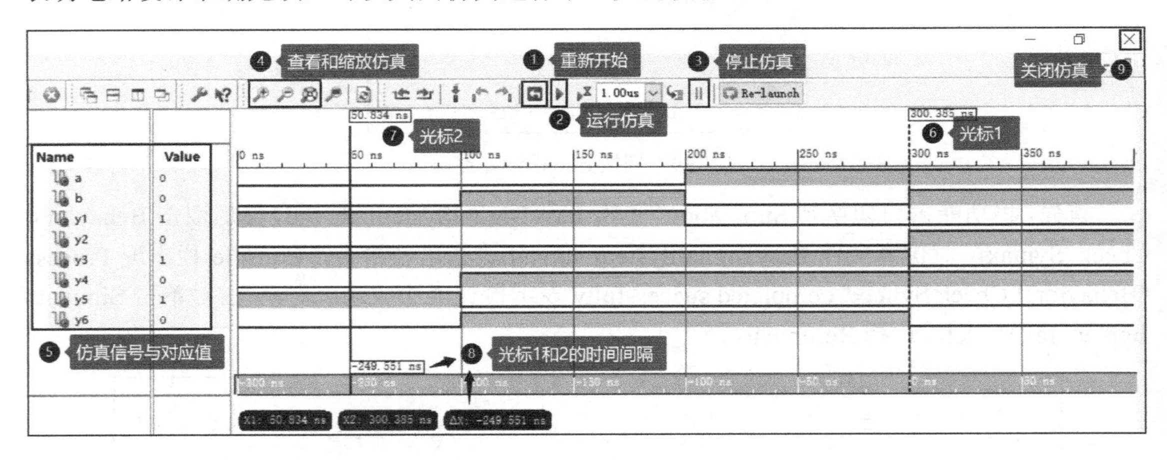

图 3-41　查看仿真结果

关闭仿真软件时会弹出如图 3-42 所示的窗口，直接单击 Yes 按钮。注意，当打开了一个仿真，在未关闭的情况下再次进行仿真，会出现仿真失败的情况。

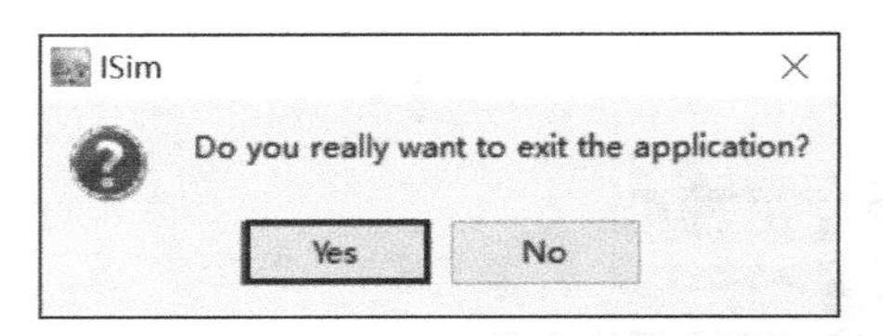

图 3-42　仿真退出确认

步骤 9：添加引脚约束文件

在板级验证之前，还需进行引脚约束。现在原理图上的输入/输出端口并未与 XC6SLX16 芯片引脚建立对应的联系。

首先，将功能窗口切换到 Implementation，执行菜单栏命令 Project→New Source 新建引脚约束文件，在弹出的对话框中，文件类型选择 Implementation Constraints File，在 File name、Location 栏中输入如图 3-43 所示的内容，并勾选 Add to project，最后单击 Next 按钮。

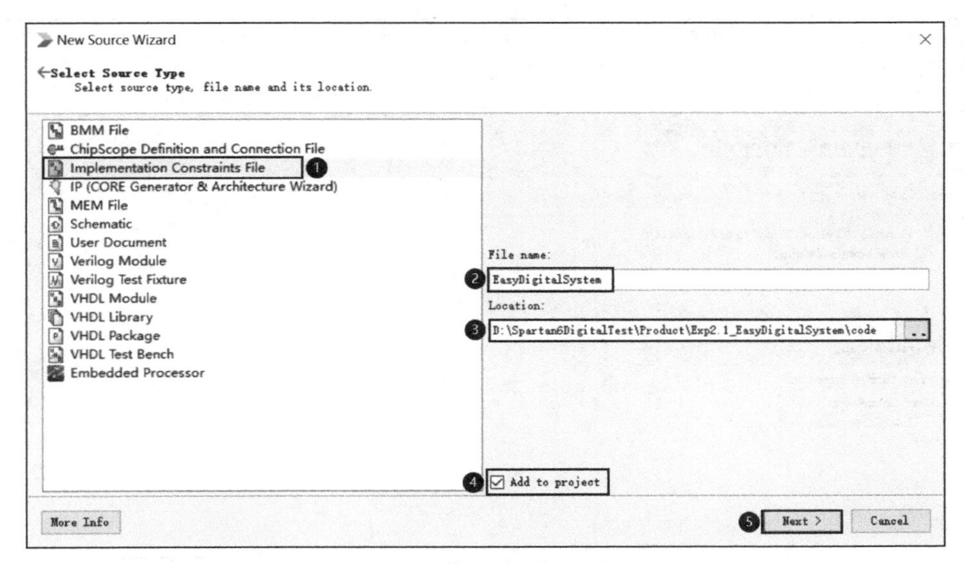

图 3-43　新建引脚约束文件

确认文件路径、文件类型、文件名等信息是否正确，无误后单击 Finish 按钮，如图 3-44 所示。

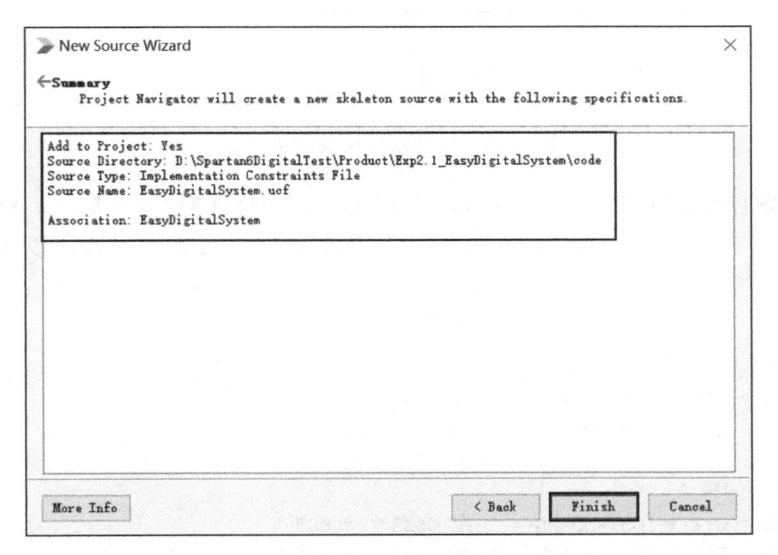

图 3-44　引脚约束文件信息

新建引脚约束文件后，ISE 集成开发环境会自动打开新创建的 EasyDigitalSystem.ucf 文件，同时 Console 窗口提示新建文件成功，如图 3-45 所示。

将程序清单 3-2 中的代码输入 EasyDigitalSystem.ucf 文件中，下面对关键语句进行介绍：

（1）第 1 至 3 行代码：A、B 输入端口选择波动开关 SW0 和 SW1，对应 XC6SLX16 引脚分别为 F15 和 C15。

（2）第 5 至 11 行代码：Y1～Y6 输出端口选择 LED0～LED5，引脚分别对应 G14、F16、H15、G16、H14、H16。

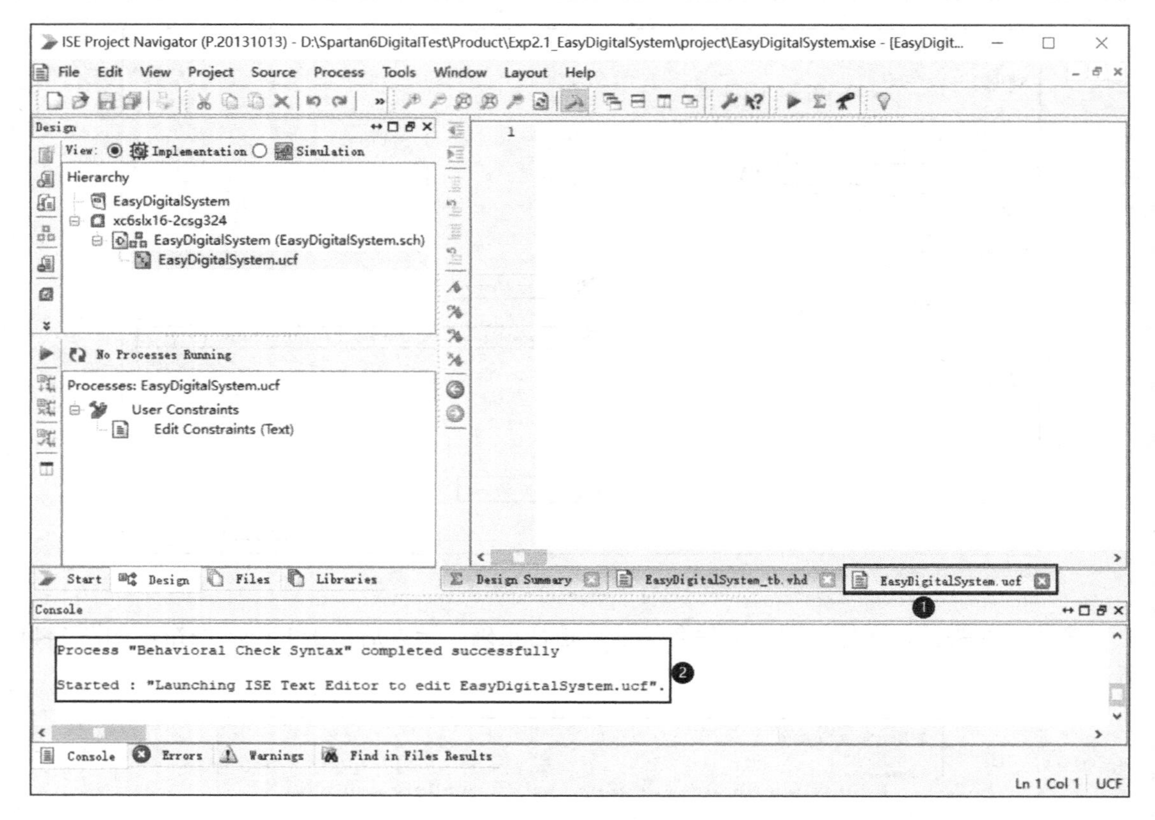

图 3-45　成功新建引脚约束文件

另外，“IOSTANDARD = "LVCMOS33"”语句表示使用 3.3V 电平标准。XC6SLX16 芯片可以适配 1.2V、3.3V 等多个标准，同时还可以调整引脚输入/输出电流，以提高驱动能力，具体请参考配套资料包中的“09.硬件资料\Spartan-6_FPGA_SelectIO_Resources.pdf”文件。

程序清单 3-2

```
1.  #拨动开关输入引脚约束
2.  Net A   LOC = F15 | IOSTANDARD = "LVCMOS33"; #SW0
3.  Net B   LOC = C15 | IOSTANDARD = "LVCMOS33"; #SW1
4.
5.  #LED 输出引脚约束
6.  Net Y1  LOC = G14 | IOSTANDARD = "LVCMOS33"; #LED0
7.  Net Y2  LOC = F16 | IOSTANDARD = "LVCMOS33"; #LED1
8.  Net Y3  LOC = H15 | IOSTANDARD = "LVCMOS33"; #LED2
9.  Net Y4  LOC = G16 | IOSTANDARD = "LVCMOS33"; #LED3
10. Net Y5  LOC = H14 | IOSTANDARD = "LVCMOS33"; #LED4
11. Net Y6  LOC = H16 | IOSTANDARD = "LVCMOS33"; #LED5
```

步骤 10：下载程序

在如图 3-46 所示的软件界面中，右键单击 Generate Programming File，在快捷菜单中选择 Rerun All，待 Console 栏出现 Process "Generate Programming File" completed successfully，表示生成二进制文件（.bit 文件）成功。

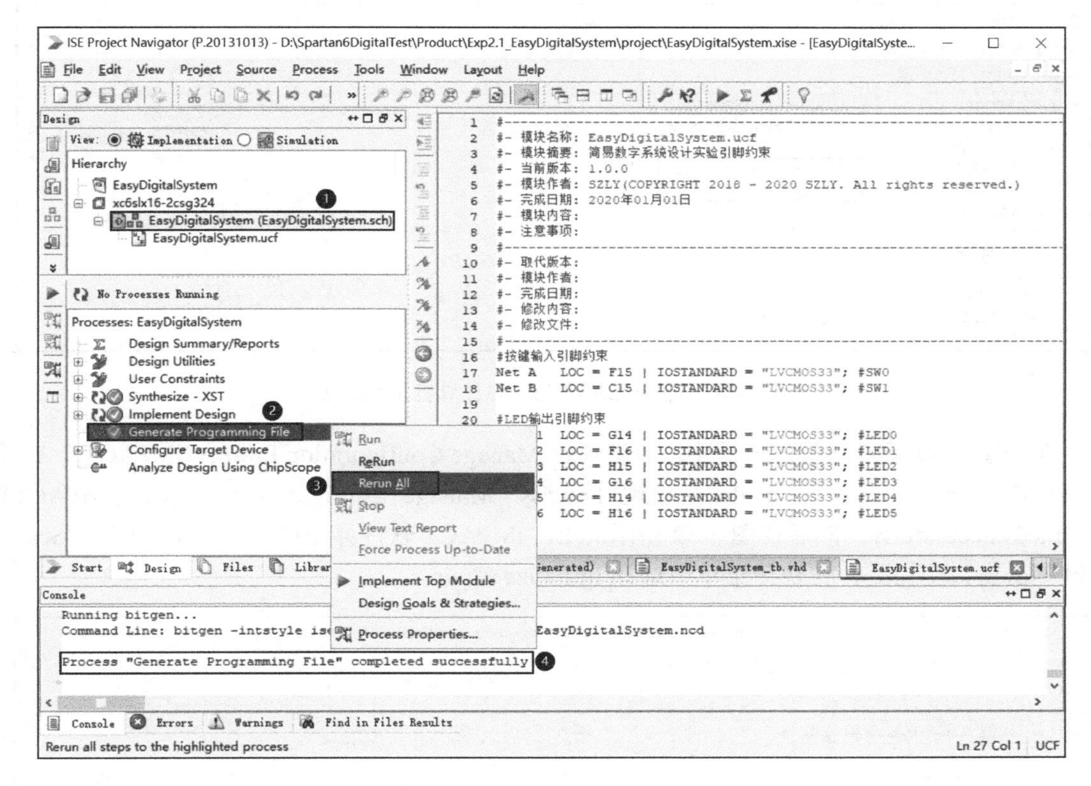

图 3-46　生成二进制文件

在下载.bit 文件之前，需要通过 12V 电源适配器向 FPGA 高级开发系统供电，同时将电源拨动开关上拨至 ON 打开电源，然后将 Xilinx USB Cable 下载器连接到 FPGA 高级开发系统和计算机，实物连接图如图 3-47 所示。

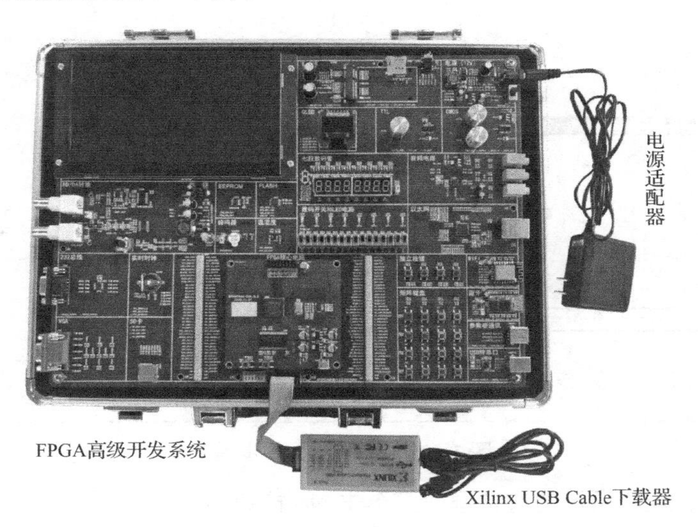

图 3-47　FPGA 高级开发系统连接图

完成连接后检查计算机设备管理器，若发现 Xilinx USB Cable 设备则表明下载器与计算机正常连接，如图 3-48 所示，此时下载器上的灯为黄色。

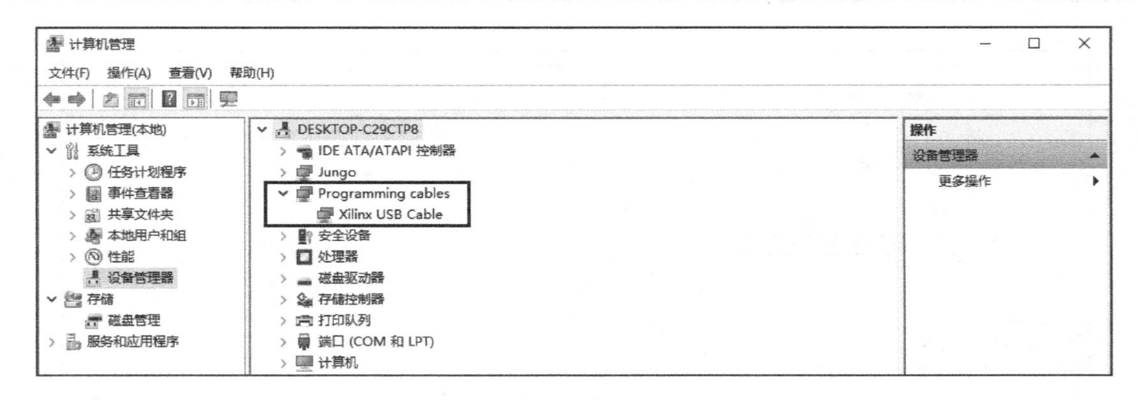

图 3-48　Xilinx USB Cable 与计算机正常连接

在如图 3-49 所示的软件界面中，右键单击 Manage Configuration Project (iMPACT)，在快捷菜单中选择 Run，待 Console 栏出现 Process "Manage Configuration Project (iMPACT)" launched successfully。然后在图 3-50 所示的 ISE iMPACT 软件界面中，双击 Boundary Scan，右键单击窗口空白处，在快捷菜单中选择 Initialize Chain。

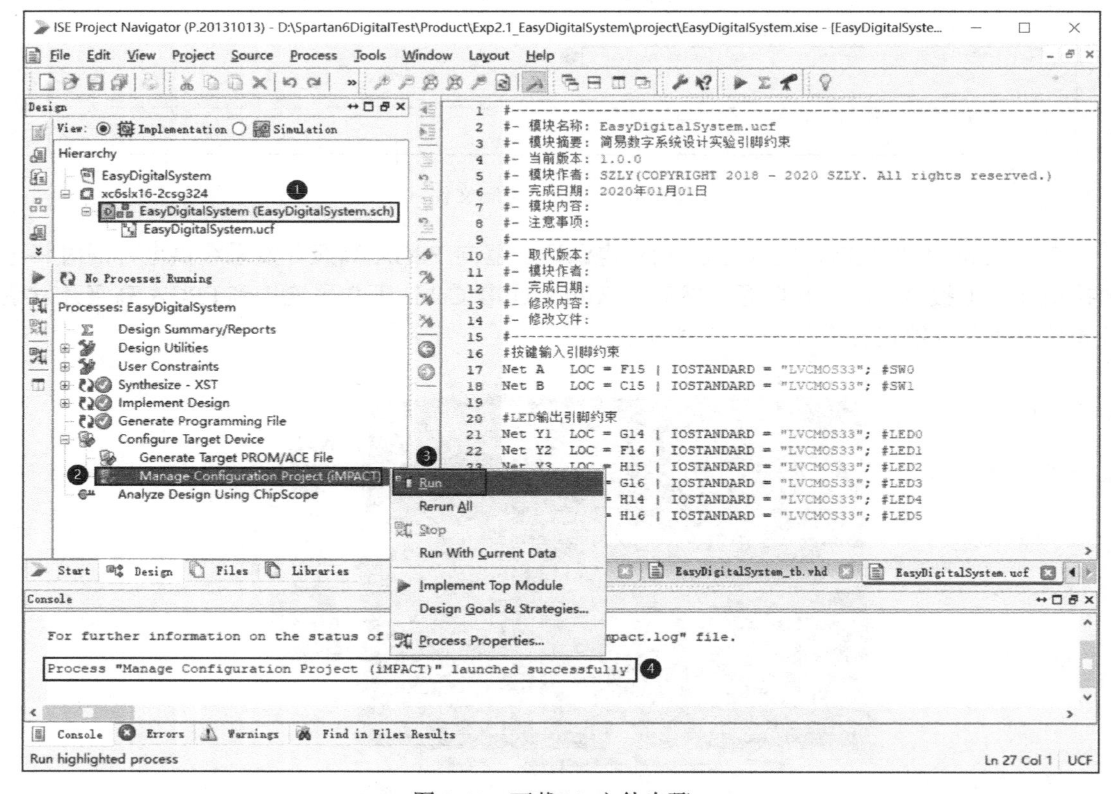

图 3-49　下载.bit 文件步骤 1

在弹出的如图 3-51 所示的对话框中，单击 No 按钮。

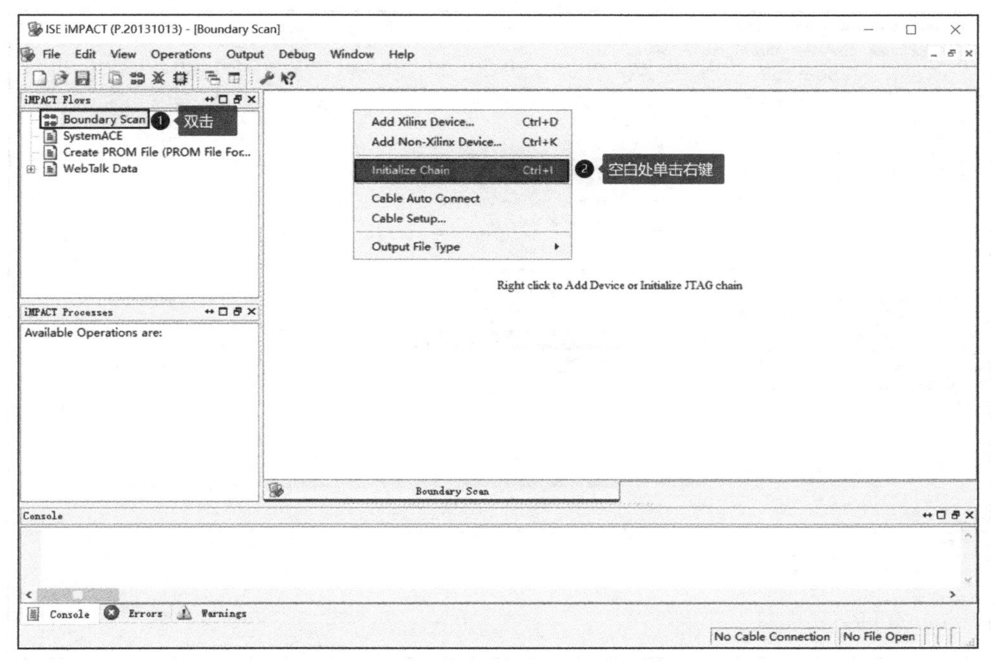

图 3-50　下载.bit 文件步骤 2

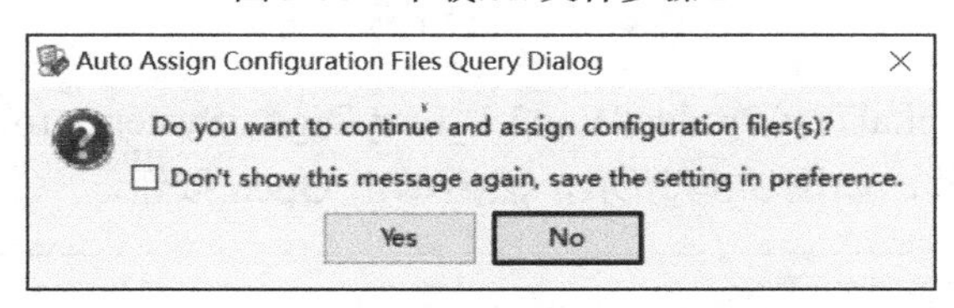

图 3-51　下载.bit 文件步骤 3

然后会弹出如图 3-52 所示的窗口，该窗口用于配置下载参数，使用默认参数即可，单击 OK 按钮回到主页面。

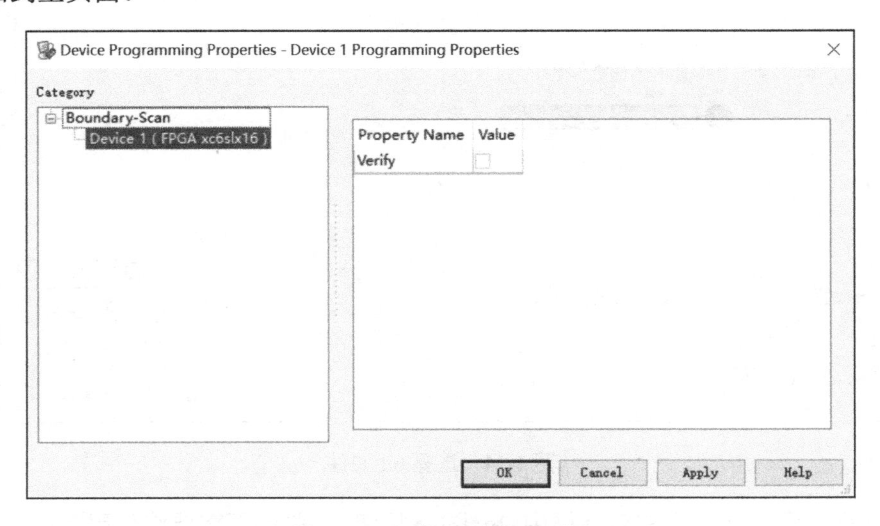

图 3-52　下载.bit 文件步骤 4

右键单击 XILINX 芯片图标，选择 Launch File Assignment Wizard，如图 3-53 所示。

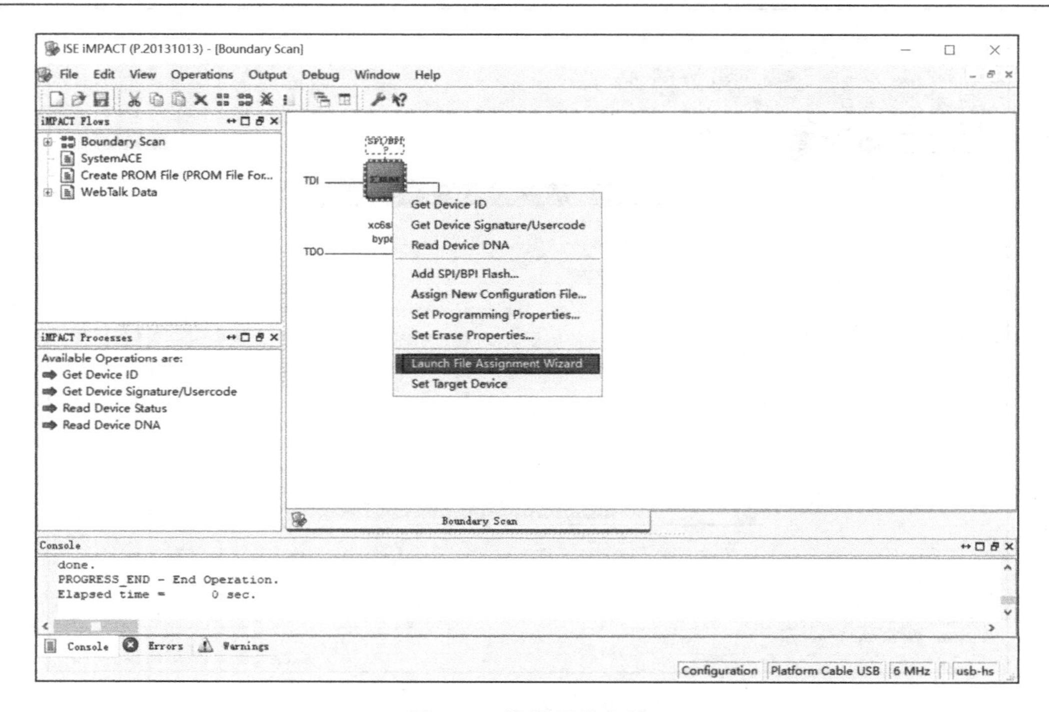

图 3-53　选择下载文件

在“D:\Spartan6DigitalTest\Product\Exp2.1_EasyDigitalSystem\project”文件夹中选择 easydigitalsystem.bit 文件，如图 3-54 所示，然后单击 Open 按钮。

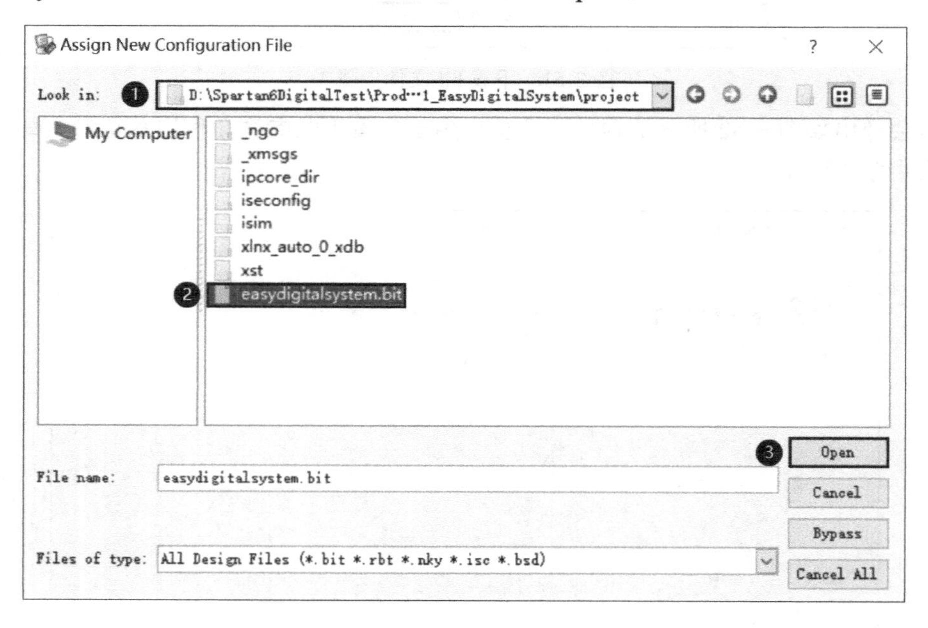

图 3-54　选择.bit 文件

在弹出的如图 3-55 所示的对话框中，单击 No 按钮，目前还不需要将代码下载到外部 Flash 中，后面固化程序时会介绍如何将程序下载到外部 Flash 中。

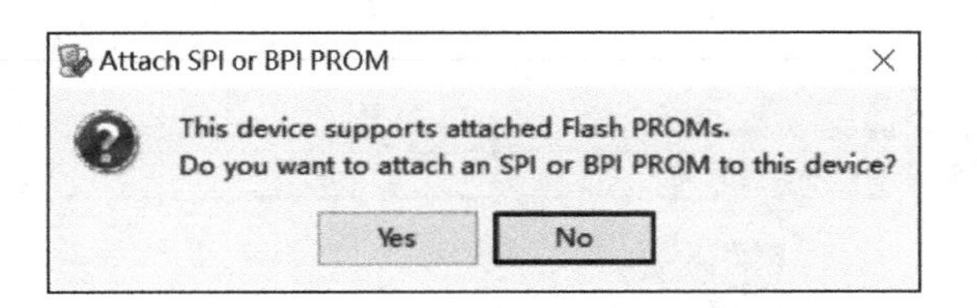

图 3-55　添加 Flash

在弹出的如图 3-56 所示的窗口中，单击 OK 按钮。

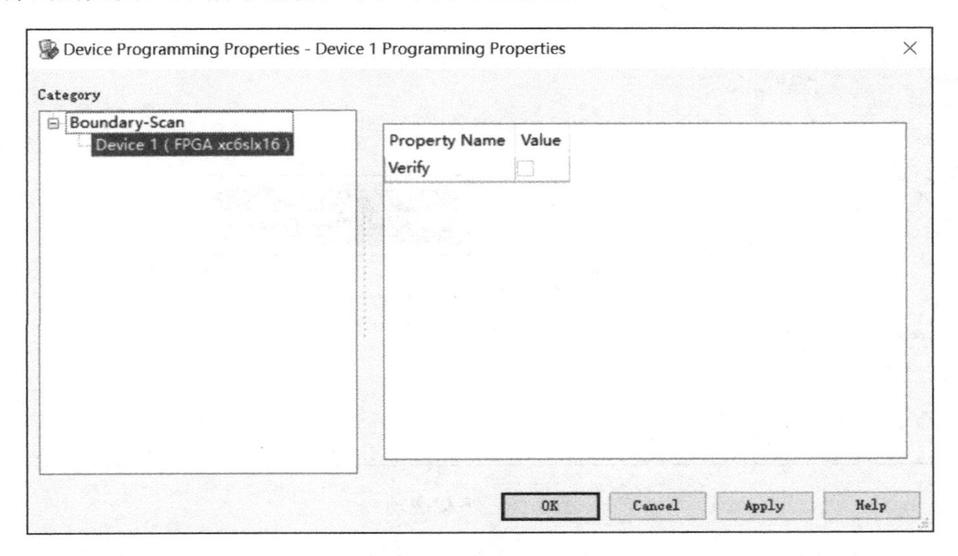

图 3-56　设备编程属性窗口

如图 3-57 所示，右键单击 XILINX 芯片图标，选择 Program，将.bit 文件下载到 FPGA 芯片中。

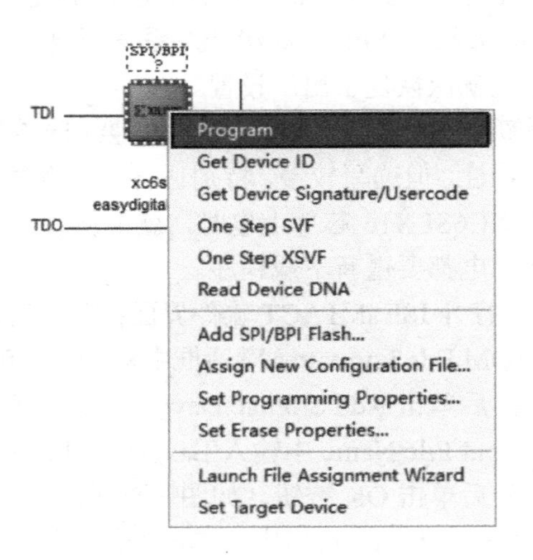

图 3-57　进行下载

如图 3-58 所示，下载成功后将显示 Program Succeeded。

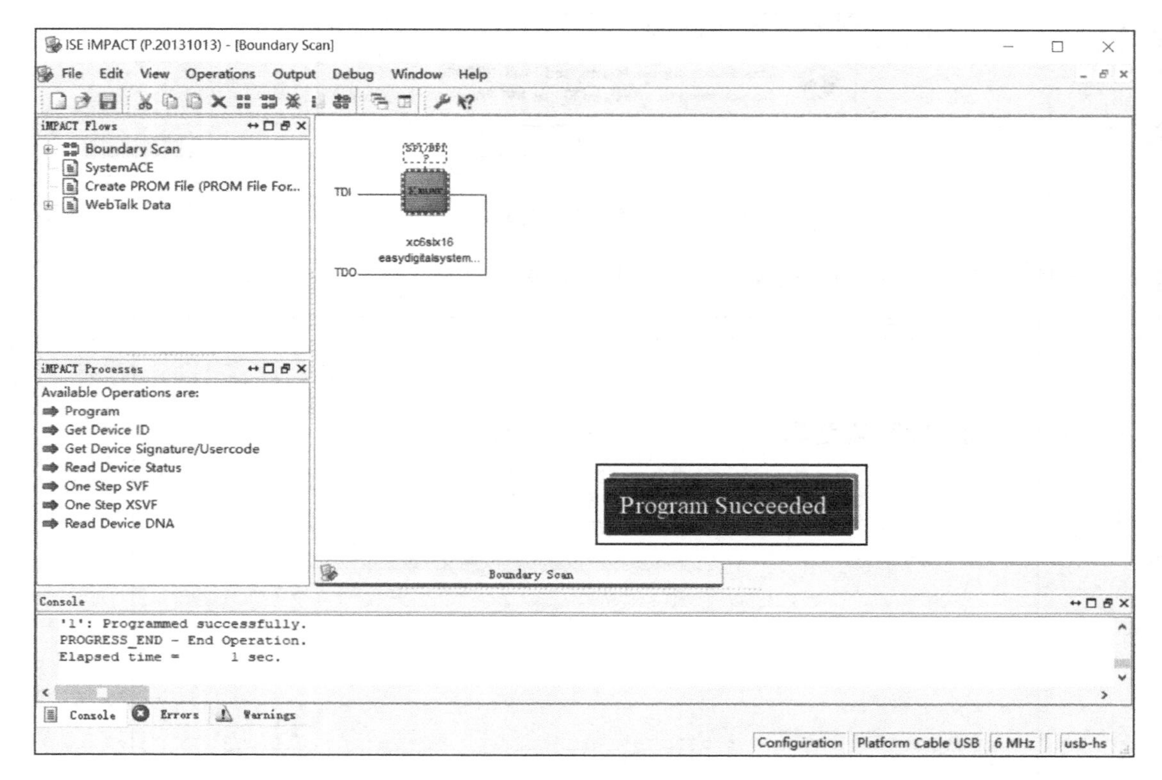

图 3-58　下载成功

下载完成后，通过拨动开关 SW_0 和 SW_1 可以控制输入电平的高低，通过 LED_0～LED_5 的点亮与熄灭可以显示输出电平的高低，从而实现基于原理图的简易数字系统设计的板级验证。

步骤 11：固化程序

步骤 10 中的.bit 文件只是下载到了 XC6SLX16 芯片的配置区域，该配置区域类似于 SRAM，断电后数据会丢失。如果给 FPGA 高级开发系统断电，然后再上电，此时就会发现刚才下载的程序丢失了，系统就像恢复了出厂设置。

要想实现系统断电又重新上电后程序不会丢失，就需要用外部的 Flash 来保存程序，Flash 芯片不具有断电丢失数据的特性，但读写较慢，特别适合于储存数据。这一方法也称为 FPGA 的程序固化，通过这个方法 XC6SLX16 芯片上电时，就能从外部 Flash 中读出程序并写入到配置区域中，从而避免每次上电都要重新下载程序。

首先，参考 3.3 节步骤 10 打开 ISE iMPACT 软件界面；然后双击 Create PROM File（PROM File Formatter），在弹出的 PROM File Formatter 对话框中双击 Configure Single FPGA，Storage Device（bits）设置为 16M，然后单击 Add Storage Device 按钮，下方的空白框中会显示 16M。单击第二个绿色箭头，在 Output File Name 中输入 EasyDigitalSystem，在 Output File Location 中选择工程路径进行保存，最后单击 OK 按钮，如图 3-59 所示。

在弹出的如图 3-60 所示 Add Device 窗口中，单击 OK 按钮。

在弹出的如图 3-61 所示的窗口中，选择 project 文件夹下的 easydigitalsystem.bit 文件，然后单击“打开”按钮。

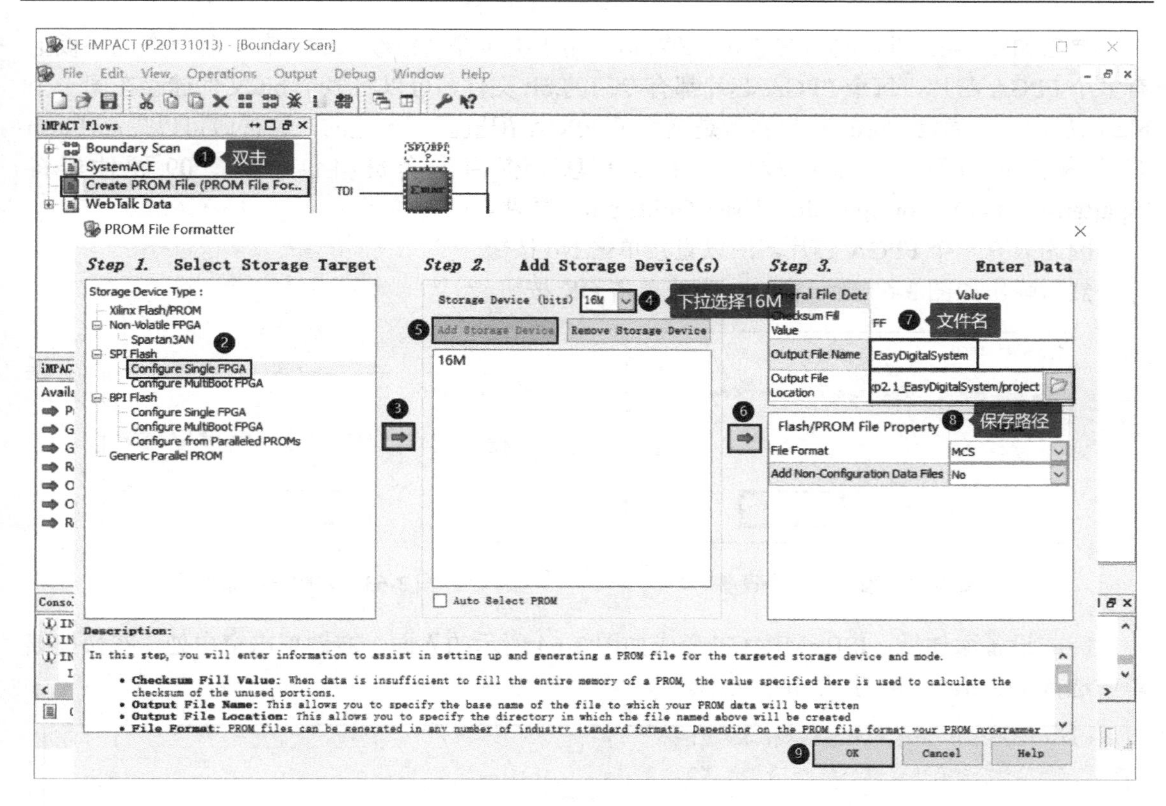

图 3-59　生成.mcs 文件步骤

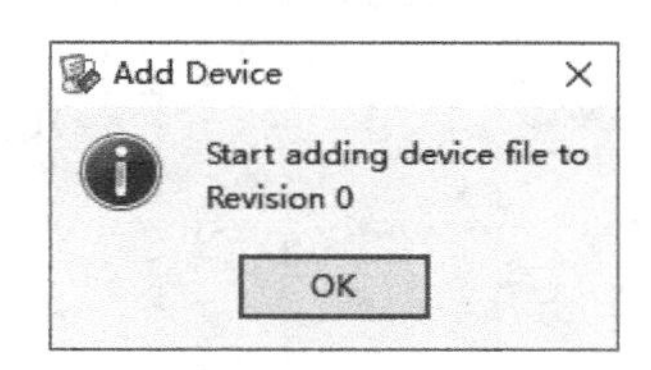

图 3-60　添加设备

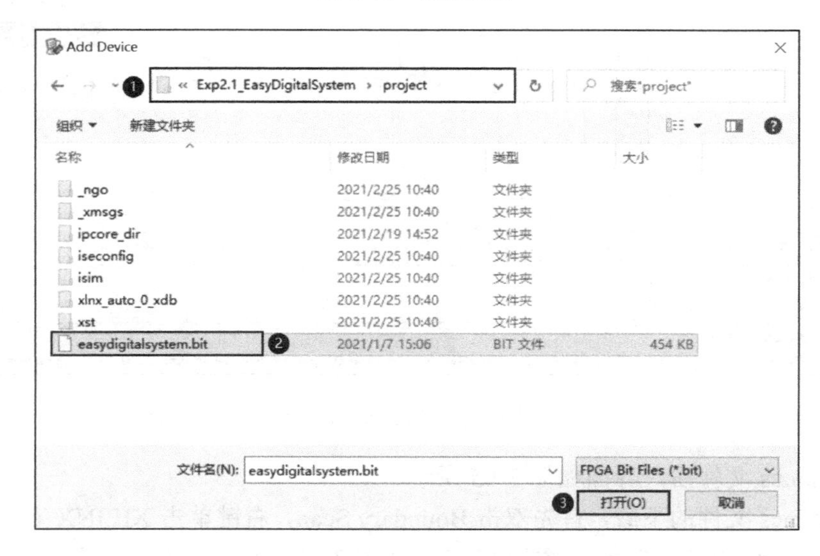

图 3-61　选择.bit 文件

弹出如图 3-62 所示的 Add Device 对话框用于提示是否继续添加设备。若一个电路板上有多个 FPGA 芯片，每个 FPGA 芯片都有专门的.bit 文件，可以将多个.bit 文件储存在同一个 Flash 芯片中。通常 Flash 芯片容量是远大于 FPGA 配置区域容量的，这样做可以提高 Flash 芯片内存的利用率，节约成本。更多信息请查阅配套资料包中的“09.硬件资料\Spartan-6_FPGA_Configuration_User_Guide.pdf”文件。

因为只有一个 FPGA 芯片，所以直接单击 No 按钮。

然后弹出如图 3-63 所示窗口，直接单击 OK 按钮。

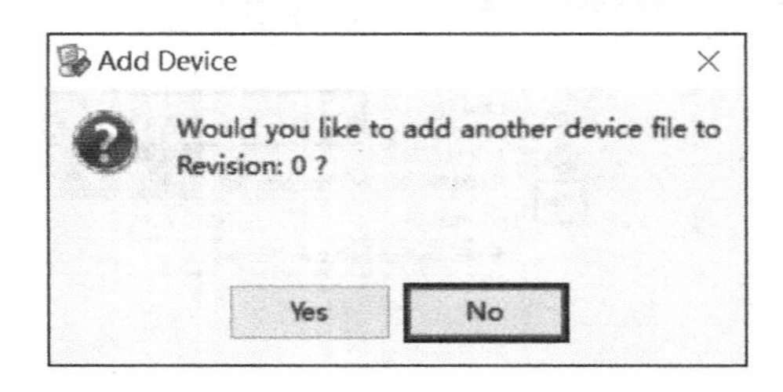

图 3-62　添加另一个设备

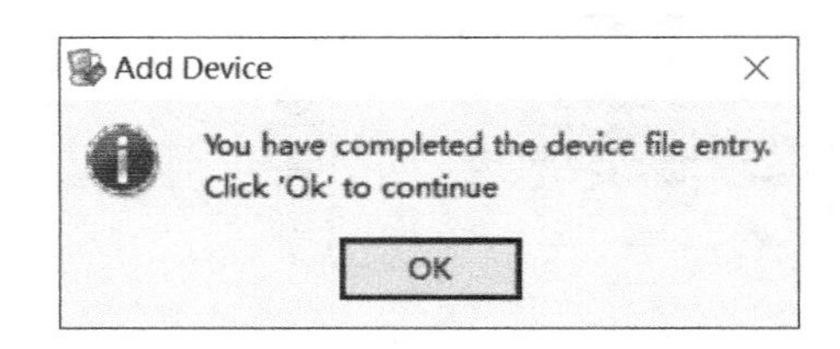

图 3-63　完成设备添加

完成设备添加后，ISE iMPACT 变成如图 3-64 所示的界面，右键单击空白处，在快捷菜单中选择 Generate File 生成.mcs 文件。

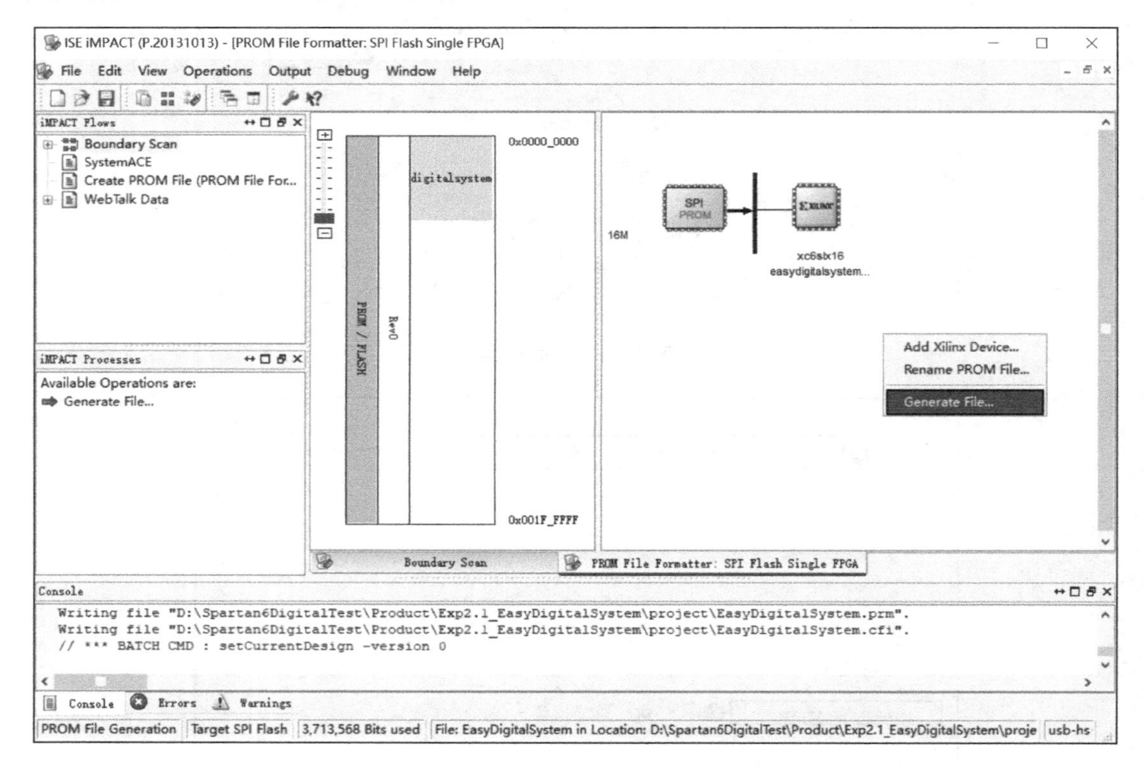

图 3-64　生成.mcs 文件

成功生成.mcs 文件后，界面如图 3-65 所示。

下面进行.mcs 文件的下载，首先双击 Boundary Scan，右键单击 XILINX 芯片图标，在快捷菜单中选择 Add SPI/BPI Flash，添加 Flash，如图 3-66 所示。

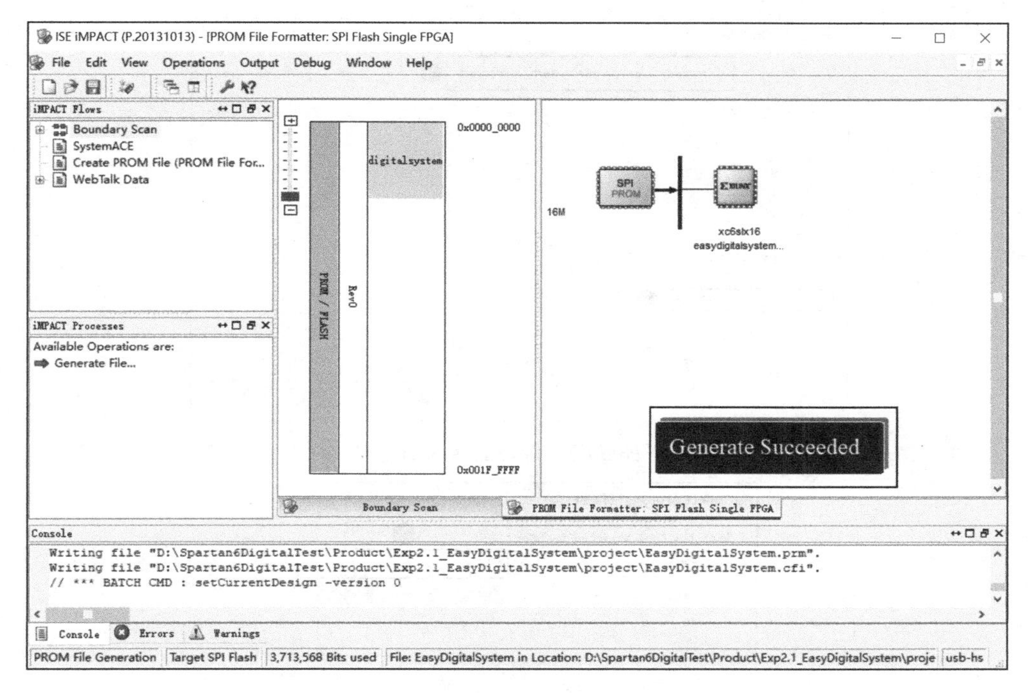

图 3-65　成功生成.mcs 文件

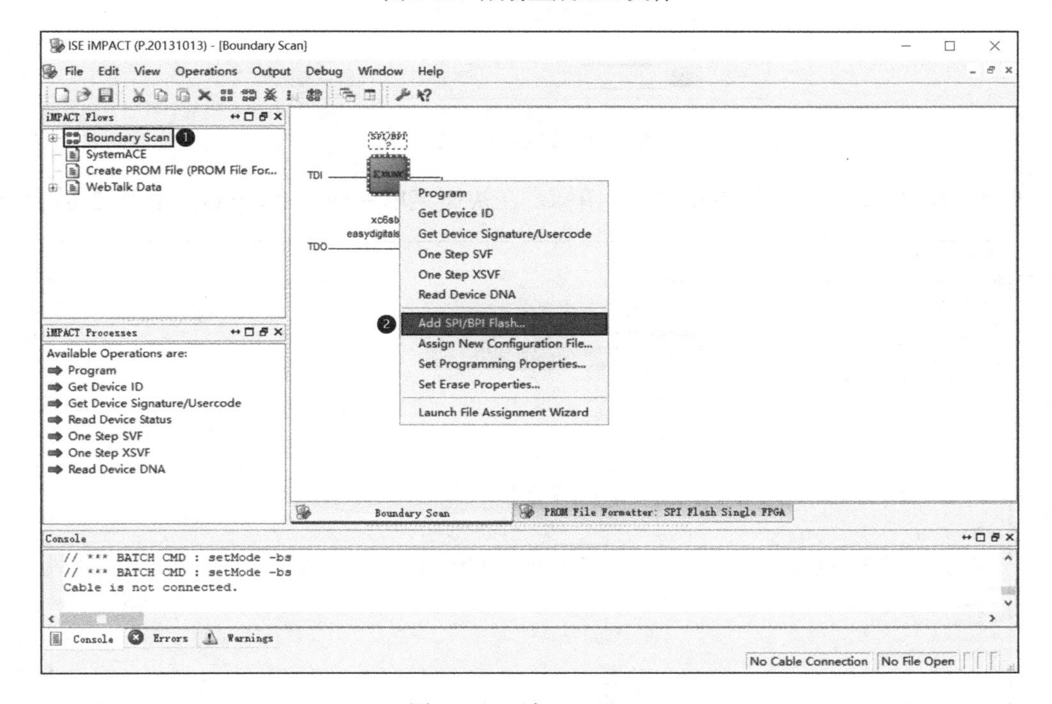

图 3-66　添加 SPI Flash

在弹出的如图 3-67 所示的对话框中，选择 EasyDigitalSystem.mcs 文件，然后单击“打开”按钮。

选择.mcs 文件后将弹出如图 3-68 所示窗口，用于 Flash 芯片选型，FPGA 高级开发系统使用的 Flash 芯片为 M25P16-VMN6TP，所以选择 SPI PROM 和 M25P16，然后单击 OK 按钮。

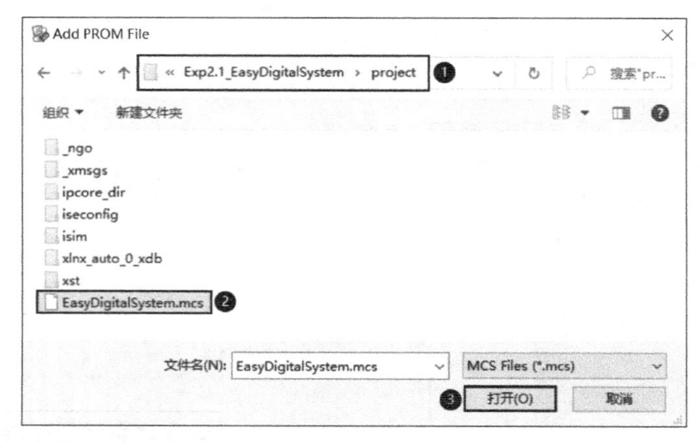

图 3-67　选择.mcs 文件

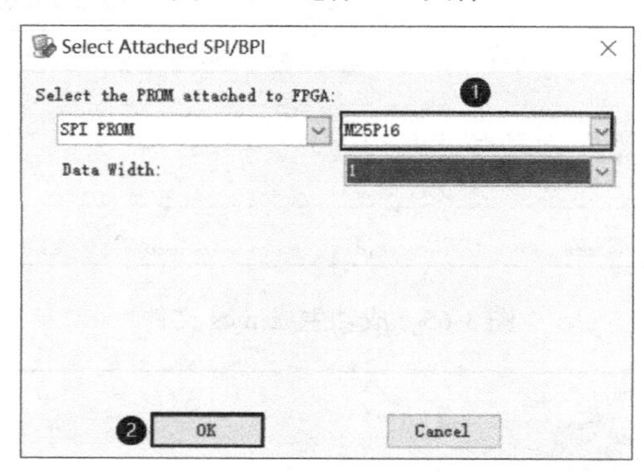

图 3-68　Flash 芯片型号

成功添加 Flash 后，右键单击 Flash 图标，在快捷菜单中选择 Program，如图 3-69 所示。

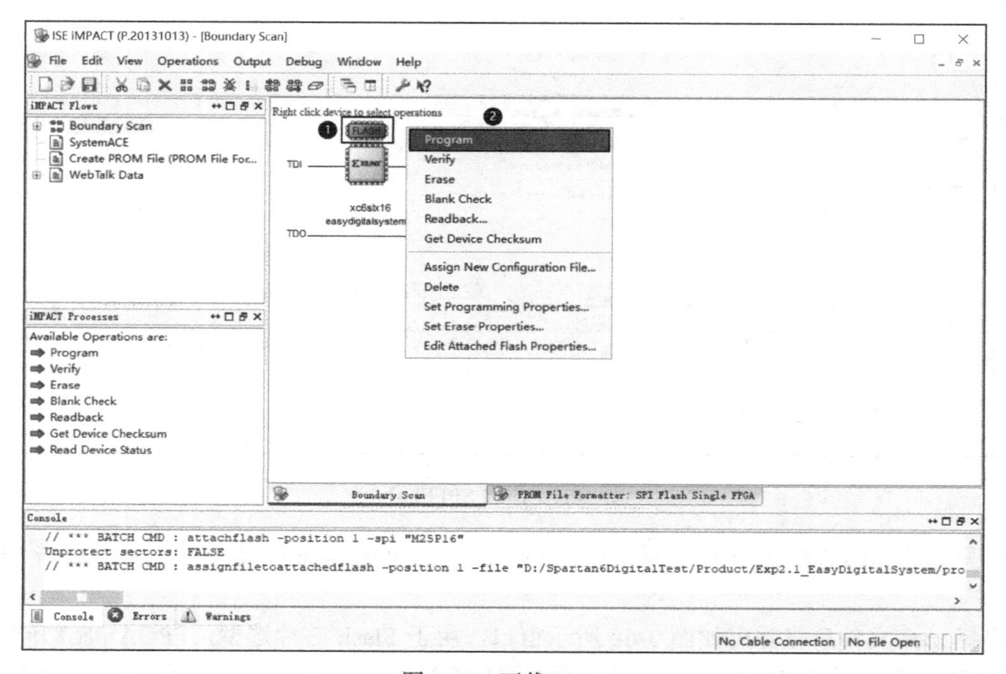

图 3-69　下载 Flash

在弹出的如图 3-70 所示的对话框中，单击 OK 按钮。

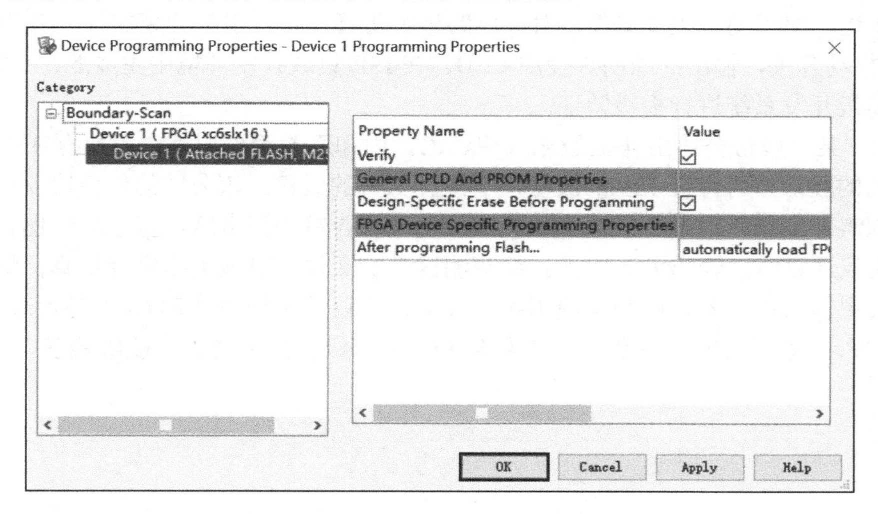

图 3-70　下载 Flash 配置

文件成功下载到 Flash，如图 3-71 所示。

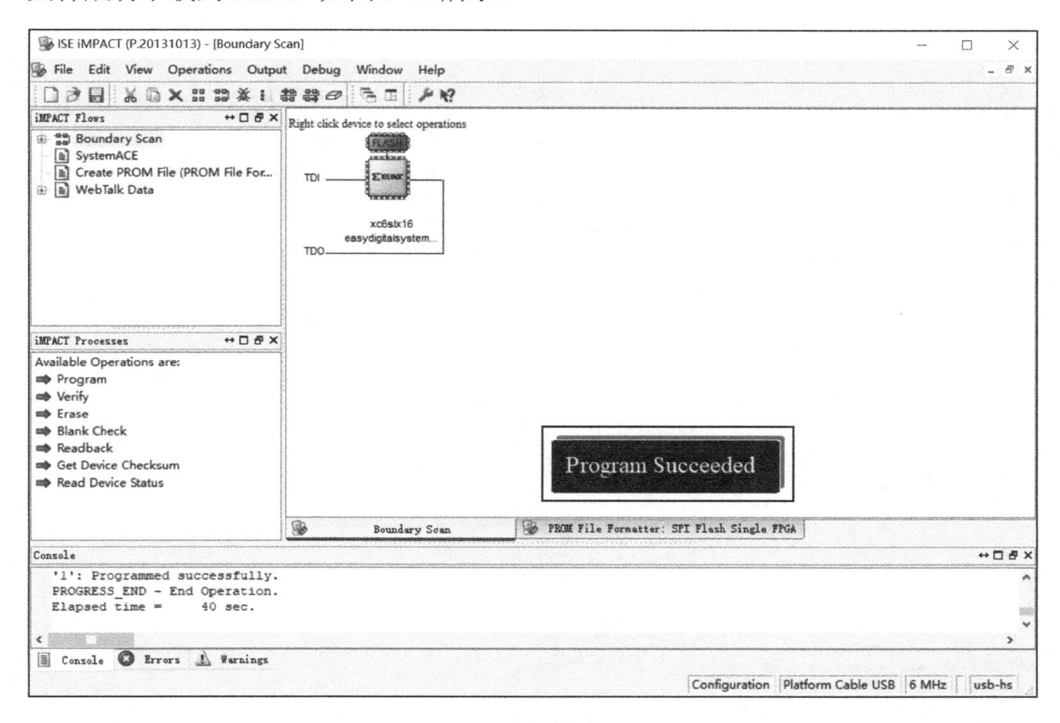

图 3-71　下载成功

程序成功下载到 Flash 后，尝试将 FPGA 高级开发系统断电、重新上电，查看程序是否还会丢失。

本 章 任 务

任务 1：使用 ISE 集成开发环境自带的门电路，基于原理图设计一个照明灯控制电路，该电路由 A、B、C 三个开关控制，要求改变任一个开关的状态，都能控制照明灯由亮到灭或由灭到亮变化。编写测试激励文件，对该电路进行仿真；编写引脚约束文件，其中输入 A、B、C 使用拨动开关，输出的照明灯使用 LED。在 ISE 集成开发环境中生成.bit 文件，并下载到 FPGA 高级开发系统进行板级验证。

任务 2：某个股份公司由 4 名股东（甲、乙、丙和丁）管理。其中甲持有 35%的股份，乙持有 40%的股份，丙持有 15%的股份，丁持有 10%的股份。该公司的任何决议只有超过全部票数的 60%才能获得通过，使用 ISE 集成开发环境自带的门电路，基于原理图设计该决议电路，当决议通过时，输出为高电平。编写测试激励文件，对该电路进行仿真；编写引脚约束文件，其中输入甲、乙、丙和丁使用拨动开关，决议结果使用 LED（点亮代表通过）。在 ISE 集成开发环境中生成.bit 文件，并下载到 FPGA 高级开发系统进行板级验证。

第4章　基于HDL的简易数字系统设计

本章基于 HDL 的简易数字系统设计，除了第一个环节，即通过 VHDL 描述该简易数字系统，其他开发流程与第 3 章基本相同，如电路仿真、引脚约束和板级验证。

4.1　预备知识

1．VHDL 语法基础。
2．VHDL 库声明。
3．VHDL 实体。
4．VHDL 结构体。

4.2　实验内容

使用 ISE 集成开发环境自带的门电路，基于 VHDL 设计一个简易数字系统，输入为 A 和 B，非门输出为 Y1、与门输出为 Y2、与非门输出为 Y3、或门输出为 Y4、或非门输出为 Y5、异或门输出为 Y6，如图 3-1 所示。检查 VHDL 语法，通过 Synplify 综合工程，编写测试激励文件，对该数字系统进行仿真。完成仿真后，编写引脚约束文件，引脚连接如图 3-2 所示。使用 ISE 集成开发环境生成.bit 文件，并将其下载到 FPGA 高级开发系统进行板级验证。

4.3　实验步骤

步骤 1：新建工程

将“D:\Spartan6DigitalTest\Material”文件夹中的 Exp3.1_EasyDigitalSystem 文件夹复制到“D:\Spartan6DigitalTest\Product”文件夹中。参考 3.3 节步骤 1，新建工程 EasyDigitalSystem，新建 HDL 工程的步骤与新建原理图工程类似，不同的是将顶层文件类型换成 HDL，如图 4-1 所示。

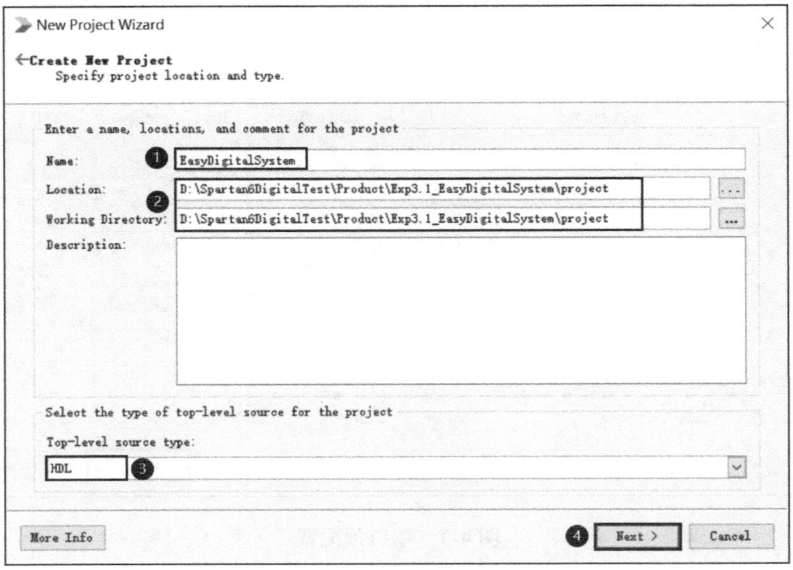

图 4-1　创建 HDL 工程

步骤 2：新建 VHDL 文件

新建工程完毕后，添加 VHDL 文件，执行菜单栏命令 Project→New Source，在弹出的对话框中，文件类型选择 VHDL Module，在 File name、Location 栏中输入如图 4-2 所示的内容，并勾选 Add to project，最后单击 Next 按钮。

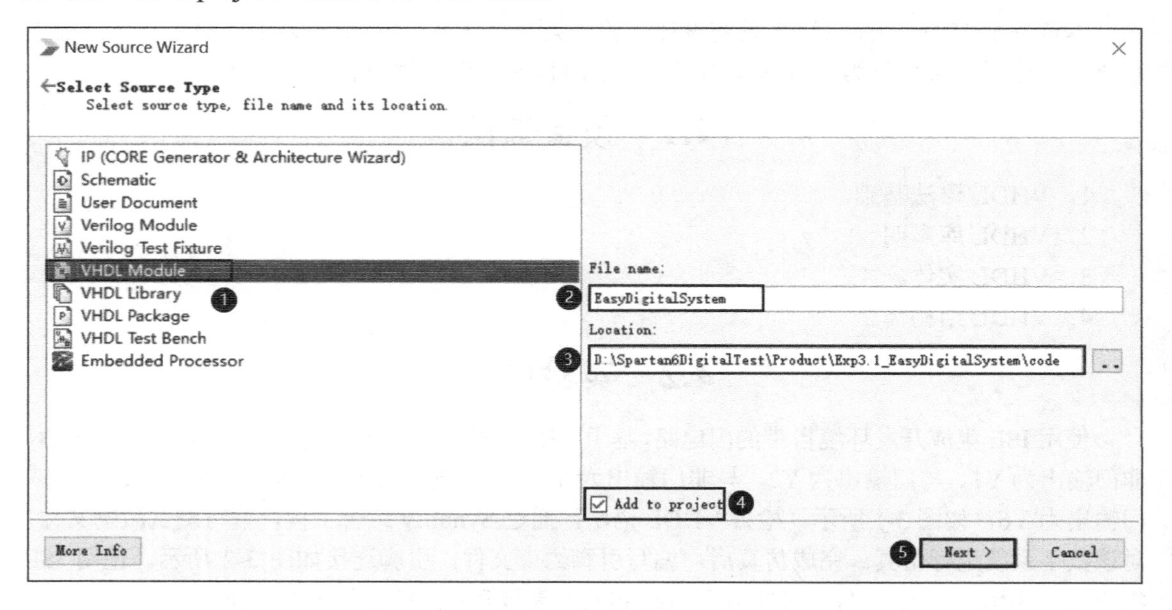

图 4-2　新建 VHDL 文件

在弹出的对话框中，直接单击 Next 按钮，该窗口用于预设置端口等的信息，建议在 VHDL 文件中自行定义，如图 4-3 所示。

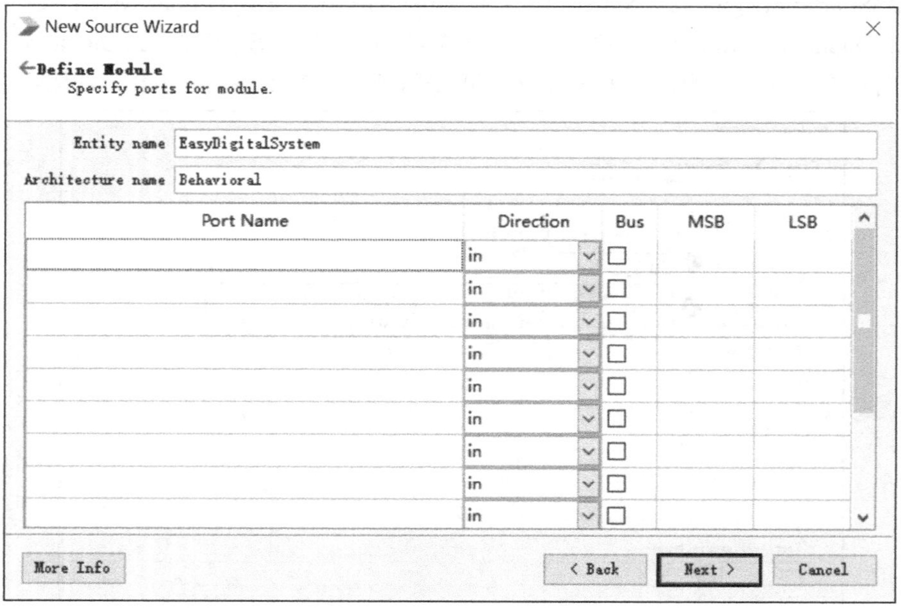

New Source Wizard
Define Module
Specify ports for module.
Entity name　EasyDigitalSystem
Architecture name　Behavioral

Port Name	Direction	Bus	MSB	LSB
	in	☐		
	in	☐		
	in	☐		
	in	☐		
	in	☐		
	in	☐		
	in	☐		
	in	☐		
	in	☐		

More Info　< Back　Next >　Cancel

图 4-3　端口预配置

确认文件路径、文件类型、文件名等信息是否正确，无误后单击 Finish 按钮，如图 4-4 所示。

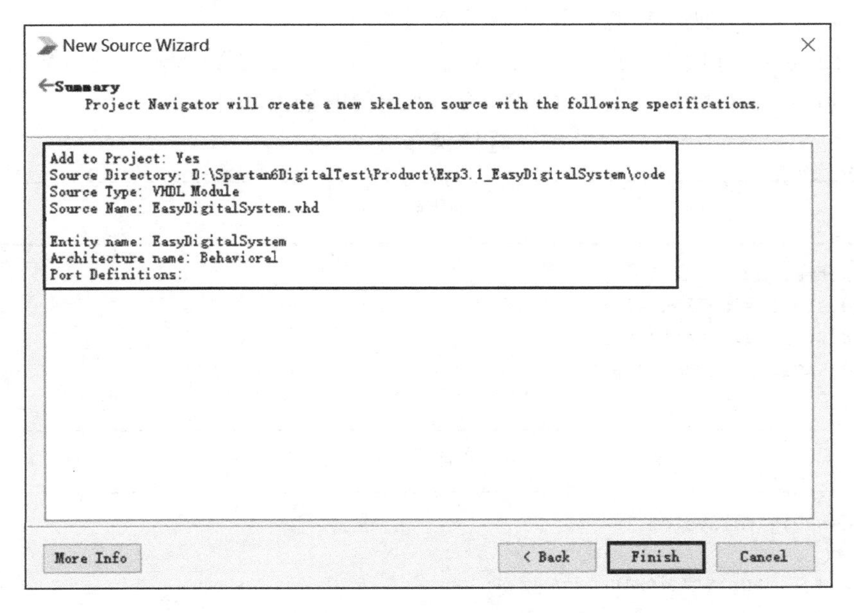

图 4-4 VHDL 文件信息

在如图 4-5 所示的软件界面中，删除 EasyDigitalSystem.vhd 文件中由 ISE 自动生成的所有代码。

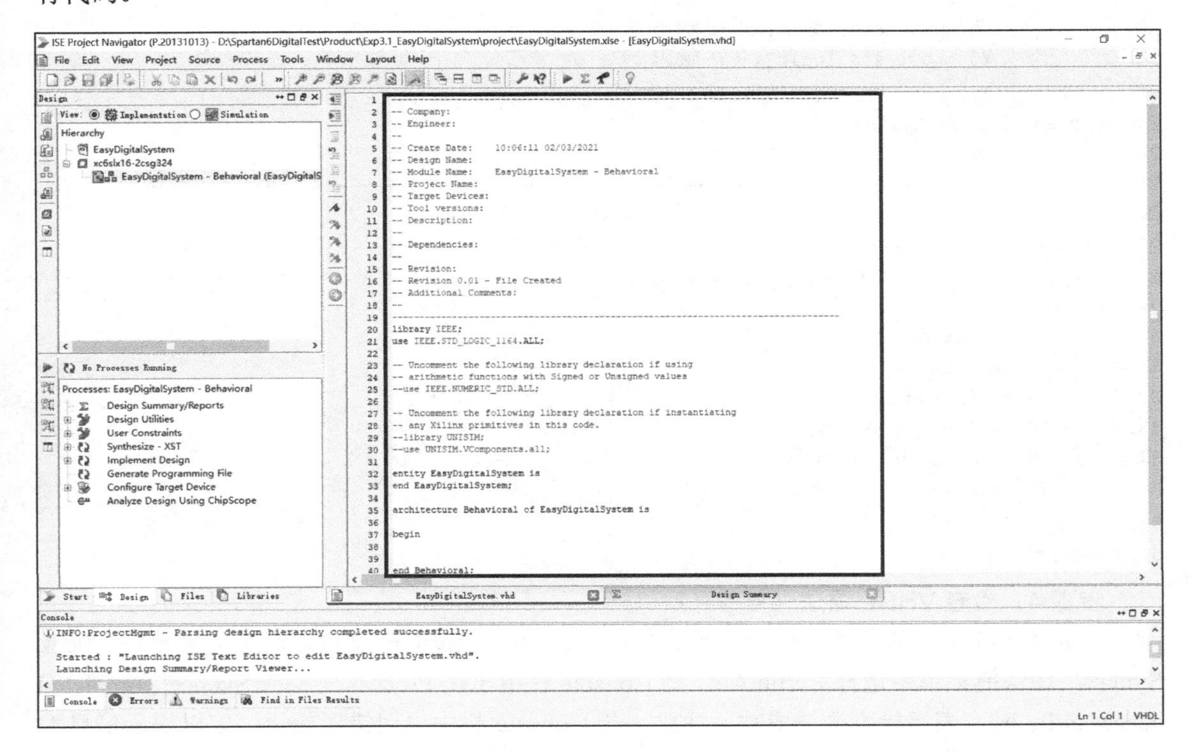

图 4-5 成功添加 VHDL 文件

步骤 3：完善 EasyDigitalSystem.vhd 文件

将程序清单 4-1 中的代码输入 EasyDigitalSystem.vhd 文件中，下面对关键语句进行解释。

（1）第 4 至 7 行代码：VHDL 设计中所使用的库。

（2）第 12 至 23 行代码：定义了 EasyDigitalSystem.vhd 文件的输入/输出端口。

（3）第 30 至 35 行代码：实现了 Y1～Y6 不同门的输出功能。

程序清单 4-1

```
1.  --------------------------------------------------------------------------------
2.  --                                   引用库
3.  --------------------------------------------------------------------------------
4.  library ieee;
5.  use ieee.std_logic_1164.all;
6.  use ieee.std_logic_arith.all;
7.  use ieee.std_logic_unsigned.all;
8.
9.  --------------------------------------------------------------------------------
10. --                                   实体声明
11. --------------------------------------------------------------------------------
12. entity EasyDigitalSystem is
13.     port(
14.         A  : in  std_logic; --A 输入
15.         B  : in  std_logic; --B 输入
16.         Y1 : out std_logic; --Y1 输出
17.         Y2 : out std_logic; --Y2 输出
18.         Y3 : out std_logic; --Y3 输出
19.         Y4 : out std_logic; --Y4 输出
20.         Y5 : out std_logic; --Y5 输出
21.         Y6 : out std_logic  --Y6 输出
22.         );
23. end EasyDigitalSystem;
24.
25. --------------------------------------------------------------------------------
26. --                                   结构体
27. --------------------------------------------------------------------------------
28. architecture rtl of EasyDigitalSystem is
29. begin
30.     Y1 <= not A;    --非
31.     Y2 <= A and B;  --与
32.     Y3 <= A nand B; --与非
33.     Y4 <= A or B;   --或
34.     Y5 <= A nor B;  --或非
35.     Y6 <= A xor B;  --异或
36.
37. end rtl;
```

步骤 4：检查 VHDL 语法

在如图 4-6 所示的软件界面中，首先单击 EsayDigitalSystem 文件，然后右键单击 Check Syntax，在快捷菜单中选择 Rerun All，当 Console 栏中出现 Process "Check Syntax" completed successfully 时，表示检查语法成功。注意，若 Console 栏中出现错误提示，应以提示信息为线索修改 VHDL 源代码，直到没有错误为止。

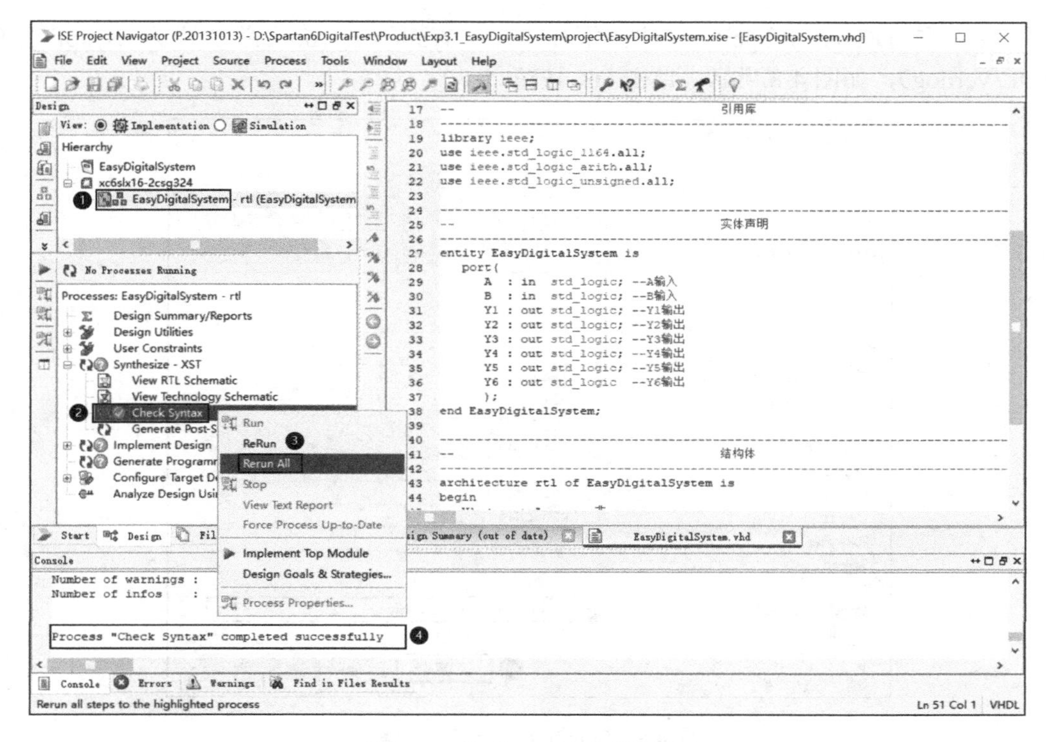

图 4-6　检查 VHDL 文件语法

步骤 5：通过 Synplify 综合工程

Synplify 综合是对整个系统的数学模型描述，在系统设计的初始阶段，通过对系统行为描述的仿真来发现系统设计中存在的问题，以此考虑系统结构和工作过程能否达到设计规格的要求。对于简单的设计，Synplify 综合不是必需的开发流程，确认 VHDL 文件语法正确后，在图 4-7 所示的软件界面中，右键单击 xc6slx16-2csg324，在快捷菜单中选择 Design Properties。

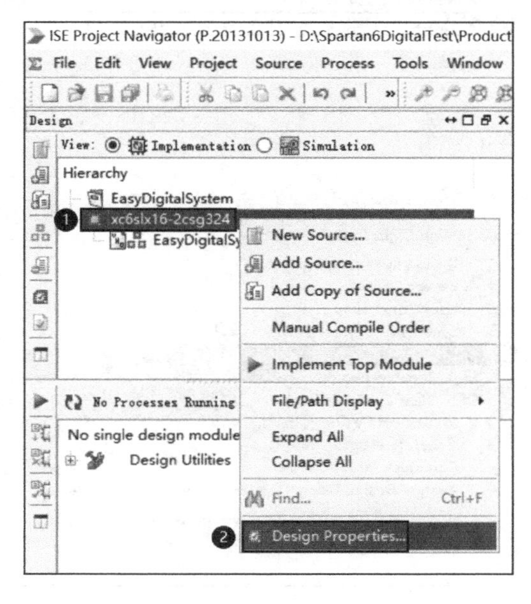

图 4-7　Synplify 综合工程步骤 1

然后，在 Design Properties 对话框中，将 Synthesis Tool 栏设置为 Synplify Pro（VHDL/Verilog），如图 4-8 所示，单击 OK 按钮。

Design Properties

Name: EasyDigitalSystem

Location: partan6DigitalTest\Product\Exp3.1_EasyDigitalSystem\project

Working directory: partan6DigitalTest\Product\Exp3.1_EasyDigitalSystem\project

Description:

Project Settings

Property Name	Value
Top-Level Source Type	HDL
Evaluation Development Board	None Specified
Product Category	All
Family	Spartan6
Device	XC6SLX16
Package	CSG324
Speed	-2
Synthesis Tool ❶	Synplify Pro (VHDL/Verilog)
Simulator	ISim (VHDL/Verilog)

❷ OK　Cancel　Help

图 4-8　Synplify 综合工程步骤 2

在如图 4-9 所示的界面中，首先单击 EasyDigitalSystem 文件，然后右键单击 View RTL Schematic，在快捷菜单中选择 Run。

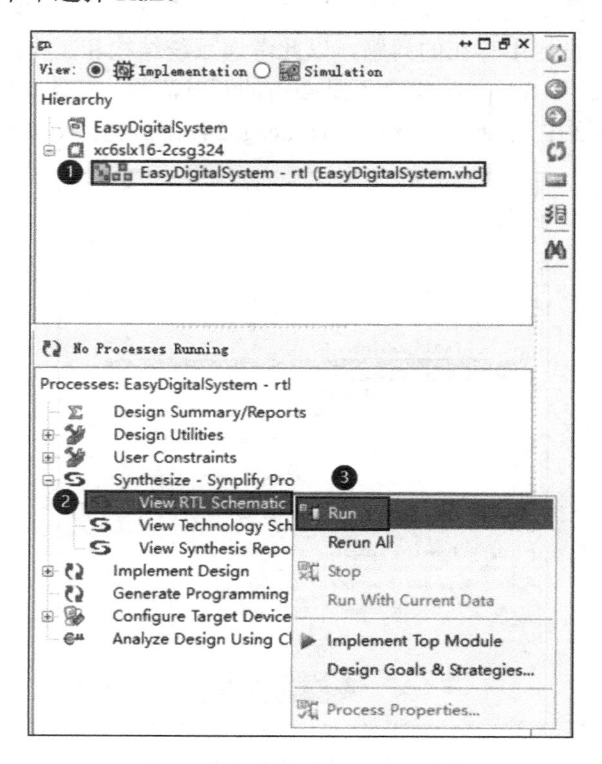

图 4-9　Synplify 综合工程步骤 3

综合成功后系统自动弹出 Synplify 综合工程的硬件逻辑电路图，如图 4-10 所示，与图 3-1 对比分析可知，功能符合设计预期。注意，当打开一个综合电路后，在未关闭的情况下再次综合，会出现综合失败的情况。

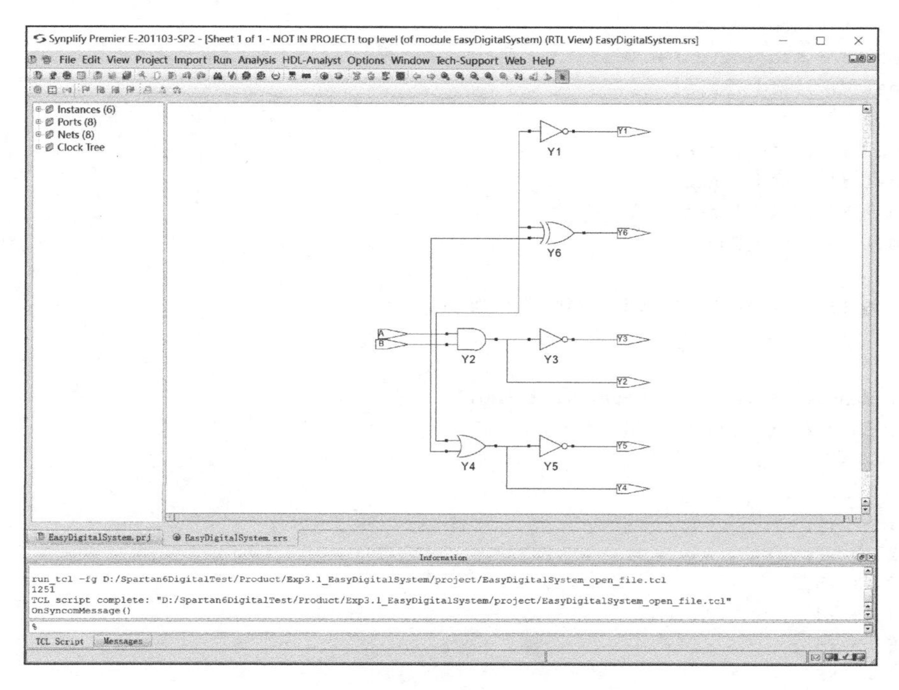

图 4-10　Synplify 综合工程步骤 4

步骤 6：添加仿真文件

参考 3.3 节的步骤 8，新建仿真文件 EasyDigitalSystem_tb.vhd，选择仿真对象为 EasyDigitalSystem。

在为 HDL 工程新建仿真文件时，会自动生成时钟代码，如程序清单 4-2 中第 29、第 44 至 51 行、第 73 至 80 行所示，本章实验未用到时钟，所以需要将其删除或变成注释，否则仿真会出错。最后将第 56 至 71 行代码添加到仿真文件相应的位置。

程序清单 4-2

```
1.   LIBRARY ieee;
2.   USE ieee.std_logic_1164.ALL;
3.   ENTITY EasyDigitalSystem_tb IS
4.   END EasyDigitalSystem_tb;
5.   ARCHITECTURE behavior OF EasyDigitalSystem_tb IS
6.     -- Component Declaration for the Unit Under Test (UUT)
7.     COMPONENT EasyDigitalSystem
8.       PORT(
9.         A : IN  std_logic;
10.        B : IN  std_logic;
11.        Y1 : OUT  std_logic;
12.        Y2 : OUT  std_logic;
13.        Y3 : OUT  std_logic;
14.        Y4 : OUT  std_logic;
15.        Y5 : OUT  std_logic;
```

```
16.       Y6 : OUT  std_logic
17.       );
18.   END COMPONENT;
19.
20.   signal A : std_logic := '0';
21.   signal B : std_logic := '0';
22.   signal Y1 : std_logic;
23.   signal Y2 : std_logic;
24.   signal Y3 : std_logic;
25.   signal Y4 : std_logic;
26.   signal Y5 : std_logic;
27.   signal Y6 : std_logic;
28.
29. --   constant <clock>_period : time := 10 ns;
30.
31. BEGIN
32.   -- Instantiate the Unit Under Test (UUT)
33.   uut: EasyDigitalSystem PORT MAP (
34.     A => A,
35.     B => B,
36.     Y1 => Y1,
37.     Y2 => Y2,
38.     Y3 => Y3,
39.     Y4 => Y4,
40.     Y5 => Y5,
41.     Y6 => Y6
42.     );
43.
44. --   -- Clock process definitions
45. --   <clock>_process :process
46. --   begin
47. --       <clock> <= '0';
48. --       wait for <clock>_period/2;
49. --       <clock> <= '1';
50. --       wait for <clock>_period/2;
51. --   end process;
52.
53.   -- Stimulus process
54.   stim_proc: process
55.   begin
56.     A <= '0';
57.     B <= '0';
58.     wait for 100 ns;
59.
60.     A <= '0';
61.     B <= '1';
62.     wait for 100 ns;
63.
64.     A <= '1';
65.     B <= '0';
66.     wait for 100 ns;
67.
```

```
68.       A <= '1';
69.       B <= '1';
70.       wait for 100 ns;
71.       wait; -- will wait forever
72.
73.         -- hold reset state for 100 ns.
74.         --wait for 100 ns;
75.
76.         --wait for <clock>_period*10;
77.
78.         -- insert stimulus here
79.
80.         --wait;
81.     end process;
82.   END;
```

完善仿真文件后，参考 3.3 节步骤 8 进行仿真测试，并验证仿真结果。

步骤 7：添加引脚约束文件

参考 3.3 节步骤 9 添加引脚约束文件，引脚约束文件添加完成后，参考 3.3 节步骤 10，将工程编译生成.bit 文件，并将其下载到 FPGA 高级开发系统，验证其功能是否正确。

本 章 任 务

任务 1：使用 ISE 集成开发环境自带的门电路，基于 VHDL 设计一个多人表决电路，要求 A、B、C 三人中只要有两人或三人同意，则决议通过，但 A 还具有否决权，即只要 A 不同意，即使其他两人同意也不能通过。编写测试激励文件，对该电路进行仿真；编写引脚约束文件，其中输入 A、B、C 使用拨动开关，决议结果使用 LED。在 ISE 集成开发环境中生成.bit 文件，并下载到 FPGA 高级开发系统进行板级验证。

任务 2：某建筑物的自动电梯系统有五部电梯，其中三部主电梯（分别为 A、B、C），两部备用电梯。当人员拥挤，主电梯全被占用时，才允许使用备用电梯。使用 ISE 集成开发环境自带的门电路，基于 VHDL 设计一个监控主电梯的逻辑电路，当任意两部主电梯运行时，产生一个信号（Y1），通知备用电梯准备运行；当三部主电梯都在运行时，产生另一个信号（Y2），使备用电梯电源接通，处于可运行状态。编写测试激励文件，对该电路进行仿真；编写引脚约束文件，其中输入 A、B、C 使用拨动开关，Y1 和 Y2 使用 LED。在 ISE 集成开发环境中生成.bit 文件，并下载到 FPGA 高级开发系统进行板级验证。

第5章　编码器设计

在日常生活中，常用十进制数、文字和符号等表示各种事物，而数字电路是基于二进制数的，因此需要将十进制数、文字和符号等用二进制代码来表示。例如，用4位二进制数表示十进制数的8421BCD码，用7位二进制代码表示常用符号的ASCII码。用文字、数字或符号代表特定对象的过程称为编码。电路中的编码就是在一系列事物中，将其中的每一个事物用一组二进制代码来表示。编码器就是实现编码功能的电路，编码器的逻辑功能是把输入的 2^N 个信号转化为 N 位输出。常用的编码器根据工作特点可分为普通编码器和优先编码器两种。

本章先对MSI74148模块进行仿真，然后编写引脚约束文件，在FPGA高级开发系统上进行板级验证；再参考MSI74148真值表，使用VHDL实现该电路，经过仿真测试后，进行板级验证。

5.1　预备知识

1．二进制普通编码器。
2．二进制优先编码器。
3．8421BCD普通编码器。
4．8421BCD优先编码器。
5．MSI74148优先编码器。

5.2　实验内容

MSI74148是8线-3线优先编码器，其中，$\overline{I}_7$ 的优先级最高，$\overline{I}_6$ 次之，$\overline{I}_0$ 最低。MSI74148的输入和输出均为低电平有效，其逻辑符号如图5-1所示，真值表如表5-1所示。其中，$\overline{ST}$ 为选通输入端，当 $\overline{ST}=0$ 时，编码器工作；当 $\overline{ST}=1$ 时，编码功能被禁止。$\overline{Y}_{EX}$ 为扩展输出端，Y_S 为选通输出端，利用 $\overline{ST}$、$\overline{Y}_{EX}$ 和 Y_S 可以对编码器进行扩展。

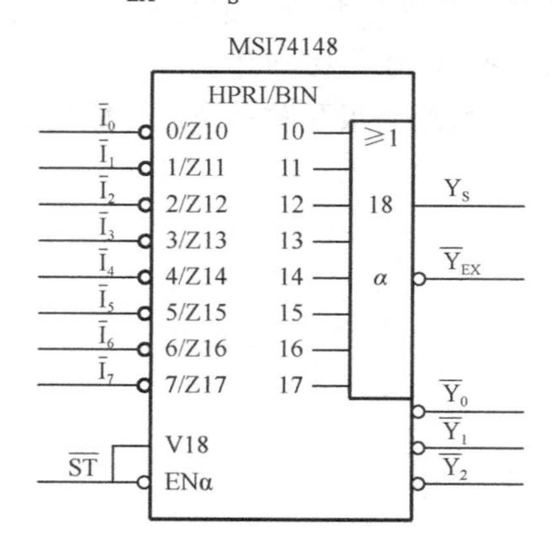

图5-1　MSI74148的逻辑符号

表 5-1　MSI74148 的真值表

输　入									输　出				
$\overline{ST}$	$\overline{I}_0$	$\overline{I}_1$	$\overline{I}_2$	$\overline{I}_3$	$\overline{I}_4$	$\overline{I}_5$	$\overline{I}_6$	$\overline{I}_7$	$\overline{Y}_0$	$\overline{Y}_1$	$\overline{Y}_2$	Y_S	$\overline{Y}_{EX}$
1	×	×	×	×	×	×	×	×	1	1	1	1	1
0	1	1	1	1	1	1	1	1	1	1	1	0	1
0	×	×	×	×	×	×	×	0	0	0	0	1	0
0	×	×	×	×	×	×	0	1	1	0	0	1	0
0	×	×	×	×	×	0	1	1	0	1	0	1	0
0	×	×	×	×	0	1	1	1	1	1	0	1	0
0	×	×	×	0	1	1	1	1	0	0	1	1	0
0	×	×	0	1	1	1	1	1	1	0	1	1	0
0	×	0	1	1	1	1	1	1	0	1	1	1	0
0	0	1	1	1	1	1	1	1	1	1	1	1	0

在 ISE 集成开发环境中，将 MSI74148 译码器的输入信号分别命名为 I0～I7、ST，将输出信号命名为 Y2～Y0、YEX、YS，如图 5-2 所示。编写测试激励文件，对 MSI74148 进行仿真。

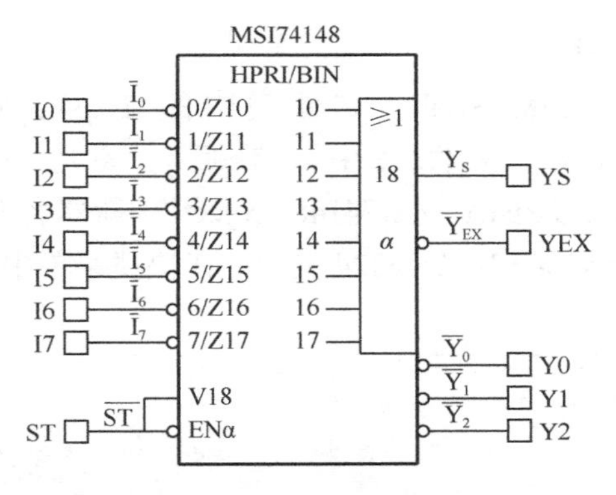

图 5-2　MSI74148 输入/输出信号在 ISE 集成开发环境中的命名

完成仿真后，编写引脚约束文件，其中信号 I0～I7、ST 使用拨动开关 SW_0～SW_8 来输入，对应 XC6SLX16 芯片的引脚依次为 F15、C15、C13、C12、F9、F10、G9、F11、E11，输出信号 YEX、YS、Y2～Y0 由 LED_4～LED_0 表示，对应 XC6SLX16 芯片的引脚依次为 H14、G16、H15、F16、G14，如图 5-3 所示。使用 ISE 集成开发环境生成.bit 文件，并下载到 FPGA 高级开发系统进行板级验证。

基于原理图的仿真和板级验证完成后，再通过 VHDL 实现 MSI74148，使用 ISE 集成开发环境对其进行仿真，然后生成.bit 文件，并下载到 FPGA 高级开发系统进行板级验证。

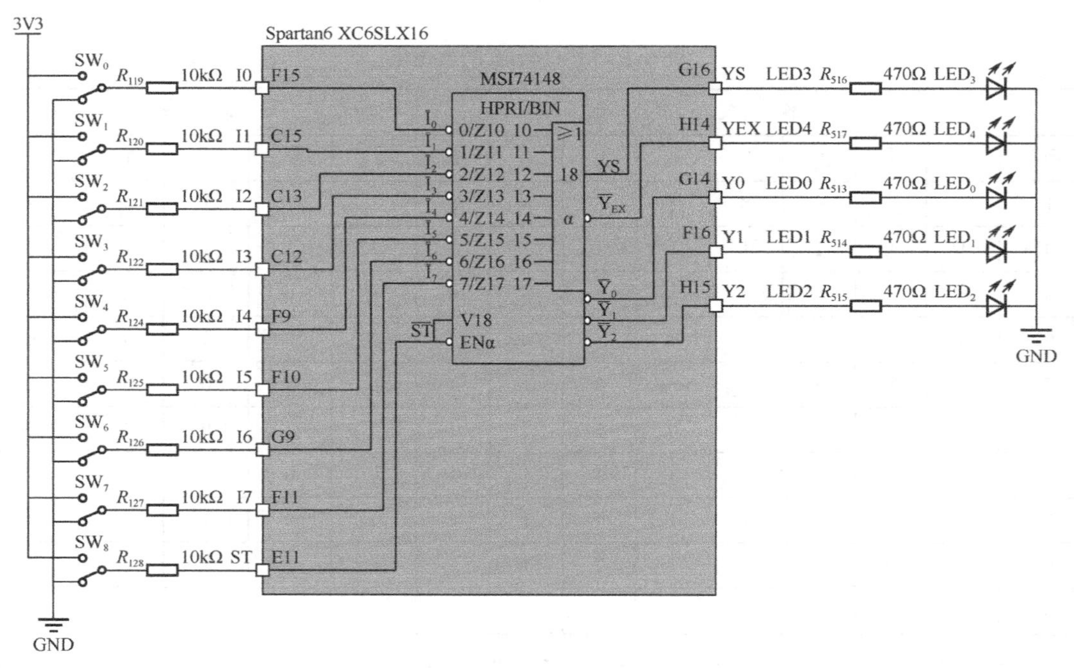

图 5-3　MSI74148 与外部电路连接图

5.3　实验步骤

步骤 1：新建原理图工程

将“D:\Spartan6DigitalTest\Material”文件夹中的 Exp4.1_MSI74148 文件夹复制到“D:\Spartan6DigitalTest\Product”文件夹中。然后，参考 3.3 节步骤 1，在目录“D:\Spartan6DigitalTest\Product\Exp4.1_MSI74148\project”中新建名为 MSI74148 的原理图工程。

新建工程后，右键单击 xc6slx16-2csg324 文件，在快捷菜单中选择 Add Source，如图 5-4 所示。

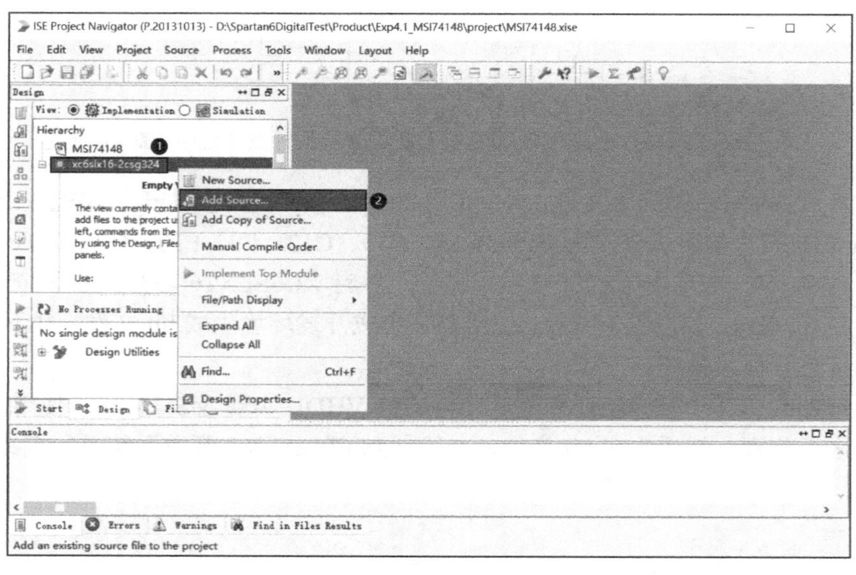

图 5-4　添加文件

在弹出的如图 5-5 所示的对话框中，找到位于“D:\Spartan6DigitalTest\Product\Exp4.1_MSI74148\code”路径下的原理图文件 MSI74148.sch 和 MSI74148_top.sch，选中这两个文件，然后单击“打开”按钮。

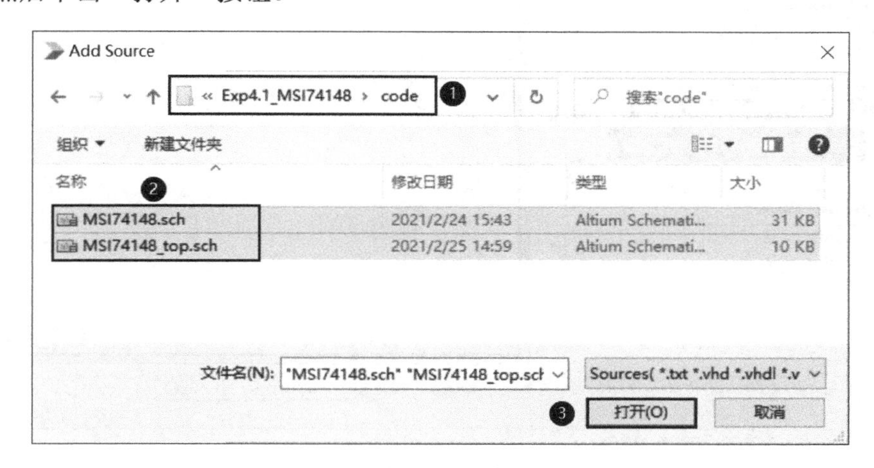

图 5-5　选择文件

在弹出的如图 5-6 所示的对话框中，单击 OK 按钮，将原理图文件导入工程中。

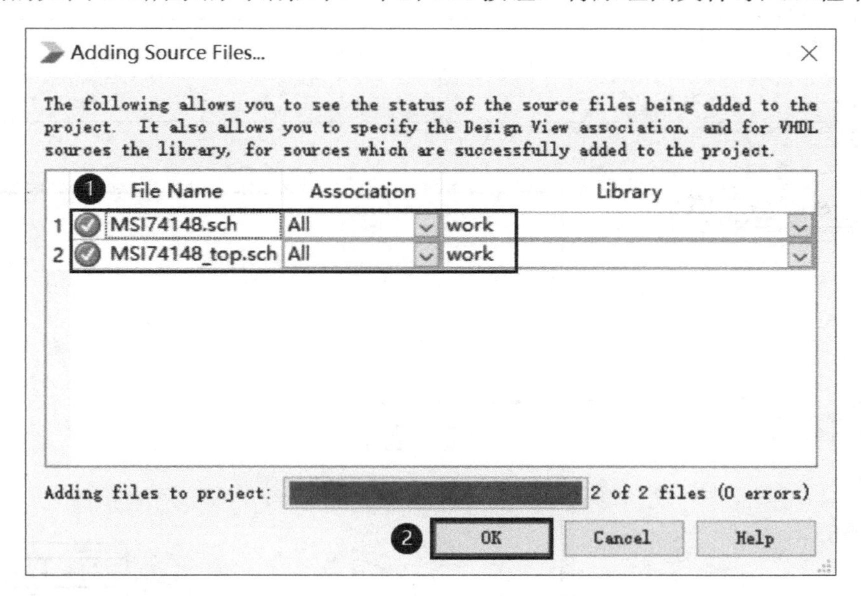

图 5-6　添加原理图文件

步骤 2：完善 MSI74148_top.sch 文件

如图 5-7 所示，双击 MSI74148_top(MSI74148_top.sch)文件即可打开原理图进行编辑，原理图中的矩形外框和版本框均已提供。

打开原理图后，单击 Symbols 标签页，然后在 Categories 栏中单击工程路径选项<D:\Spartan6DigitalTest\Product\Exp4.1_MSI74148\project>，在 Symbols 栏中单击元器件 MSI74148，最后将 MSI74148 元器件放置到原理图 MSI74148_top.sch 中，如图 5-8 所示。

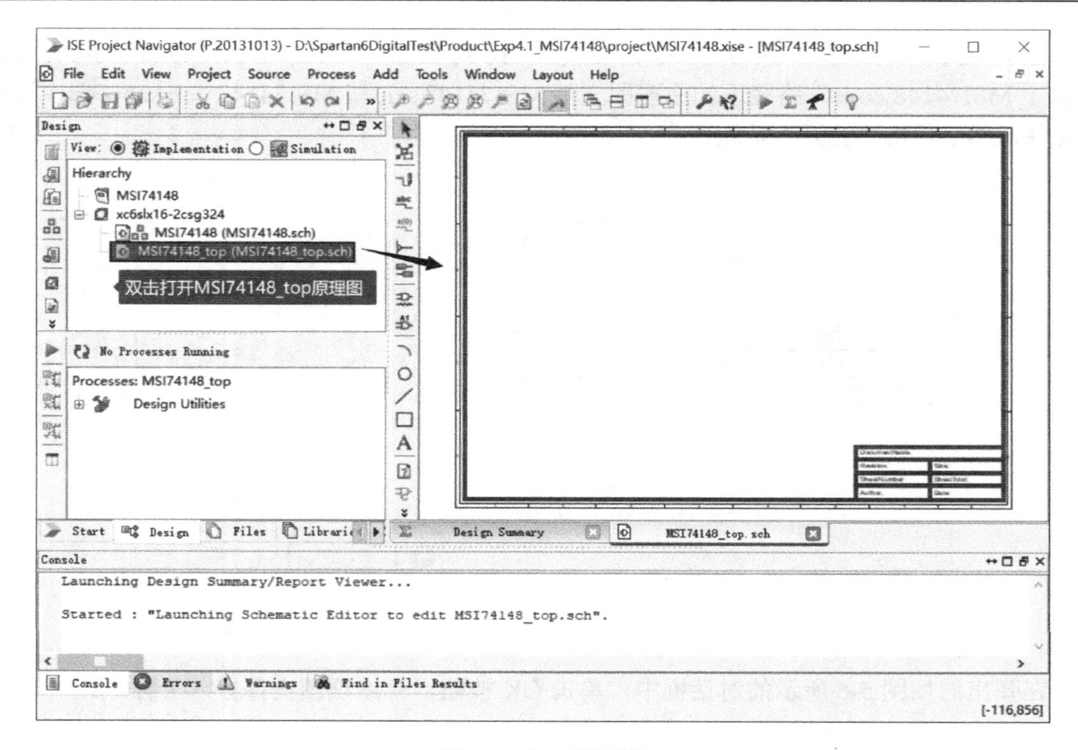

图 5-7　打开原理图

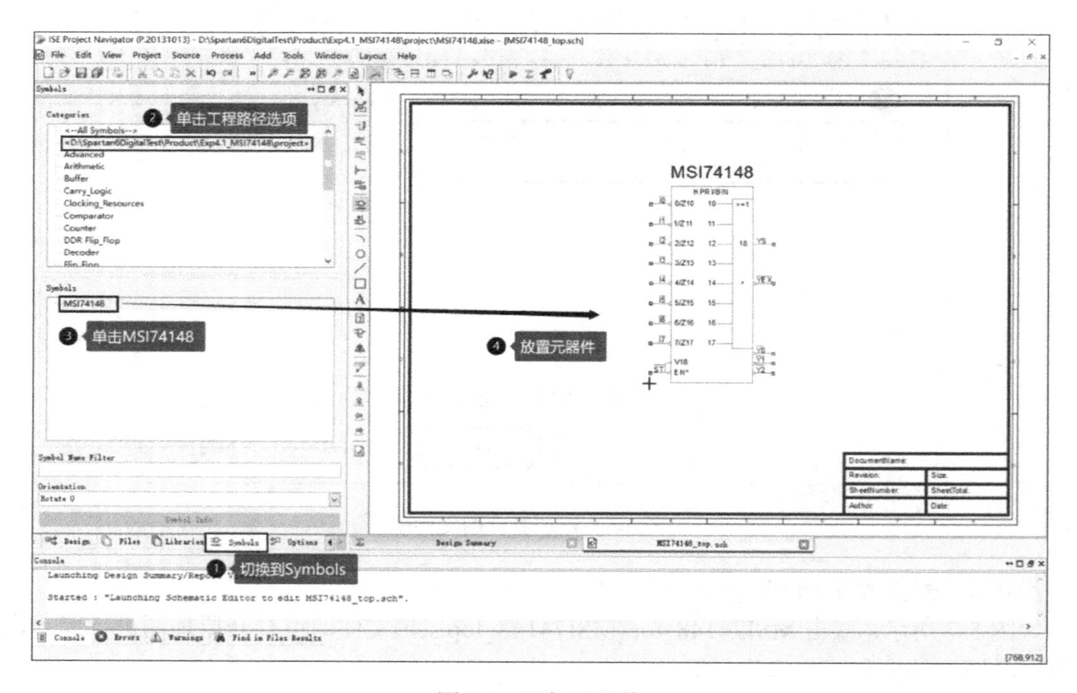

图 5-8　添加元器件

MSI74148 是本书自定义的元器件，MSI74148.sch 是它的底层电路图，在后面章节中将介绍如何通过原理图或 HDL 文件生成元器件，并添加到工程中。

参考图 5-9，给 MSI74148 添加端口号，并完善版本信息。

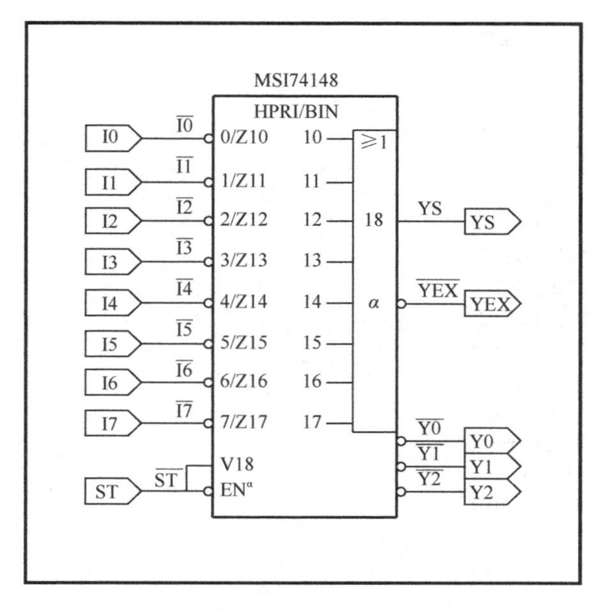

图 5-9　MSI74148_top

步骤 3：添加仿真文件

参考 3.3 节步骤 8，新建仿真文件 MSI74148_top_tb.vhd 并保存，选择仿真对象为 MSI74148_top.sch，将程序清单 5-1 中的第 42 至 43 行、第 65 至 66 行、第 69 至 99 行代码添加到仿真文件相应的位置。

其中，第 65 行和第 66 行代码用于将有联系的输入和输出分别用矢量组合在一起，便于在仿真中查看输入和输出之间的关系。

程序清单 5-1

```
1.   LIBRARY ieee;
2.   USE ieee.std_logic_1164.ALL;
3.   USE ieee.numeric_std.ALL;
4.   LIBRARY UNISIM;
5.   USE UNISIM.Vcomponents.ALL;
6.   ENTITY MSI74148_top_MSI74148_top_sch_tb IS
7.   END MSI74148_top_MSI74148_top_sch_tb;
8.   ARCHITECTURE behavioral OF MSI74148_top_MSI74148_top_sch_tb IS
9.
10.    COMPONENT MSI74148_top
11.      PORT( I0  :    IN   STD_LOGIC;
12.        I1 :    IN   STD_LOGIC;
13.        I2 :    IN   STD_LOGIC;
14.        I3 :    IN   STD_LOGIC;
15.        I4 :    IN   STD_LOGIC;
16.        I5 :    IN   STD_LOGIC;
17.        I6 :    IN   STD_LOGIC;
18.        I7 :    IN   STD_LOGIC;
19.        ST :    IN   STD_LOGIC;
20.        YS :    OUT  STD_LOGIC;
21.        YEX :   OUT  STD_LOGIC;
22.        Y0 :    OUT  STD_LOGIC;
```

```
23.        Y1 :    OUT  STD_LOGIC;
24.        Y2 :    OUT  STD_LOGIC);
25.    END COMPONENT;
26.
27.    SIGNAL I0   :    STD_LOGIC;
28.    SIGNAL I1   :    STD_LOGIC;
29.    SIGNAL I2   :    STD_LOGIC;
30.    SIGNAL I3   :    STD_LOGIC;
31.    SIGNAL I4   :    STD_LOGIC;
32.    SIGNAL I5   :    STD_LOGIC;
33.    SIGNAL I6   :    STD_LOGIC;
34.    SIGNAL I7   :    STD_LOGIC;
35.    SIGNAL ST   :    STD_LOGIC;
36.    SIGNAL YS   :    STD_LOGIC;
37.    SIGNAL YEX  :    STD_LOGIC;
38.    SIGNAL Y0   :    STD_LOGIC;
39.    SIGNAL Y1   :    STD_LOGIC;
40.    SIGNAL Y2   :    STD_LOGIC;
41.
42.    signal s_i : std_logic_vector(7 downto 0) := "11111111";
43.    signal s_y : std_logic_vector(2 downto 0);
44.
45.  BEGIN
46.
47.    UUT: MSI74148_top PORT MAP(
48.      I0 => I0,
49.      I1 => I1,
50.      I2 => I2,
51.      I3 => I3,
52.      I4 => I4,
53.      I5 => I5,
54.      I6 => I6,
55.      I7 => I7,
56.      ST => ST,
57.      YS => YS,
58.      YEX => YEX,
59.      Y0 => Y0,
60.      Y1 => Y1,
61.      Y2 => Y2
62.      );
63.
64.  -- *** Test Bench - User Defined Section ***
65.    (I0, I1, I2, I3, I4, I5, I6, I7) <= s_i;
66.    s_y <= (Y2, Y1, Y0);
67.    tb : PROCESS
68.    BEGIN
69.      s_i <= "11111111";
70.      ST <= '1';
71.      wait for 100 ns;
72.
73.      s_i <= "11111111";
74.      ST <= '0';
```

```
75.      wait for 100 ns;
76.
77.      s_i <= "11111110";
78.      wait for 100 ns;
79.
80.      s_i <= "11111101";
81.      wait for 100 ns;
82.
83.      s_i <= "11111011";
84.      wait for 100 ns;
85.
86.      s_i <= "11110111";
87.      wait for 100 ns;
88.
89.      s_i <= "11101111";
90.      wait for 100 ns;
91.
92.      s_i <= "11011111";
93.      wait for 100 ns;
94.
95.      s_i <= "10111111";
96.      wait for 100 ns;
97.
98.      s_i <= "01111111";
99.      wait for 100 ns;
100.     WAIT; -- will wait forever
101.   END PROCESS;
102. -- *** End Test Bench - User Defined Section ***
103.
104. END;
```

完善仿真文件后，参考 3.3 节步骤 8 进行仿真测试，仿真结果如图 5-10 所示，参考表 5-1 所示的 MSI74148 真值表，验证仿真结果。

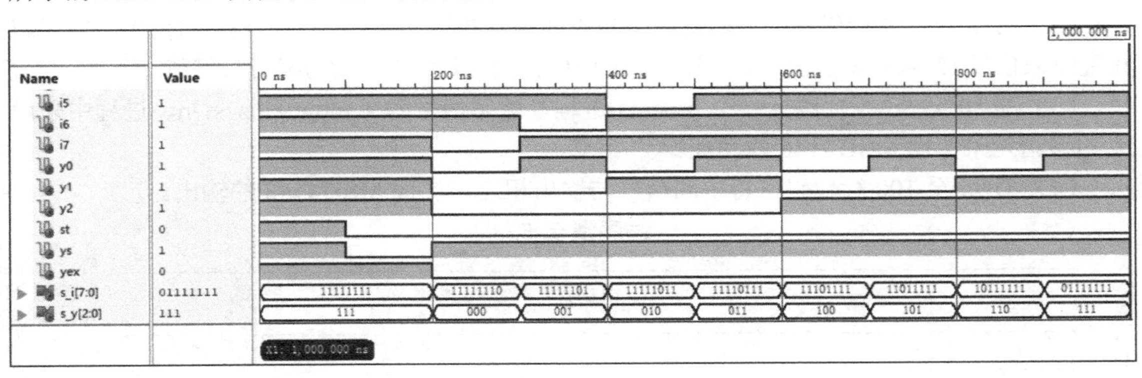

图 5-10　仿真结果

步骤 4：添加引脚约束文件

参考 3.3 节步骤 9 新建引脚约束文件 MSI74148_top.ucf，并将程序清单 5-2 中的代码添加到 MSI74148_top.ucf 文件中。

程序清单 5-2

```
1.  #拨动开关输入引脚约束
2.  Net I0  LOC = F15 | IOSTANDARD = "LVCMOS33"; #SW0
3.  Net I1  LOC = C15 | IOSTANDARD = "LVCMOS33"; #SW1
4.  Net I2  LOC = C13 | IOSTANDARD = "LVCMOS33"; #SW2
5.  Net I3  LOC = C12 | IOSTANDARD = "LVCMOS33"; #SW3
6.  Net I4  LOC = F9  | IOSTANDARD = "LVCMOS33"; #SW4
7.  Net I5  LOC = F10 | IOSTANDARD = "LVCMOS33"; #SW5
8.  Net I6  LOC = G9  | IOSTANDARD = "LVCMOS33"; #SW6
9.  Net I7  LOC = F11 | IOSTANDARD = "LVCMOS33"; #SW7
10. Net ST  LOC = E11 | IOSTANDARD = "LVCMOS33"; #SW8
11.
12. #LED 输出引脚约束
13. Net Y0  LOC = G14 | IOSTANDARD = "LVCMOS33"; #LED0
14. Net Y1  LOC = F16 | IOSTANDARD = "LVCMOS33"; #LED1
15. Net Y2  LOC = H15 | IOSTANDARD = "LVCMOS33"; #LED2
16. Net YS  LOC = G16 | IOSTANDARD = "LVCMOS33"; #LED3
17. Net YEX LOC = H14 | IOSTANDARD = "LVCMOS33"; #LED4
```

引脚约束文件添加完成后，参考 3.3 节步骤 10，将工程编译生成.bit 文件，并下载到 FPGA 高级开发系统上。拨动 SW_0～SW_8，检查 LED_0～LED_4 输出是否与真值表一致。

步骤 5：新建 HDL 工程

首先，将“D:\Spartan6DigitalTest\Material”文件夹中的 Exp4.2_MSI74148 文件夹复制到“D:\Spartan6DigitalTest\Product”文件夹中。然后，参考 3.3 节步骤 1，在目录“D:\Spartan6DigitalTest\Product\Exp4.2_MSI74148\project”中新建名为 MSI74148 的 HDL 工程。

新建工程后，参考 5.3 节步骤 1，将“D:\Spartan6DigitalTest\Product\Exp4.2_MSI74148\code”文件夹中的 MSI74148.vhd 文件添加到工程中，文件中代码模板已经提供。

步骤 6：完善 MSI74148.vhd 文件

将程序清单 5-3 中的代码添加到 MSI74148.vhd 文件中，下面对关键语句进行解释。

（1）第 36 至 43 行代码：定义中间信号，用作实现 MSI74148 功能的相关信号。

（2）第 46 至 48 行代码：将输入信号与中间信号相连，实现 MSI74148 的输入，同时将相关输入信号 I7～I0 与一组矢量信号 s_input 相连，便于后续代码的编写与赋值。

（3）第 50 至 93 行代码：一个 process 进程，敏感信号为 s_input 和 s_st_n，进程中采用 if...else 语句来实现 MSI74148 的功能。

（4）第 95 至 100 行代码：将中间信号与输出相连，实现 MSI74148 的输出。

程序清单 5-3

```
1.  ---------------------------------------------------------------------------------
2.  --                                  引用库
3.  ---------------------------------------------------------------------------------
4.  library ieee;
5.  use ieee.std_logic_1164.all;
6.  use ieee.std_logic_arith.all;
7.  use ieee.std_logic_unsigned.all;
8.
9.  ---------------------------------------------------------------------------------
10. --                                  实体声明
11. ---------------------------------------------------------------------------------
```

```
12.  entity MSI74148 is
13.    port(
14.      I0  : in  std_logic;
15.      I1  : in  std_logic;
16.      I2  : in  std_logic;
17.      I3  : in  std_logic;
18.      I4  : in  std_logic;
19.      I5  : in  std_logic;
20.      I6  : in  std_logic;
21.      I7  : in  std_logic;
22.      ST  : in  std_logic;
23.
24.      Y0  : out std_logic;
25.      Y1  : out std_logic;
26.      Y2  : out std_logic;
27.      YEX : out std_logic;
28.      YS  : out std_logic
29.      );
30.  end MSI74148;
31.
32.  --------------------------------------------------------------------------------
33.  --                                  结构体
34.  --------------------------------------------------------------------------------
35.  architecture rtl of MSI74148 is
36.    --输入信号
37.    signal s_input  : std_logic_vector(7 downto 0);
38.    signal s_st_n   : std_logic;
39.
40.    --输出信号
41.    signal s_output : std_logic_vector(2 downto 0) := "111";
42.    signal s_yex_n  : std_logic := '1';
43.    signal s_ys     : std_logic := '1';
44.  begin
45.
46.    --将输入信号并在一起
47.    s_input <= (I7, I6, I5, I4, I3, I2, I1, I0);
48.    s_st_n  <= ST;
49.
50.    process(s_input, s_st_n)
51.    begin
52.      if(s_st_n = '1') then
53.        s_output <= "111";
54.        s_yex_n  <= '1';
55.        s_ys     <= '1';
56.      elsif(s_input(7) = '0') then --0xxx_xxxx
57.        s_output <= "000";
58.        s_yex_n  <= '0';
59.        s_ys     <= '1';
60.      elsif(s_input(6) = '0') then --10xx_xxxx
61.        s_output <= "001";
62.        s_yex_n  <= '0';
63.        s_ys     <= '1';
```

```
64.      elsif(s_input(5) = '0') then --110x_xxxx
65.        s_output <= "010";
66.        s_yex_n  <= '0';
67.        s_ys     <= '1';
68.      elsif(s_input(4) = '0') then --1110_xxxx
69.        s_output <= "011";
70.        s_yex_n  <= '0';
71.        s_ys     <= '1';
72.      elsif(s_input(3) = '0') then --1111_0xxx
73.        s_output <= "100";
74.        s_yex_n  <= '0';
75.        s_ys     <= '1';
76.      elsif(s_input(2) = '0') then --1111_10xx
77.        s_output <= "101";
78.        s_yex_n  <= '0';
79.        s_ys     <= '1';
80.      elsif(s_input(1) = '0') then --1111_110x
81.        s_output <= "110";
82.        s_yex_n  <= '0';
83.        s_ys     <= '1';
84.      elsif(s_input(0) = '0') then --1111_1110
85.        s_output <= "111";
86.        s_yex_n  <= '0';
87.        s_ys     <= '1';
88.      else                         --1111_1111
89.        s_output <= "111";
90.        s_yex_n  <= '1';
91.        s_ys     <= '0';
92.      end if;
93.    end process;
94.
95.    --输出
96.    Y2  <= s_output(2);
97.    Y1  <= s_output(1);
98.    Y0  <= s_output(0);
99.    YEX <= s_yex_n;
100.   YS  <= s_ys;
101.
102. end rtl;
```

完善 MSI74148.vhd 文件后，参考 4.3 节步骤 4 和步骤 5，检查 VHDL 语法是否正确，并通过 Synplify 综合工程，然后新建仿真文件进行仿真。注意，需要删除自动生成的时钟代码。确认无误后，添加引脚约束文件。最后，参考 3.3 节步骤 10，通过 ISE 集成开发环境生成.bit 文件，将其下载到 FPGA 高级开发系统中，并参考 MSI74148 真值表，验证其功能是否正确。

本 章 任 务

任务 1：使用 ISE 集成开发环境，基于原理图，用两个 MSI74148 和必要的门电路构成一个 10 线-4 线 8421BCD 编码器。编写测试激励文件，对该电路进行仿真；编写引脚约束文件，其中输入 $\overline{I}_9 \sim \overline{I}_0$ 使用拨动开关，输出 $\overline{Y}_3 \sim \overline{Y}_0$ 使用 LED。在 ISE 集成开发环境中生成.bit 文件，并将其下载到 FPGA 高级开发系统进行板级验证。提示：利用选通输入端 $\overline{ST}$ 。

任务 2：某医院有 4 间病房，依次为病房 1～病房 4，每间病房都设有呼叫开关，同时，护士值班室对应装有 1～4 号指示灯。在 ISE 集成开发环境中，基于原理图，使用 MSI74148 和必要的门电路设计一个满足以下需求的电路：①当病房 1 的呼叫开关按下时，无论其他病房是否按下，只有 1 号指示灯亮；②当病房 1 的呼叫开关未按下，病房 2 的呼叫开关按下时，无论病房 3 和 4 是否按下，只有 2 号指示灯亮；③当病房 1 和 2 的呼叫开关均未按下，病房 3 的呼叫开关按下时，无论病房 4 的呼叫开关是否按下，只有 3 号指示灯亮；④当病房 1、2 和 3 的呼叫开关均未按下，只有病房 4 的呼叫开关按下时，4 号指示灯才亮。编写测试激励文件，对该电路进行仿真；编写引脚约束文件，病房呼叫开关使用拨动开关，指示灯使用 LED。在 ISE 集成开发环境中生成.bit 文件，并将其下载到 FPGA 高级开发系统进行板级验证。

任务 3：尝试用 VHDL 实现任务 1 或任务 2 的电路，并进行仿真和板级验证。

注意，MSI74148 是自定义的元器件，它的功能是由“D:\Spartan6DigitalTest\Material\Exp4.1_MSI74148”路径中的 MSI74148.sch 文件和 MSI74148.sym 文件实现的。因此，在新建任务工程时，要将这两个文件分别添加到新工程的 code 和 project 文件夹中。

第 6 章　译码器设计

第 5 章介绍了编码器的设计，编码是将具有特定意义的信息，如数字和字符等，编成相应的若干位二进制代码；本章介绍译码器的设计，译码是与编码相反的过程，即将若干位二进制代码的原意“翻译”出来，还原成具有特定意义的输出信息。常用的译码器有二进制译码器、二-十进制译码器和数字显示译码器等。

本章先对 MSI74138 模块进行仿真，然后编写引脚约束文件，在 FPGA 高级开发系统上进行板级验证；再参考 MSI74138 真值表，使用 VHDL 实现该电路，经过仿真测试后，进行板级验证。

6.1　预备知识

1．二进制译码器。

2．二-十进制译码器。

3．显示译码器。

4．MSI74138 译码器。

6.2　实验内容

MSI74138 是 3 线-8 线二进制译码器，它有 3 个输入和 8 个输出，输入高电平有效，输出低电平有效。MSI74138 有 3 个使能输入端 S_1 、$\overline{S}_2$ 和 $\overline{S}_3$ ，只有当 $S_1=1$ 且 $\overline{S}_2+\overline{S}_3=0$ 时，译码器工作；否则，译码器功能被禁止。MSI74138 的逻辑符号如图 6-1 所示，真值表如表 6-1 所示。

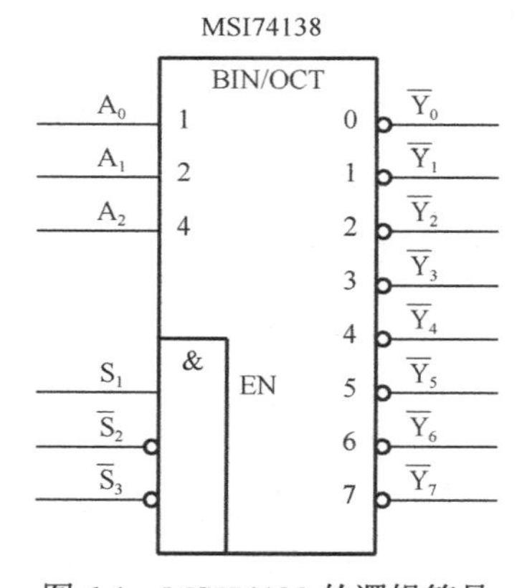

图 6-1　MSI74138 的逻辑符号

表 6-1　MSI74138 的真值表

S_1	$\overline{S}_2+\overline{S}_3$	A_2	A_1	A_0	$\overline{Y}_0$	$\overline{Y}_1$	$\overline{Y}_2$	$\overline{Y}_3$	$\overline{Y}_4$	$\overline{Y}_5$	$\overline{Y}_6$	$\overline{Y}_7$
0	×	×	×	×	1	1	1	1	1	1	1	1
×	1	×	×	×	1	1	1	1	1	1	1	1
1	0	0	0	0	0	1	1	1	1	1	1	1
1	0	0	0	1	1	0	1	1	1	1	1	1

续表

S_1	$\overline{S}_2+\overline{S}_3$	A_2	A_1	A_0	$\overline{Y}_0$	$\overline{Y}_1$	$\overline{Y}_2$	$\overline{Y}_3$	$\overline{Y}_4$	$\overline{Y}_5$	$\overline{Y}_6$	$\overline{Y}_7$
1	0	0	1	0	1	1	0	1	1	1	1	1
1	0	0	1	1	1	1	1	0	1	1	1	1
1	0	1	0	0	1	1	1	1	0	1	1	1
1	0	1	0	1	1	1	1	1	1	0	1	1
1	0	1	1	0	1	1	1	1	1	1	0	1
1	0	1	1	1	1	1	1	1	1	1	1	0

在 ISE 集成开发环境中，将 MSI74138 译码器的输入信号命名为 A0～A2、S1～S3，将输出信号命名为 Y0～Y7，如图 6-2 所示。编写测试激励文件，对 MSI74138 进行仿真。

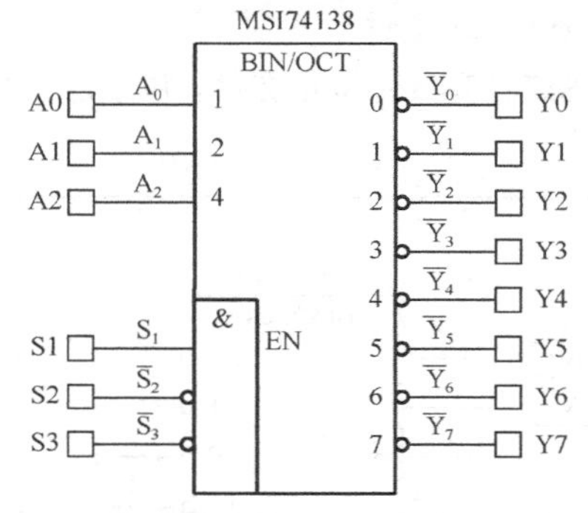

图 6-2　MSI74138 输入/输出信号在 ISE 集成开发环境中的命名

完成仿真后，编写引脚约束文件，其中信号 A0～A2、S1～S3 使用拨动开关 SW_0～SW_5 来输入，对应 XC6SLX16 芯片的引脚依次为 F15、C15、C13、C12、F9、F10，输出信号 Y0～Y7 由 LED_0～LED_7 表示，对应 XC6SLX16 芯片的引脚依次为 G14、F16、H15、G16、H14、H16、J13、J16，如图 6-3 所示。使用 ISE 集成开发环境生成.bit 文件，并下载到 FPGA 高级开发系统进行板级验证。

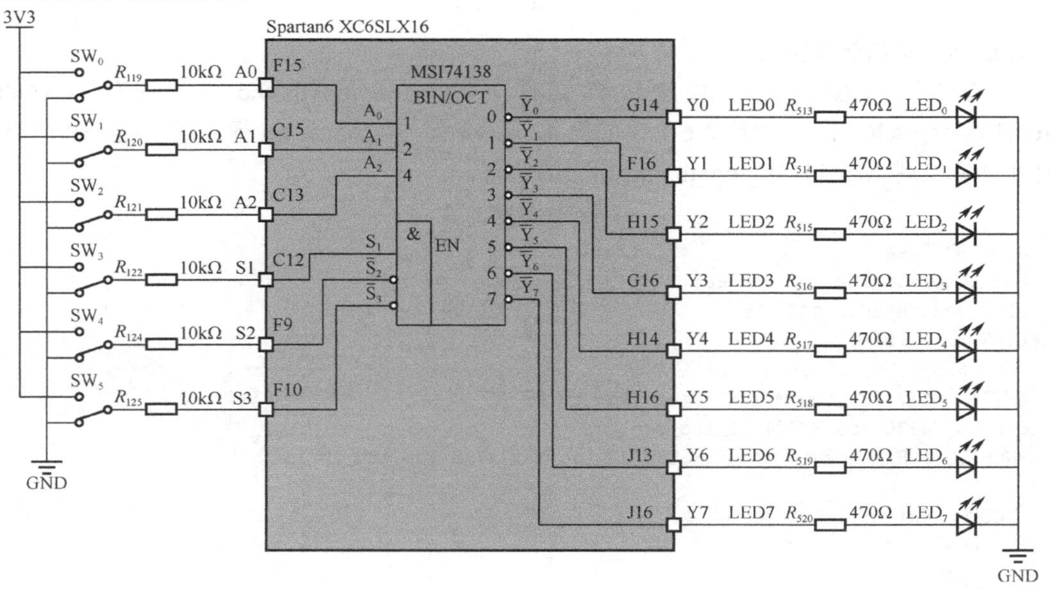

图 6-3　MSI74138 与外部电路连接图

基于原理图的仿真和板级验证完成后，通过 VHDL 实现 MSI74138，使用 ISE 集成开发环境对其进行仿真，然后生成.bit 文件，并下载到 FPGA 高级开发系统进行板级验证。

6.3 实验步骤

步骤 1：新建原理图工程

将“D:\Spartan6DigitalTest\Material”文件夹中的 Exp5.1_MSI74138 文件夹复制到“D:\Spartan6DigitalTest\Product”文件夹中。然后，参考 3.3 节步骤 1，在目录“D:\Spartan6DigitalTest\Product\Exp5.1_MSI74138\project”中新建名为 MSI74138 的原理图工程。

新建工程后，参考 5.3 节步骤 1，添加 MSI74138.sch 和 MSI74138_top.sch 原理图文件到工程中，这两个文件均在“D:\Spartan6DigitalTest\Product\Exp5.1_MSI74138\code”文件夹中。

步骤 2：完善 MSI74138_top.sch 文件

参考 5.3 节步骤 2，打开 MSI74138_top.sch 文件，并添加元器件 MSI74138，再参考图 6-4，完善 MSI74138_top.sch 文件。

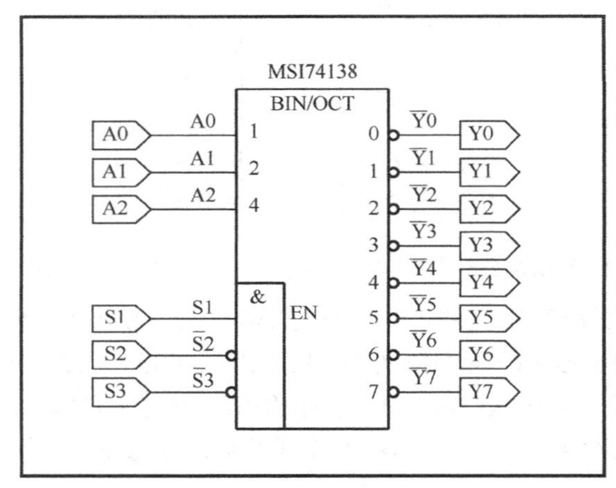

图 6-4　MSI74138_top

步骤 3：添加仿真文件

参考 3.3 节步骤 8，新建仿真文件 MSI74138_top_tb.vhd，选择仿真对象为 MSI74138_top.sch，将程序清单 6-1 中的第 42 至 43 行、第 65 至 66 行、第 69 至 100 行代码添加到仿真文件 MSI74138_top_tb.vhd 相应的位置。

程序清单 6-1

```
1.  LIBRARY ieee;
2.  USE ieee.std_logic_1164.ALL;
3.  USE ieee.numeric_std.ALL;
4.  LIBRARY UNISIM;
5.  USE UNISIM.Vcomponents.ALL;
6.  ENTITY MSI74138_top_MSI74138_top_sch_tb IS
7.  END MSI74138_top_MSI74138_top_sch_tb;
8.  ARCHITECTURE behavioral OF MSI74138_top_MSI74138_top_sch_tb IS
9.
10.   COMPONENT MSI74138_top
11.     PORT( A0  :   IN  STD_LOGIC;
12.       A1 :   IN  STD_LOGIC;
13.       A2 :   IN  STD_LOGIC;
```

```
14.         S1  :    IN   STD_LOGIC;
15.         S2  :    IN   STD_LOGIC;
16.         S3  :    IN   STD_LOGIC;
17.         Y7  :    OUT  STD_LOGIC;
18.         Y6  :    OUT  STD_LOGIC;
19.         Y5  :    OUT  STD_LOGIC;
20.         Y4  :    OUT  STD_LOGIC;
21.         Y3  :    OUT  STD_LOGIC;
22.         Y2  :    OUT  STD_LOGIC;
23.         Y1  :    OUT  STD_LOGIC;
24.         Y0  :    OUT  STD_LOGIC);
25.     END COMPONENT;
26.
27.     SIGNAL A0    :    STD_LOGIC;
28.     SIGNAL A1    :    STD_LOGIC;
29.     SIGNAL A2    :    STD_LOGIC;
30.     SIGNAL S1    :    STD_LOGIC;
31.     SIGNAL S2    :    STD_LOGIC;
32.     SIGNAL S3    :    STD_LOGIC;
33.     SIGNAL Y7    :    STD_LOGIC;
34.     SIGNAL Y6    :    STD_LOGIC;
35.     SIGNAL Y5    :    STD_LOGIC;
36.     SIGNAL Y4    :    STD_LOGIC;
37.     SIGNAL Y3    :    STD_LOGIC;
38.     SIGNAL Y2    :    STD_LOGIC;
39.     SIGNAL Y1    :    STD_LOGIC;
40.     SIGNAL Y0    :    STD_LOGIC;
41.
42.     signal s_output : std_logic_vector(7 downto 0);
43.     signal s_input  : std_logic_vector(2 downto 0) := "000";
44.
45.   BEGIN
46.
47.     UUT: MSI74138_top PORT MAP(
48.       A0 => A0,
49.       A1 => A1,
50.       A2 => A2,
51.       S1 => S1,
52.       S2 => S2,
53.       S3 => S3,
54.       Y7 => Y7,
55.       Y6 => Y6,
56.       Y5 => Y5,
57.       Y4 => Y4,
58.       Y3 => Y3,
59.       Y2 => Y2,
60.       Y1 => Y1,
61.       Y0 => Y0
62.       );
63.
64.   -- *** Test Bench - User Defined Section ***
65.     (A2, A1, A0) <= s_input;
66.     s_output <= (Y7, Y6, Y5, Y4, Y3, Y2, Y1, Y0);
67.     tb : PROCESS
```

```
68.    BEGIN
69.      s_input <= "000";
70.      S1 <= '0';
71.      S2 <= '1';
72.      S3 <= '1';
73.      wait for 100 ns;
74.
75.      S1 <= '1';
76.      S2 <= '0';
77.      S3 <= '0';
78.      s_input <= "000";
79.      wait for 100 ns;
80.
81.      s_input <= "001";
82.      wait for 100 ns;
83.
84.      s_input <= "010";
85.      wait for 100 ns;
86.
87.      s_input <= "011";
88.      wait for 100 ns;
89.
90.      s_input <= "100";
91.      wait for 100 ns;
92.
93.      s_input <= "101";
94.      wait for 100 ns;
95.
96.      s_input <= "110";
97.      wait for 100 ns;
98.
99.      s_input <= "111";
100.     wait for 100 ns;
101.     WAIT; -- will wait forever
102.   END PROCESS;
103. -- *** End Test Bench - User Defined Section ***
104.
105. END;
```

完善仿真文件后，参考 3.3 节步骤 8 进行仿真测试，仿真结果如图 6-5 所示，参考表 6-1 所示的 MSI74138 真值表，验证仿真结果。

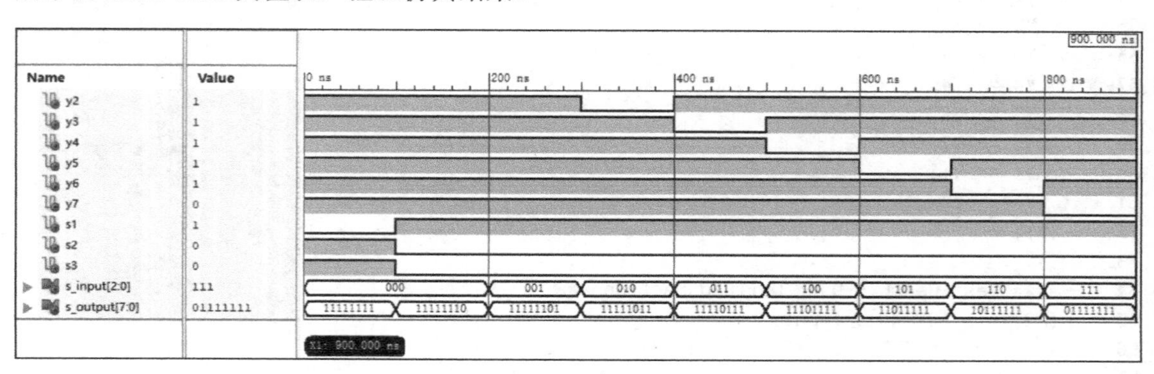

图 6-5　仿真结果

步骤 4：添加引脚约束文件

参考 3.3 节步骤 9，新建引脚约束文件 MSI74138_top.ucf，并将程序清单 6-2 中的代码添加到 MSI74138_top.ucf 文件中。

程序清单 6-2

```
1.   #拨动开关输入引脚约束
2.   Net A0  LOC = F15 | IOSTANDARD = "LVCMOS33"; #SW0
3.   Net A1  LOC = C15 | IOSTANDARD = "LVCMOS33"; #SW1
4.   Net A2  LOC = C13 | IOSTANDARD = "LVCMOS33"; #SW2
5.
6.   Net S1  LOC = C12 | IOSTANDARD = "LVCMOS33"; #SW3
7.   Net S2  LOC = F9  | IOSTANDARD = "LVCMOS33"; #SW4
8.   Net S3  LOC = F10 | IOSTANDARD = "LVCMOS33"; #SW5
9.
10.  #LED 输出引脚约束
11.  Net Y0  LOC = G14 | IOSTANDARD = "LVCMOS33"; #LED0
12.  Net Y1  LOC = F16 | IOSTANDARD = "LVCMOS33"; #LED1
13.  Net Y2  LOC = H15 | IOSTANDARD = "LVCMOS33"; #LED2
14.  Net Y3  LOC = G16 | IOSTANDARD = "LVCMOS33"; #LED3
15.  Net Y4  LOC = H14 | IOSTANDARD = "LVCMOS33"; #LED4
16.  Net Y5  LOC = H16 | IOSTANDARD = "LVCMOS33"; #LED5
17.  Net Y6  LOC = J13 | IOSTANDARD = "LVCMOS33"; #LED6
18.  Net Y7  LOC = J16 | IOSTANDARD = "LVCMOS33"; #LED7
```

引脚约束文件添加完成后，参考 3.3 节步骤 10，将工程编译生成.bit 文件，并将其下载到 FPGA 高级开发系统上。拨动 SW_0～SW_5，检查 LED_0～LED_7 输出是否与真值表一致。

步骤 5：新建 HDL 工程

将“D:\Spartan6DigitalTest\Material”文件夹中的 Exp5.2_MSI74138 文件夹复制到“D:\Spartan6DigitalTest\Product”文件夹中。然后，参考 3.3 节步骤 1，在目录“D:\Spartan6DigitalTest\Product\Exp5.2_MSI74138\project”中新建名为 MSI74138 的 HDL 工程。

新建工程后，参考 5.3 节步骤 1，将“D:\Spartan6DigitalTest\Product\Exp5.2_MSI74138\code”文件夹中的 MSI74138.vhd 文件添加到工程中，文件中的代码模板已经提供。

步骤 6：完善 MSI74138.vhd 文件

将程序清单 6-3 中的代码添加到 MSI74138.vhd 文件中。

程序清单 6-3

```
1.   --------------------------------------------------------------------------------
2.   --                                  引用库
3.   --------------------------------------------------------------------------------
4.   library ieee;
5.   use ieee.std_logic_1164.all;
6.   use ieee.std_logic_arith.all;
7.   use ieee.std_logic_unsigned.all;
8.
9.   --------------------------------------------------------------------------------
10.  --                                  实体声明
11.  --------------------------------------------------------------------------------
12.  entity MSI74138 is
13.    port(
14.      A0 : in std_logic;
```

```
15.       A1 : in std_logic;
16.       A2 : in std_logic;
17.       S1 : in std_logic;  --高电平有效
18.       S2 : in std_logic;  --低电平有效
19.       S3 : in std_logic;  --低电平有效
20.
21.       Y0 : out std_logic; --低电平有效
22.       Y1 : out std_logic;
23.       Y2 : out std_logic;
24.       Y3 : out std_logic;
25.       Y4 : out std_logic;
26.       Y5 : out std_logic;
27.       Y6 : out std_logic;
28.       Y7 : out std_logic
29.       );
30.   end MSI74138;
31.
32.   --------------------------------------------------------------------------------
33.   --                                 结构体
34.   --------------------------------------------------------------------------------
35.   architecture rtl of MSI74138 is
36.
37.     --输入
38.     signal s_input  : std_logic_vector(2 downto 0);
39.     signal s_s1     : std_logic;
40.     signal s_s2     : std_logic;
41.     signal s_s3     : std_logic;
42.
43.     --输出
44.     signal s_output : std_logic_vector(7 downto 0) := "11111111";
45.   begin
46.
47.     --将输入并在一起
48.     s_input <= (A2, A1, A0);
49.     s_s1    <= S1;
50.     s_s2    <= S2;
51.     s_s3    <= S3;
52.
53.     process(s_input, s_s1, s_s2, s_s3)
54.     begin
55.       if(s_s2 = '1' or s_s3 = '1' or s_s1 = '0') then
56.         s_output <= "11111111";
57.       elsif(s_input = "000") then
58.         s_output <= "11111110";
59.       elsif(s_input = "001") then
60.         s_output <= "11111101";
61.       elsif(s_input = "010") then
62.         s_output <= "11111011";
63.       elsif(s_input = "011") then
64.         s_output <= "11110111";
65.       elsif(s_input = "100") then
66.         s_output <= "11101111";
```

```
67.      elsif(s_input = "101") then
68.        s_output <= "11011111";
69.      elsif(s_input = "110") then
70.        s_output <= "10111111";
71.      elsif(s_input = "111") then
72.        s_output <= "01111111";
73.      end if;
74.    end process;
75.
76.    --输出
77.    Y0 <= s_output(0);
78.    Y1 <= s_output(1);
79.    Y2 <= s_output(2);
80.    Y3 <= s_output(3);
81.    Y4 <= s_output(4);
82.    Y5 <= s_output(5);
83.    Y6 <= s_output(6);
84.    Y7 <= s_output(7);
85.
86.  end rtl;
```

完善 MSI74138.vhd 文件后，参考 4.3 节步骤 4 和步骤 5，检查 VHDL 语法是否正确，并通过 Synplify 综合工程。新建仿真文件进行仿真，注意，需要先删除自动生成的时钟代码。然后添加引脚约束文件。参考 3.3 节步骤 10，通过 ISE 集成开发环境生成.bit 文件，将其下载到 FPGA 高级开发系统，并参考 MSI74138 真值表，验证功能是否正确。

本 章 任 务

任务 1：使用 ISE 集成开发环境，基于原理图，用 MSI74138 和必要的门电路实现逻辑函数 $F = \overline{ABC} + A\overline{BC} + AB\overline{C} + ABC$ 。编写测试激励文件，对该电路进行仿真；编写引脚约束文件，输入使用拨动开关，输出 F 使用 LED。在 ISE 集成开发环境中生成.bit 文件，并下载到 FPGA 高级开发系统进行板级验证。

任务 2：使用 ISE 集成开发环境，基于 VHDL，实现 BCD 七段显示译码器，并编写测试激励文件，对该译码器进行仿真；编写引脚约束文件，输入 A0～A3 使用拨动开关，输出 Ya～Yg 使用七段数码管的 SEGA～SEGG。在 ISE 集成开发环境中生成.bit 文件，并下载到 FPGA 高级开发系统进行板级验证。提示：通过 FPGA 将七段数码管的 SEL7～SEL0 设置为高电平，以确保 8 个数码管同时显示；将 SEGDP 设置为高电平，以确保小数点熄灭。

第7章　加法器设计

加法器是进行算术运算的基本单元电路，在计算机中，减、乘、除运算都是转换为若干步加法运算来实现的，加法器又分为一位加法器和多位加法器。本章先对 MSI74283 模块进行仿真，然后编写引脚约束文件，在 FPGA 高级开发系统上进行板级验证；参考 MSI74283 内部电路，使用 VHDL 实现该电路，经过仿真测试后，进行板级验证。

7.1　预备知识

1．一位半加器。

2．一位全加器。

3．串行进位加法器。

4．超前进位加法器。

5．MSI74283 加法器。

7.2　实验内容

MSI74283 是 4 位超前进位加法器，A（A_3～A_0）、B（B_3～B_0）分别是两个 4 位的加数，S（S_3～S_0）是运算的结果，C_I是进位输入，C_O是进位输出，其逻辑符号如图 7-1 所示。

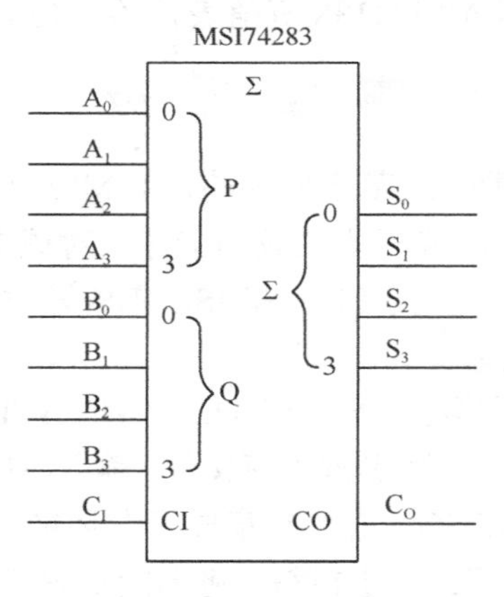

图 7-1　MSI74283 的逻辑符号

在 ISE 集成开发环境中，将 MSI74283 加法器的输入信号命名为 A0～A3、B0～B3、CI，将输出信号命名为 S0～S3、CO，如图 7-2 所示。编写测试激励文件，对 MSI74283 进行仿真。

完成仿真后，编写引脚约束文件，其中信号 A0～A3、B0～B3、CI 使用拨动开关 SW_0～SW_8来输入，对应 XC6SLX16 芯片的引脚依次为 F15、C15、C13、C12、F9、F10、G9、F11、E11，输出信号 S0～S3、CO 由 LED_0～LED_4表示，对应 XC6SLX16 芯片的引脚依次为 G14、F16、H15、G16、H14，如图 7-3 所示。使用 ISE 集成开发环境生成.bit 文件，并下载到 FPGA 高级开发系统进行板级验证。

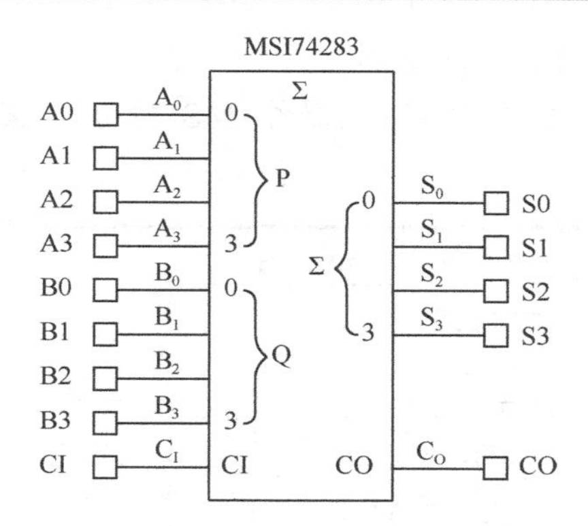

图 7-2　MSI74283 输入/输出信号在 ISE 集成开发环境中的命名

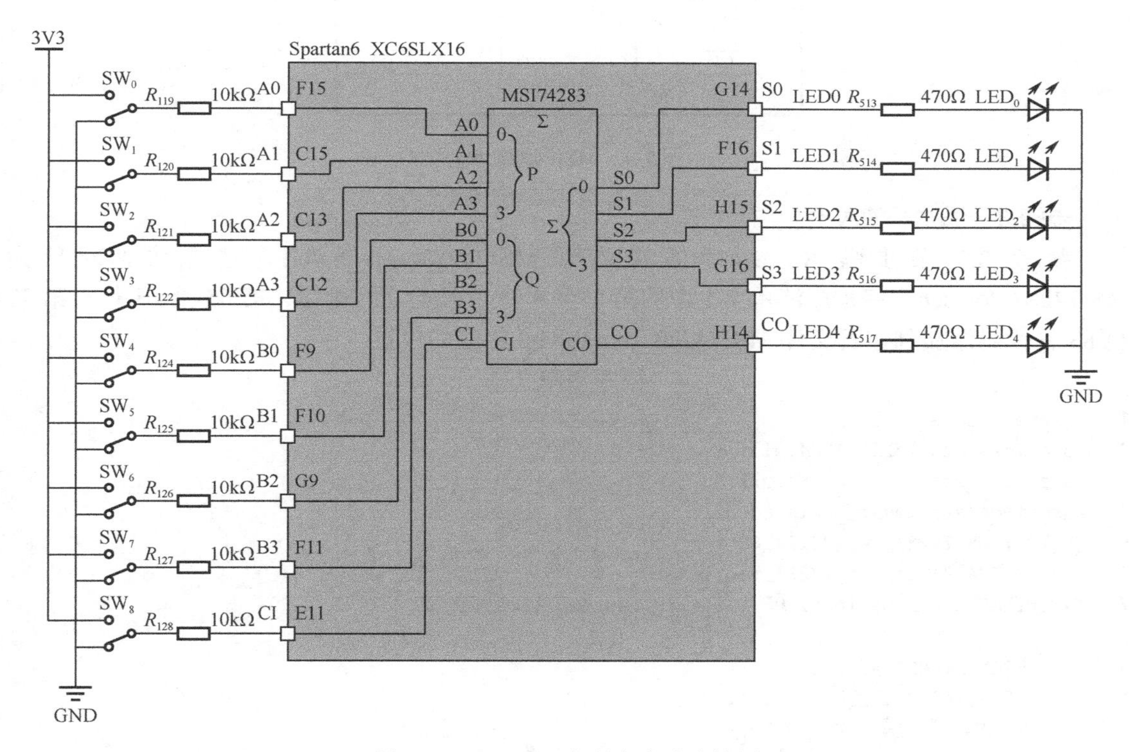

图 7-3　MSI74283 与外部电路连接图

基于原理图的仿真和板级验证完成后，通过 VHDL 实现 MSI74283，使用 ISE 集成开发环境对其进行仿真，然后生成.bit 文件，并下载到 FPGA 高级开发系统进行板级验证。

7.3　实验步骤

步骤 1：新建原理图工程

将“D:\Spartan6DigitalTest\Material”文件夹中的 Exp6.1_MSI74283 文件夹复制到“D:\Spartan6DigitalTest\Product”文件夹中。然后，参考 3.3 节步骤 1，在目录“D:\Spartan6DigitalTest\Product\Exp6.1_MSI74283\project”中新建名为 MSI74283 的原理图工程。

新建工程后，参考 5.3 节步骤 1，添加 MSI74283.sch 和 MSI74283_top.sch 原理图文件到工程中，这两个文件均在“D:\Spartan6DigitalTest\Product\Exp6.1_MSI74283\code”文件夹中。

步骤 2：完善 MSI74283_top.sch 文件

打开 MSI74283_top.sch 文件并添加元器件 MSI74283，参考图 7-4 所示内容，完善 MSI74283_top.sch 文件。

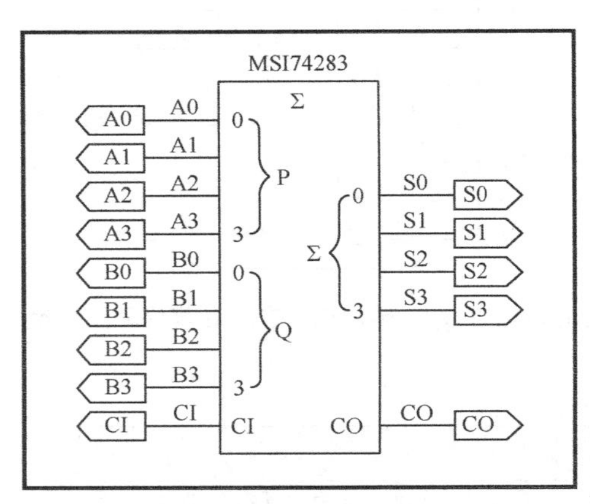

图 7-4　MSI74283_top

步骤 3：添加仿真文件

参考 3.3 节步骤 8，新建仿真文件 MSI74283_top_tb.vhd，选择仿真对象为 MSI74283_top.sch，将程序清单 7-1 中的第 1 至 4 行、第 41 至 44 行、第 65 至 68 行、第 73 至 83 行代码添加到仿真文件 MSI74283_top_tb.vhd 相应的位置。

程序清单 7-1

```
1.   library ieee;
2.   use ieee.std_logic_1164.all;
3.   use ieee.std_logic_arith.all;
4.   use ieee.std_logic_unsigned.all;
5.   ENTITY MSI74283_top_MSI74283_top_sch_tb IS
6.   END MSI74283_top_MSI74283_top_sch_tb;
7.   ARCHITECTURE behavioral OF MSI74283_top_MSI74283_top_sch_tb IS
8.
9.     COMPONENT MSI74283_top
10.      PORT( A0  :   IN   STD_LOGIC;
11.        A1  :   IN   STD_LOGIC;
12.        A2  :   IN   STD_LOGIC;
13.        A3  :   IN   STD_LOGIC;
14.        B0  :   IN   STD_LOGIC;
15.        B1  :   IN   STD_LOGIC;
16.        B2  :   IN   STD_LOGIC;
17.        B3  :   IN   STD_LOGIC;
18.        CI  :   IN   STD_LOGIC;
19.        S0  :   OUT  STD_LOGIC;
20.        S1  :   OUT  STD_LOGIC;
21.        S2  :   OUT  STD_LOGIC;
22.        S3  :   OUT  STD_LOGIC;
23.        CO  :   OUT  STD_LOGIC);
24.    END COMPONENT;
25.
26.    SIGNAL A0   :   STD_LOGIC;
```

```
27.   SIGNAL A1   :   STD_LOGIC;
28.   SIGNAL A2   :   STD_LOGIC;
29.   SIGNAL A3   :   STD_LOGIC;
30.   SIGNAL B0   :   STD_LOGIC;
31.   SIGNAL B1   :   STD_LOGIC;
32.   SIGNAL B2   :   STD_LOGIC;
33.   SIGNAL B3   :   STD_LOGIC;
34.   SIGNAL CI   :   STD_LOGIC;
35.   SIGNAL S0   :   STD_LOGIC;
36.   SIGNAL S1   :   STD_LOGIC;
37.   SIGNAL S2   :   STD_LOGIC;
38.   SIGNAL S3   :   STD_LOGIC;
39.   SIGNAL CO   :   STD_LOGIC;
40.
41.   signal s_a : std_logic_vector(3 downto 0) := "0000";
42.   signal s_b : std_logic_vector(3 downto 0) := "0000";
43.   signal s_ci : std_logic := '0';
44.   signal s_sum : std_logic_vector(3 downto 0);
45.
46. BEGIN
47.
48.   UUT: MSI74283_top PORT MAP(
49.     A0 => A0,
50.     A1 => A1,
51.     A2 => A2,
52.     A3 => A3,
53.     B0 => B0,
54.     B1 => B1,
55.     B2 => B2,
56.     B3 => B3,
57.     CI => CI,
58.     S0 => S0,
59.     S1 => S1,
60.     S2 => S2,
61.     S3 => S3,
62.     CO => CO
63.     );
64.
65.   (A3, A2, A1, A0) <= s_a;
66.   (B3, B2, B1, B0) <= s_b;
67.   CI <= s_ci;
68.   s_sum <= (S3, S2, S1, S0);
69.
70. -- *** Test Bench - User Defined Section ***
71.   tb : PROCESS
72.   BEGIN
73.     s_b <= s_b + "0001";
74.
75.     if(s_b = "1111") then
76.       s_a <= s_a + "0001";
77.
78.       if(s_a = "1111") then
```

```
79.         s_ci <= not s_ci;
80.       end if;--
81.     end if;
82.     wait for 100 ns;
83. --      WAIT; -- will wait forever
84.   END PROCESS;
85. -- *** End Test Bench - User Defined Section ***
86.
87. END;
```

完善仿真文件后，参考 3.3 节步骤 8 进行仿真测试，仿真结果如图 7-5 所示，根据 MSI74283 加法器的功能，验证仿真结果。注意，因为仿真所测试的数据较多，直接单击按钮查看完整波形可能会太过密集，可以使用放大和缩小按钮来获得更好的波形显示效果。

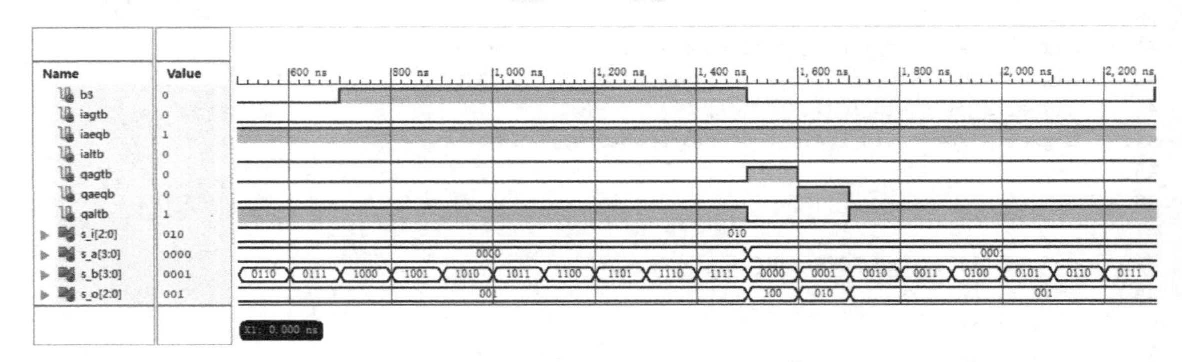

图 7-5　仿真结果

步骤 4：添加引脚约束文件

参考 3.3 节步骤 9 新建引脚约束文件 MSI74283_top.ucf，并将程序清单 7-2 中的代码添加到 MSI74283_top.ucf 文件中。

程序清单 7-2

```
1.  #拨动开关输入引脚约束
2.  Net A0  LOC = F15 | IOSTANDARD = "LVCMOS33"; #SW0
3.  Net A1  LOC = C15 | IOSTANDARD = "LVCMOS33"; #SW1
4.  Net A2  LOC = C13 | IOSTANDARD = "LVCMOS33"; #SW2
5.  Net A3  LOC = C12 | IOSTANDARD = "LVCMOS33"; #SW3
6.  Net B0  LOC = F9  | IOSTANDARD = "LVCMOS33"; #SW4
7.  Net B1  LOC = F10 | IOSTANDARD = "LVCMOS33"; #SW5
8.  Net B2  LOC = G9  | IOSTANDARD = "LVCMOS33"; #SW6
9.  Net B3  LOC = F11 | IOSTANDARD = "LVCMOS33"; #SW7
10. Net CI  LOC = E11 | IOSTANDARD = "LVCMOS33"; #SW8
11.
12. #LED 输出引脚约束
13. Net S0  LOC = G14 | IOSTANDARD = "LVCMOS33"; #LED0
14. Net S1  LOC = F16 | IOSTANDARD = "LVCMOS33"; #LED1
15. Net S2  LOC = H15 | IOSTANDARD = "LVCMOS33"; #LED2
16. Net S3  LOC = G16 | IOSTANDARD = "LVCMOS33"; #LED3
17. Net CO  LOC = H14 | IOSTANDARD = "LVCMOS33"; #LED4
```

引脚约束文件添加完成后，参考 3.3 节步骤 10，将工程编译生成.bit 文件，将其下载到 FPGA 高级开发系统上。拨动 SW_0～SW_8，检查 LED_0～LED_4 输出是否与 MSI74283 加法器一致。

步骤 5：新建 HDL 工程

将“D:\Spartan6DigitalTest\Material”文件夹中的 Exp6.2_MSI74283 文件夹复制到“D:\Spartan6DigitalTest\Product”文件夹中。然后，参考 3.3 节步骤 1，在目录“D:\Spartan6DigitalTest\Product\Exp6.2_MSI74283\project”中新建名为MSI74283 的 HDL 工程。

新建工程后，参考 5.3 节步骤 1，将“D:\Spartan6DigitalTest\Product\Exp6.2_MSI74283\code”文件夹中的 MSI74283.vhd 文件添加到工程中，文件中的代码模板已经提供。

步骤 6：完善 MSI74283.vhd 文件

将程序清单 7-3 中的代码添加到 MSI74283.vhd 文件，

程序清单 7-3

```
1.  --------------------------------------------------------------------------------
2.  --                                  引用库
3.  --------------------------------------------------------------------------------
4.  library ieee;
5.  use ieee.std_logic_1164.all;
6.  use ieee.std_logic_arith.all;
7.  use ieee.std_logic_unsigned.all;
8.
9.  --------------------------------------------------------------------------------
10. --                                  实体声明
11. --------------------------------------------------------------------------------
12. entity MSI74283 is
13.   port(
14.     A0 : in  std_logic;
15.     A1 : in  std_logic;
16.     A2 : in  std_logic;
17.     A3 : in  std_logic;
18.     B0 : in  std_logic;
19.     B1 : in  std_logic;
20.     B2 : in  std_logic;
21.     B3 : in  std_logic;
22.     CI : in  std_logic;
23.
24.     S0 : out std_logic;
25.     S1 : out std_logic;
26.     S2 : out std_logic;
27.     S3 : out std_logic;
28.     CO : out std_logic
29.     );
30. end MSI74283;
31.
32. --------------------------------------------------------------------------------
33. --                                  结构体
34. --------------------------------------------------------------------------------
35. architecture rtl of MSI74283 is
36.
37.   --输入
38.   signal s_a   : std_logic_vector(3 downto 0);
39.   signal s_b   : std_logic_vector(3 downto 0);
40.   signal s_cin : std_logic;
```

```
41.
42.    --输出
43.    signal s_sum  : std_logic_vector(3 downto 0);
44.    signal s_cout : std_logic := '0';
45.
46.    --中间变量
47.    signal s_g : std_logic_vector(3 downto 0); --s_a and s_b
48.    signal s_p : std_logic_vector(3 downto 0); --s_a or  s_b
49.    signal s_c : std_logic_vector(2 downto 0); --率先求出的进位
50.
51. begin
52.
53.    --将输入信号并在一起
54.    s_a   <= (A3, A2, A1, A0);
55.    s_b   <= (B3, B2, B1, B0);
56.    s_cin <= CI;
57.
58.    --求进位
59.    s_g    <= s_a and s_b;
60.    s_p    <= s_a or  s_b;
61.    s_c(0) <= s_g(0) or (s_p(0) and s_cin);
62.    s_c(1) <= s_g(1) or (s_p(1) and s_g(0)) or (s_p(1) and s_p(0) and s_cin);
63.    s_c(2) <= s_g(2) or (s_p(2) and s_g(1)) or (s_p(2) and s_p(1) and s_g(0)) or (s_p(2) and
s_p(1) and s_p(0) and s_cin);
64.    s_cout <= s_g(3) or (s_p(3) and s_g(2)) or (s_p(3) and s_p(2) and s_g(1)) or (s_p(3) and
s_p(2) and s_p(1) and s_g(0)) or (s_p(3) and s_p(2) and s_p(1) and s_p(0) and s_cin);
65.
66.    --求和
67.    s_sum(0) <= s_a(0) xor s_b(0) xor s_cin;
68.    s_sum(1) <= s_a(1) xor s_b(1) xor s_c(0);
69.    s_sum(2) <= s_a(2) xor s_b(2) xor s_c(1);
70.    s_sum(3) <= s_a(3) xor s_b(3) xor s_c(2);
71.
72.    --输出
73.    S0 <= s_sum(0);
74.    S1 <= s_sum(1);
75.    S2 <= s_sum(2);
76.    S3 <= s_sum(3);
77.    CO <= s_cout;
78.
79. end rtl;
```

完善 MSI74283.vhd 文件后，参考 4.3 节步骤 4 和步骤 5，检查 VHDL 语法是否正确，并通过 Synplify 综合工程。新建仿真文件进行仿真，注意，需要删除自动生成的时钟代码。然后添加引脚约束文件。参考 3.3 节步骤 10，通过 ISE 集成开发环境生成.bit 文件，将其下载到 FPGA 高级开发系统中验证功能是否正确。

本 章 任 务

任务 1：使用 ISE 集成开发环境，基于原理图，用 MSI74283 4 位加法器和必要的门电路设计一个 4 位二进制减法电路。编写测试激励文件，对该电路进行仿真；编写引脚约束文件，其中输入使用拨动开关，输出使用 LED。在 ISE 集成开发环境中生成.bit 文件，并下载到 FPGA 高级开发系统进行板级验证。

任务 2：使用 ISE 集成开发环境，基于 VHDL，设计一个 2 位二进制减法电路。编写测试激励文件，对该电路进行仿真；编写引脚约束文件，输入使用拨动开关，输出使用 LED。在 ISE 集成开发环境中生成.bit 文件，并下载到 FPGA 高级开发系统进行板级验证。

第8章　比较器设计

比较器也称为数据比较器，是能够对两个数据的大小进行比较，并给出结果的逻辑电路，比较器又分为一位比较器和多位比较器。本章先对 MSI7485 模块进行仿真，然后编写引脚约束文件，在 FPGA 高级开发系统上进行板级验证；参考 MSI7485 真值表，使用 VHDL 实现该电路，经过仿真测试后，进行板级验证。

8.1　预备知识

1. 一位比较器。
2. 多位比较器。
3. MSI7485 比较器。
4. 5421BCD 码。
5. 8421BCD 码。

8.2　实验内容

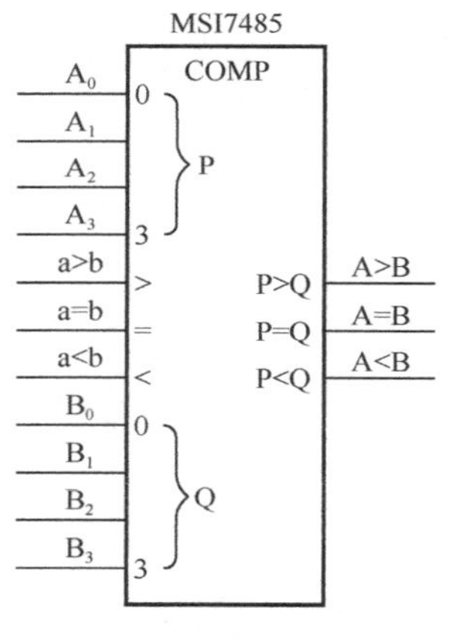

图 8-1　MSI7485 的逻辑符号

MSI7485 是 4 位比较器，其逻辑符号如图 8-1 所示，真值表如表 8-1 所示。$a>b$、$a=b$、$a<b$ 是为了在用 MSI7485 扩展构造 4 位以上的比较器时，输入低位的比较结果而设的 3 个级联输入端。由真值表可以看出，只要两数的高位不等，就可以确定两数的大小，以下各位（包括级联输入）可以为任意值；高位相等时，需要比较低位。本级两个 4 位数相等时，需要比较低位，此时要将低一级的比较输出端接到高一级的级联输入端上。最低一级比较器的 $a>b$、$a=b$、$a<b$ 级联输入端必须分别接 0、1、0。

在 ISE 集成开发环境中，将 MSI7485 比较器的输入信号命名为 A0～A3、IAGTB、IAEQB、IALTB、B0～B3，将输出信号命名为 QAGTB、QAEQB、QALTB，如图 8-2 所示。编写测试激励文件，对 MSI7485 进行仿真。

表 8-1　MSI7485 的真值表

数码输入				级联输入			输出		
A_3B_3	A_2B_2	A_1B_1	A_0B_0	a>b	a=b	a<b	A>B	A=B	A<B
$A_3>B_3$	×	×	×	×	×	×	1	0	0
$A_3<B_3$	×	×	×	×	×	×	0	0	1
$A_3=B_3$	$A_2>B_2$	×	×	×	×	×	1	0	0
$A_3=B_3$	$A_2<B_2$	×	×	×	×	×	0	0	1
$A_3=B_3$	$A_2=B_2$	$A_1>B_1$	×	×	×	×	1	0	0
$A_3=B_3$	$A_2=B_2$	$A_1<B_1$	×	×	×	×	0	0	1
$A_3=B_3$	$A_2=B_2$	$A_1=B_1$	$A_0>B_0$	×	×	×	1	0	0
$A_3=B_3$	$A_2=B_2$	$A_1=B_1$	$A_0<B_0$	×	×	×	0	0	1

续表

数码输入				级联输入			输　出		
A_3B_3	A_2B_2	A_1B_1	A_0B_0	a>b	a=b	a<b	A>B	A=B	A<B
$A_3=B_3$	$A_2=B_2$	$A_1=B_1$	$A_0=B_0$	1	0	0	1	0	0
$A_3=B_3$	$A_2=B_2$	$A_1=B_1$	$A_0=B_0$	0	1	0	0	1	0
$A_3=B_3$	$A_2=B_2$	$A_1=B_1$	$A_0=B_0$	0	0	1	0	0	1

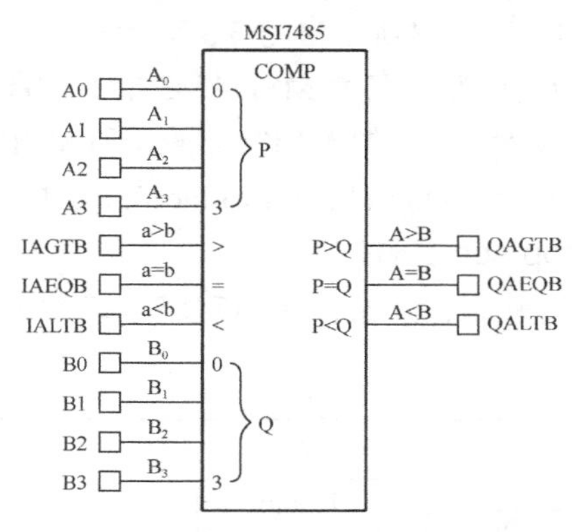

图 8-2　MSI7485 输入/输出信号在 ISE 集成开发环境中的命名

完成仿真后，编写引脚约束文件，其中信号 A0～A3、IAGTB、IAEQB、IALTB、B0～B3 使用拨动开关 SW_0～SW_{10} 来输入，对应 XC6SLX16 芯片的引脚依次为 F15、C15、C13、C12、F9、F10、G9、F11、E11、D12、C14，输出信号 QALTB、QAEQB、QAGTB 由 LED_0～LED_2 表示，对应 XC6SLX16 芯片的引脚依次为 G14、F16、H15，如图 8-3 所示。使用 ISE 集成开发环境生成.bit 文件，并下载到 FPGA 高级开发系统进行板级验证。

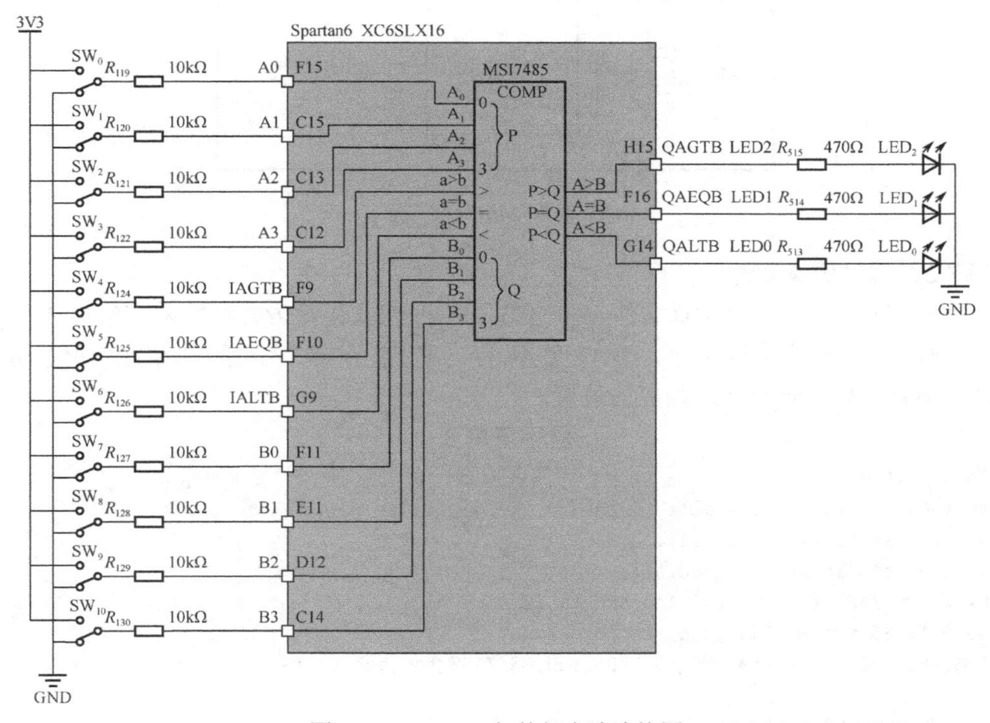

图 8-3　MSI7485 与外部电路连接图

基于原理图的仿真和板级验证完成后，通过 VHDL 实现 MSI7485，使用 ISE 集成开发环境对其进行仿真，然后生成.bit 文件，并下载到 FPGA 高级开发系统进行板级验证。

8.3 实验步骤

步骤 1：新建原理图工程

将“D:\Spartan6DigitalTest\Material”文件夹中的 Exp7.1_MSI7485 文件夹复制到“D:\Spartan6DigitalTest\Product”文件夹中。然后，参考 3.3 节步骤 1，在目录“D:\Spartan6DigitalTest\Product\Exp7.1_MSI7485\project”中新建名为 MSI74283 的原理图工程。

新建工程后，参考 5.3 节步骤 1，添加 MSI7485.sch 和 MSI7485_top.sch 原理图文件到工程中，这两个文件均在“D:\Spartan6DigitalTest\Product\Exp7.1_MSI7485\code”文件夹中。

步骤 2：完善 MSI7485_top.sch 文件

打开 MSI7485_top.sch 文件并添加元器件 MSI7485，参考图 8-4，完善 MSI7485_ top.sch 文件。

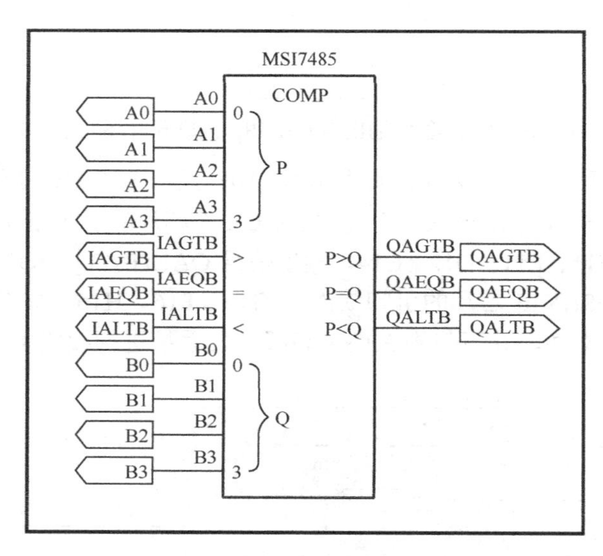

图 8-4　MSI7485_top

步骤 3：添加仿真文件

参考 3.3 节步骤 8，新建仿真文件 MSI7485_top_tb.vhd，选择仿真对象为 MSI7485_top.sch，将程序清单 8-1 中的第 1 至 4 行、第 41 至 44 行、第 65 至 68 行、第 73 至 80 行代码添加到仿真文件 MSI7485_top_tb.vhd 相应的位置。

程序清单 8-1

```
1.   library ieee;
2.   use ieee.std_logic_1164.all;
3.   use ieee.std_logic_arith.all;
4.   use ieee.std_logic_unsigned.all;
5.   ENTITY MSI7485_top_MSI7485_top_sch_tb IS
6.   END MSI7485_top_MSI7485_top_sch_tb;
7.   ARCHITECTURE behavioral OF MSI7485_top_MSI7485_top_sch_tb IS
8.
9.      COMPONENT MSI7485_top
```

```
10.    PORT( A0   :    IN   STD_LOGIC;
11.           A1  :    IN   STD_LOGIC;
12.           A2  :    IN   STD_LOGIC;
13.           A3  :    IN   STD_LOGIC;
14.           B0  :    IN   STD_LOGIC;
15.           B1  :    IN   STD_LOGIC;
16.           B2  :    IN   STD_LOGIC;
17.           B3  :    IN   STD_LOGIC;
18.           IAGTB    :    IN   STD_LOGIC;
19.           IAEQB    :    IN   STD_LOGIC;
20.           IALTB    :    IN   STD_LOGIC;
21.           QAGTB    :    OUT  STD_LOGIC;
22.           QAEQB    :    OUT  STD_LOGIC;
23.           QALTB    :    OUT  STD_LOGIC);
24.    END COMPONENT;
25.
26.    SIGNAL A0  :    STD_LOGIC;
27.    SIGNAL A1  :    STD_LOGIC;
28.    SIGNAL A2  :    STD_LOGIC;
29.    SIGNAL A3  :    STD_LOGIC;
30.    SIGNAL B0  :    STD_LOGIC;
31.    SIGNAL B1  :    STD_LOGIC;
32.    SIGNAL B2  :    STD_LOGIC;
33.    SIGNAL B3  :    STD_LOGIC;
34.    SIGNAL IAGTB    :    STD_LOGIC;
35.    SIGNAL IAEQB    :    STD_LOGIC;
36.    SIGNAL IALTB    :    STD_LOGIC;
37.    SIGNAL QAGTB    :    STD_LOGIC;
38.    SIGNAL QAEQB    :    STD_LOGIC;
39.    SIGNAL QALTB    :    STD_LOGIC;
40.
41.    signal s_a : std_logic_vector(3 downto 0) := "0000";
42.    signal s_b : std_logic_vector(3 downto 0) := "0000";
43.    signal s_i : std_logic_vector(2 downto 0) := "000";
44.    signal s_o : std_logic_vector(2 downto 0);
45.
46. BEGIN
47.
48.    UUT: MSI7485_top PORT MAP(
49.          A0 => A0,
50.          A1 => A1,
51.          A2 => A2,
52.          A3 => A3,
53.          B0 => B0,
54.          B1 => B1,
55.          B2 => B2,
56.          B3 => B3,
57.          IAGTB => IAGTB,
58.          IAEQB => IAEQB,
59.          IALTB => IALTB,
60.          QAGTB => QAGTB,
61.          QAEQB => QAEQB,
```

```
62.           QALTB => QALTB
63.     );
64.
65.     (A3, A2, A1, A0) <= s_a;
66.     (B3, B2, B1, B0) <= s_b;
67.     (IALTB, IAEQB, IAGTB) <= s_i;
68.     s_o <= (QAGTB, QAEQB, QALTB);
69.
70.  -- *** Test Bench - User Defined Section ***
71.     tb : PROCESS
72.     BEGIN
73.       s_i <= "010";
74.       s_b <= s_b + "0001";
75.       if(s_b = "1111") then
76.         s_a <= s_a + "0001";
77.       end if;
78.
79.       wait for 100 ns;
80.  --   WAIT; -- will wait forever
81.     END PROCESS;
82.  -- *** End Test Bench - User Defined Section ***
83.
84.  END;
```

完善仿真文件后，参考3.3节步骤8进行仿真测试，仿真结果如图8-5所示，参考表8-1所示的MSI7485真值表，验证仿真结果。

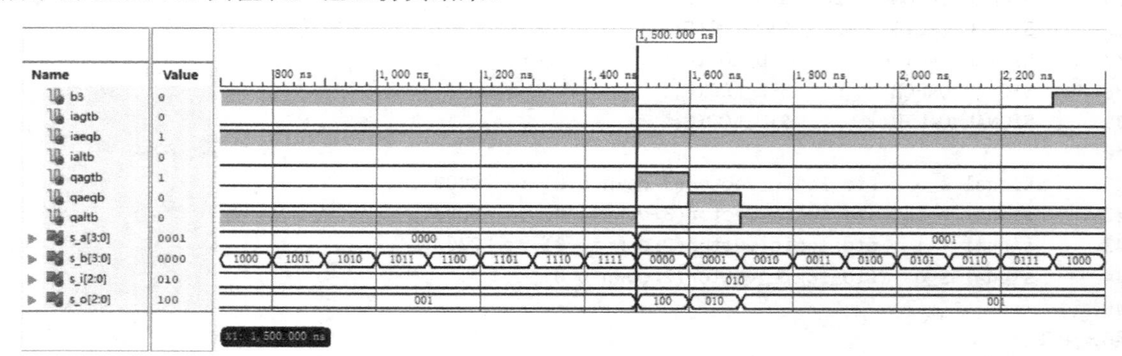

图8-5　仿真结果

步骤4：添加引脚约束文件

参考3.3节步骤9，新建引脚约束文件MSI7485_top.ucf，并将程序清单8-2中的代码添加到MSI7485_top.ucf文件中。

程序清单8-2

```
1.   #拨动开关输入引脚约束
2.   Net A0    LOC = F15 | IOSTANDARD = "LVCMOS33"; #SW0
3.   Net A1    LOC = C15 | IOSTANDARD = "LVCMOS33"; #SW1
4.   Net A2    LOC = C13 | IOSTANDARD = "LVCMOS33"; #SW2
5.   Net A3    LOC = C12 | IOSTANDARD = "LVCMOS33"; #SW3
6.   Net IAGTB LOC = F9  | IOSTANDARD = "LVCMOS33"; #SW4
7.   Net IAEQB LOC = F10 | IOSTANDARD = "LVCMOS33"; #SW5
```

```
8.  Net IALTB LOC = G9  | IOSTANDARD = "LVCMOS33"; #SW6
9.  Net B0    LOC = F11 | IOSTANDARD = "LVCMOS33"; #SW7
10. Net B1    LOC = E11 | IOSTANDARD = "LVCMOS33"; #SW8
11. Net B2    LOC = D12 | IOSTANDARD = "LVCMOS33"; #SW9
12. Net B3    LOC = C14 | IOSTANDARD = "LVCMOS33"; #SW10
13.
14. #LED 输出引脚约束
15. Net QALTB  LOC = G14 | IOSTANDARD = "LVCMOS33"; #LED0
16. Net QAEQB  LOC = F16 | IOSTANDARD = "LVCMOS33"; #LED1
17. Net QAGTB  LOC = H15 | IOSTANDARD = "LVCMOS33"; #LED2
```

引脚约束文件完成后，参考 3.3 节步骤 10，将工程编译生成.bit 文件，并将其下载到 FPGA 高级开发系统上。拨动 SW_0～SW_{10}，检查 LED_0～LED_2 输出是否与真值表一致。

步骤 5：新建 HDL 工程

将“D:\Spartan6DigitalTest\Material”文件夹中的 Exp7.2_MSI7485 文件夹复制到“D:\Spartan6DigitalTest\Product”文件夹中。然后，参考 3.3 节步骤 1，在目录“D:\Spartan6DigitalTest\Product\Exp7.2_MSI7485\project”中新建名为 MSI7485 的 HDL 工程。

新建工程后，参考 5.3 节步骤 1，将“D:\Spartan6DigitalTest\Product\Exp7.2_MSI7485\code”文件夹中的 MSI7485.vhd 文件添加到工程中，文件中的代码模板已经提供。

步骤 6：完善 MSI7485.vhd 文件

将程序清单 8-3 中的代码添加到 MSI7485.vhd 文件中，下面对关键语句进行解释。

（1）第 47 至 49 行代码：定义三个常量 LESS、EQUAL 和 GREATER，并分别赋值为 0、1、2，将三个信号 s_out(0)、s_out(1)和 s_out(2)写为 s_out(LESS)、s_out(EQUAL)和 s_out(GREATER)，以便区分三个信号的功能，避免在编写代码的过程中混淆。

（2）第 57 至 106 行代码：该进程采用了 if...else 语句来实现 MSI7485 的功能。

程序清单 8-3

```
1.  ----------------------------------------------------------------------------
2.  --                                引用库
3.  ----------------------------------------------------------------------------
4.  library ieee;
5.  use ieee.std_logic_1164.all;
6.  use ieee.std_logic_arith.all;
7.  use ieee.std_logic_unsigned.all;
8.
9.  ----------------------------------------------------------------------------
10. --                                实体声明
11. ----------------------------------------------------------------------------
12. entity MSI7485 is
13.   port(
14.     A0   : in  std_logic;
15.     A1   : in  std_logic;
16.     A2   : in  std_logic;
17.     A3   : in  std_logic;
18.     B0   : in  std_logic;
19.     B1   : in  std_logic;
20.     B2   : in  std_logic;
21.     B3   : in  std_logic;
22.
```

```
23.     IALTB : in  std_logic; --A < B,高电平有效
24.     IAEQB : in  std_logic; --A = B,高电平有效
25.     IAGTB : in  std_logic; --A > B,高电平有效
26.
27.     QALTB : out std_logic; --A < B,高电平有效
28.     QAEQB : out std_logic; --A = B,高电平有效
29.     QAGTB : out std_logic  --A > B,高电平有效
30.     );
31. end MSI7485;
32.
33. --------------------------------------------------------------------------------
34. --                                 结构体
35. --------------------------------------------------------------------------------
36. architecture rtl of MSI7485 is
37.
38.   --输入
39.   signal s_a    : std_logic_vector(3 downto 0);
40.   signal s_b    : std_logic_vector(3 downto 0);
41.   signal s_in   : std_logic_vector(2 downto 0);
42.
43.   --输出
44.   signal s_out : std_logic_vector(2 downto 0) := "010";
45.
46.   --常量
47.   constant LESS     : integer := 0; --A < B
48.   constant EQUAL    : integer := 1; --A = B
49.   constant GREATER : integer := 2; --A > B
50. begin
51.
52.   --将输入信号并在一起
53.   s_a  <= (A3, A2, A1, A0);
54.   s_b  <= (B3, B2, B1, B0);
55.   s_in <= (IAGTB, IAEQB, IALTB);
56.
57.   process(s_a, s_b, s_in)
58.   begin
59.     if(s_a(3) = '1' and s_b(3) = '0') then    --A3 > B3
60.       s_out(LESS)    <= '0';
61.       s_out(EQUAL)   <= '0';
62.       s_out(GREATER) <= '1';
63.     elsif(s_a(3) = '0' and s_b(3) = '1') then --A3 < B3
64.       s_out(LESS)    <= '1';
65.       s_out(EQUAL)   <= '0';
66.       s_out(GREATER) <= '0';
67.     elsif(s_a(2) = '1' and s_b(2) = '0') then --A2 > B2
68.       s_out(LESS)    <= '0';
69.       s_out(EQUAL)   <= '0';
70.       s_out(GREATER) <= '1';
71.     elsif(s_a(2) = '0' and s_b(2) = '1') then --A2 < B2
72.       s_out(LESS)    <= '1';
73.       s_out(EQUAL)   <= '0';
74.       s_out(GREATER) <= '0';
```

```
75.       elsif(s_a(1) = '1' and s_b(1) = '0') then --A1 > B1
76.         s_out(LESS)    <= '0';
77.         s_out(EQUAL)   <= '0';
78.         s_out(GREATER) <= '1';
79.       elsif(s_a(1) = '0' and s_b(1) = '1') then --A1 < B1
80.         s_out(LESS)    <= '1';
81.         s_out(EQUAL)   <= '0';
82.         s_out(GREATER) <= '0';
83.       elsif(s_a(0) = '1' and s_b(0) = '0') then --A0 > B0
84.         s_out(LESS)    <= '0';
85.         s_out(EQUAL)   <= '0';
86.         s_out(GREATER) <= '1';
87.       elsif(s_a(0) = '0' and s_b(1) = '1') then --A0 < B0
88.         s_out(LESS)    <= '1';
89.         s_out(EQUAL)   <= '0';
90.         s_out(GREATER) <= '0';
91.       elsif(s_in(EQUAL) = '1') then
92.         s_out(LESS)    <= '0';
93.         s_out(EQUAL)   <= '1';
94.         s_out(GREATER) <= '0';
95.       elsif(s_in(GREATER) = '1' and s_in(LESS) = '1') then
96.         s_out(LESS)    <= '0';
97.         s_out(EQUAL)   <= '0';
98.         s_out(GREATER) <= '0';
99.       elsif(s_in = "000") then
100.        s_out(LESS)    <= '1';
101.        s_out(EQUAL)   <= '0';
102.        s_out(GREATER) <= '1';
103.      else
104.        s_out <= s_in;
105.      end if;
106.    end process;
107.
108.    --输出
109.    QALTB <= s_out(LESS);
110.    QAEQB <= s_out(EQUAL);
111.    QAGTB <= s_out(GREATER);
112.
113. end rtl;
```

完善 MSI7485.vhd 文件后，参考 4.3 节步骤 4 和步骤 5，检查 VHDL 语法是否正确，并通过 Synplify 综合工程。然后新建仿真文件进行仿真，注意，需要删除自动生成的时钟代码，再添加引脚约束文件。最后，参考 3.3 节步骤 10，通过 ISE 集成开发环境生成.bit 文件，将其下载到 FPGA 高级开发系统中，验证功能是否正确。

本 章 任 务

任务 1：使用 ISE 集成开发环境，基于原理图，用 MSI7485 设计一个 8421BCD 有效测试性电路，当输入为有效 8421BCD 码时，输出为 1；否则为 0。编写测试激励文件，对该电路进行仿真；编写引脚约束文件，输入使用拨动开关，输出使用 LED。在 ISE 集成开发环境中生成.bit 文件，并下载到 FPGA 高级开发系统进行板级验证。

任务 2：分析图 8-6 所示组合逻辑电路的功能，已知输入 X3X2X1X0 为 8421BCD 码。使用 ISE 集成开发环境，基于原理图实现该电路，并编写测试激励文件，对其进行仿真，然后，编写引脚约束文件，其中 4 位输入使用拨动开关，4 位输出使用 LED。在 ISE 集成开发环境中生成.bit 文件，并下载到 FPGA 高级开发系统进行板级验证。

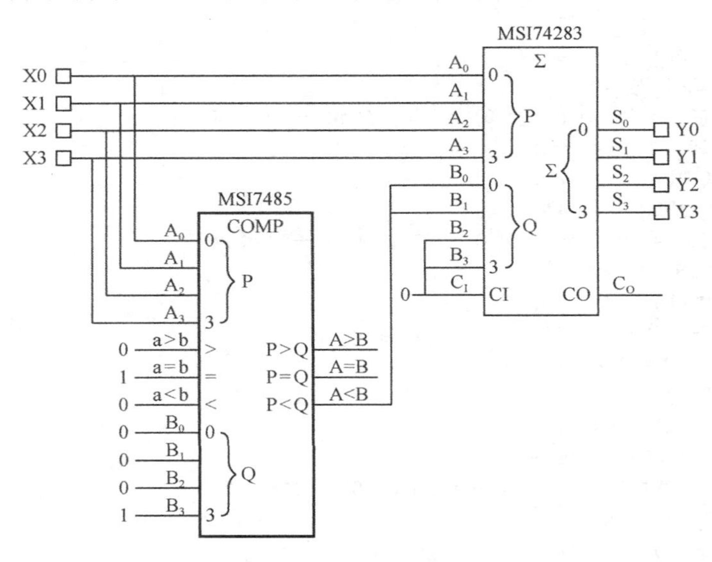

图 8-6　任务 2 电路图

第 9 章　数据选择器设计

在电路系统设计中，常常需要从多路输入中选择其中一路，这种电路称为数据选择器，也称多路选择器。本章先对 MSI74151 模块进行仿真，然后编写引脚约束文件，在 FPGA 高级开发系统上进行板级验证；参考 MSI74151 真值表，使用 VHDL 实现该电路，经过仿真测试后，进行板级验证。

9.1　预备知识

1．数据选择器。

2．MSI74151 八选一数据选择器。

3．数据分配器。

9.2　实验内容

MSI74151 是一个互补输出的八选一数据选择器，它有 3 个数据选择端，8 个数据输入端，2 个互补数据输出端，1 个低电平有效的选通使能端。MSI74151 的逻辑符号如图 9-1 所示；真值表如表 9-1 所示。

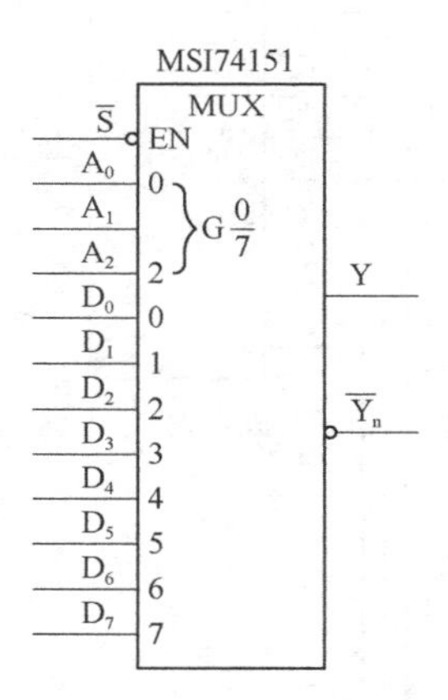

图 9-1 MSI74151 的逻辑符号

表 9-1　MSI74151 的真值表

$\overline{S}$	A_0	A_1	A_2	Y	$\overline{Y}$
1	×	×	×	0	1
0	0	0	0	D_0	$\overline{D}_0$
0	1	0	0	D_1	$\overline{D}_1$
0	0	1	0	D_2	$\overline{D}_2$
0	1	1	0	D_3	$\overline{D}_3$
0	0	0	1	D_4	$\overline{D}_4$
0	1	0	1	D_5	$\overline{D}_5$
0	0	1	1	D_6	$\overline{D}_6$
0	1	1	1	D_7	$\overline{D}_7$

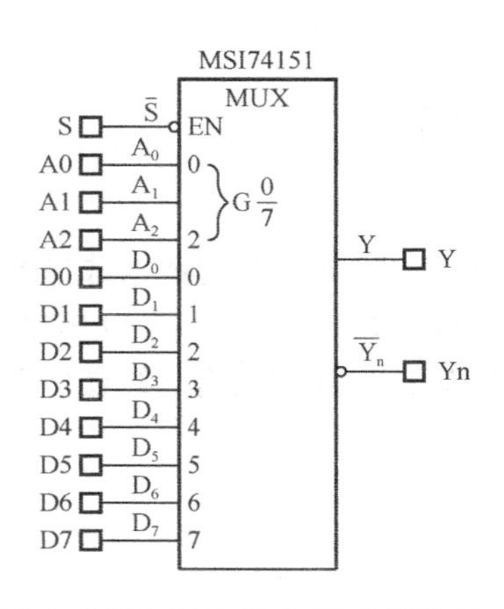

图 9-2　MSI74151 输入/输出信号在 ISE 集成开发环境中的命名

在 ISE 集成开发环境中，将 MSI74151 数据选择器的输入信号命名为 S、A0～A2、D0～D7，将输出信号命名为 Y、Yn，如图 9-2 所示。编写测试激励文件，对 MSI74151 进行仿真。

完成仿真后，编写引脚约束文件，其中信号 S、A0～A2、D0～D7 使用拨动开关 SW_0～SW_{11} 来输入，对应 XC6SLX16 芯片的引脚依次为 F15、C15、C13、C12、F9、F10、G9、F11、E11、D12、C14、F14，输出信号 Y、Yn 由 LED_0、LED_1 表示，对应 XC6SLX16 芯片的引脚依次为 G14、F16，如图 9-3 所示。使用 ISE 集成开发环境生成.bit 文件，并下载到 FPGA 高级开发系统进行板级验证。

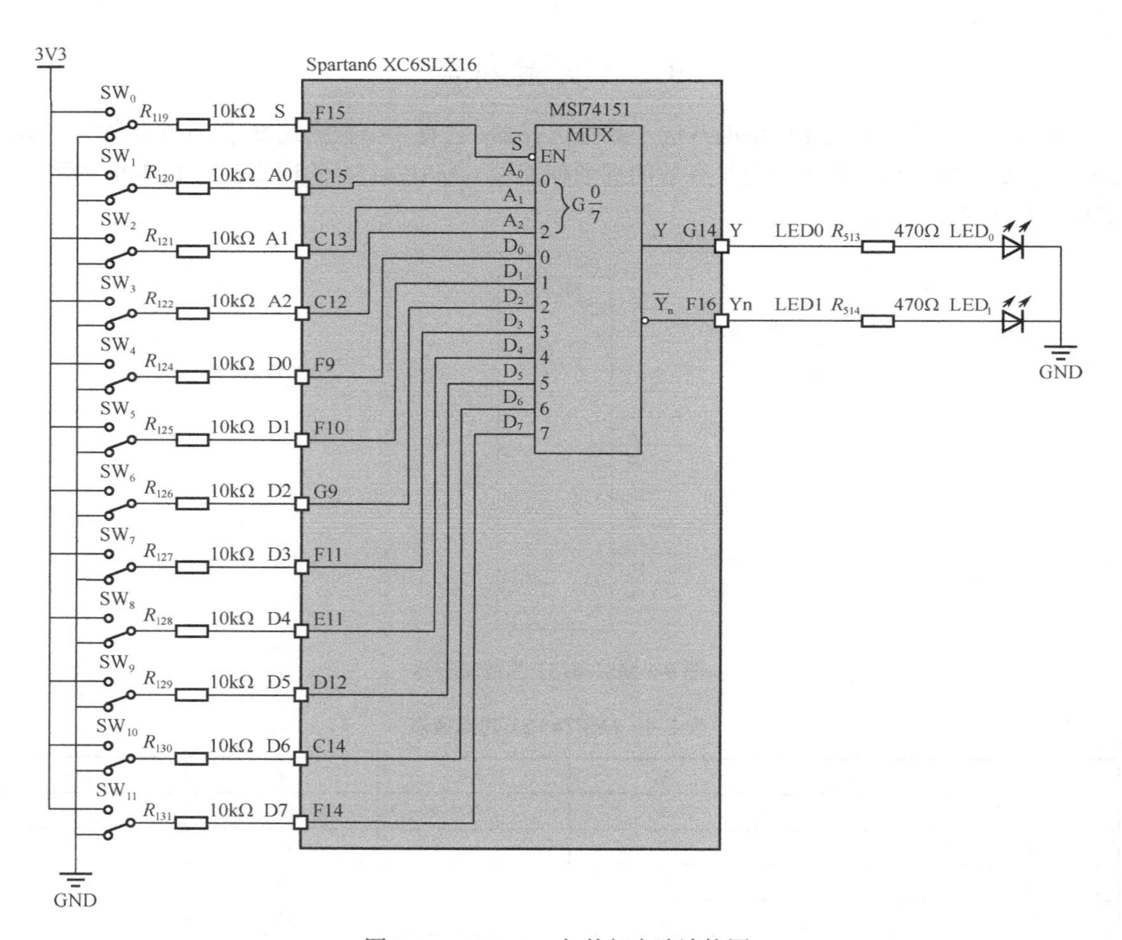

图 9-3　MSI74151 与外部电路连接图

基于原理图的仿真和板级验证完成后，通过 VHDL 实现 MSI74151，使用 ISE 集成开发环境对其进行仿真，然后生成.bit 文件，并下载到 FPGA 高级开发系统进行板级验证。

9.3　实验步骤

步骤 1：新建原理图工程

将“D:\Spartan6DigitalTest\Material”文件夹中的 Exp8.1_MSI74151 文件夹复制到“D:\Spartan6DigitalTest\Product”文件夹中。然后，参考 3.3 节步骤 1，在目录“D:\Spartan6DigitalTest\Product\Exp8.1_MSI74151\project”中新建名为 MSI74151 的原理图工程。

新建工程后，参考 5.3 节步骤 1，添加 MSI74151.sch 和 MSI74151_top.sch 原理图文件到工程中，这两个文件均在“D:\Spartan6DigitalTest\Product\Exp8.1_MSI74151\code”文件夹中。

步骤 2：完善 MSI74151_top.sch 文件

打开 MSI74151_top.sch 文件并添加元器件 MSI74151，参考图 9-4 所示内容，完善 MSI74151_top.sch 文件。

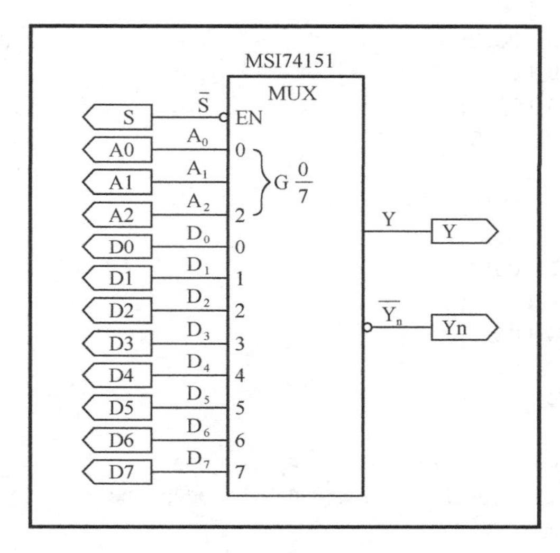

图 9-4　MSI74151_top

步骤 3：添加仿真文件

参考 3.3 节步骤 8，新建仿真文件 MSI74151_top_tb.vhd，选择仿真对象为 MSI74151_top.sch，将程序清单 9-1 中的第 1 至 4 行、第 41 至 43 行、第 65 至 67 行、第 70 至 76 行代码添加进仿真文件 MSI74151_top_tb.vhd 相应的位置。

程序清单 9-1

```
1.   library ieee;
2.   use ieee.std_logic_1164.all;
3.   use ieee.std_logic_arith.all;
4.   use ieee.std_logic_unsigned.all;
5.   ENTITY MSI74151_top_MSI74151_top_sch_tb IS
6.   END MSI74151_top_MSI74151_top_sch_tb;
7.   ARCHITECTURE behavioral OF MSI74151_top_MSI74151_top_sch_tb IS
8.
9.     COMPONENT MSI74151_top
10.      PORT( S   :   IN   STD_LOGIC;
11.        A0  :   IN   STD_LOGIC;
12.        A1  :   IN   STD_LOGIC;
```

```
13.         A2 :    IN   STD_LOGIC;
14.         D0 :    IN   STD_LOGIC;
15.         D1 :    IN   STD_LOGIC;
16.         D2 :    IN   STD_LOGIC;
17.         D3 :    IN   STD_LOGIC;
18.         D4 :    IN   STD_LOGIC;
19.         D5 :    IN   STD_LOGIC;
20.         D6 :    IN   STD_LOGIC;
21.         D7 :    IN   STD_LOGIC;
22.         Yn :    OUT  STD_LOGIC;
23.         Y  :    OUT  STD_LOGIC);
24.     END COMPONENT;
25.
26.     SIGNAL S    :    STD_LOGIC;
27.     SIGNAL A0   :    STD_LOGIC;
28.     SIGNAL A1   :    STD_LOGIC;
29.     SIGNAL A2   :    STD_LOGIC;
30.     SIGNAL D0   :    STD_LOGIC;
31.     SIGNAL D1   :    STD_LOGIC;
32.     SIGNAL D2   :    STD_LOGIC;
33.     SIGNAL D3   :    STD_LOGIC;
34.     SIGNAL D4   :    STD_LOGIC;
35.     SIGNAL D5   :    STD_LOGIC;
36.     SIGNAL D6   :    STD_LOGIC;
37.     SIGNAL D7   :    STD_LOGIC;
38.     SIGNAL Yn   :    STD_LOGIC;
39.     SIGNAL Y    :    STD_LOGIC;
40.
41.     signal s_a : std_logic_vector(2 downto 0) := "000";
42.     signal s_d : std_logic_vector(7 downto 0) := "00000000";
43.     signal s_s : std_logic := '1';
44.
45.  BEGIN
46.
47.     UUT: MSI74151_top PORT MAP(
48.       S => S,
49.       A0 => A0,
50.       A1 => A1,
51.       A2 => A2,
52.       D0 => D0,
53.       D1 => D1,
54.       D2 => D2,
55.       D3 => D3,
56.       D4 => D4,
57.       D5 => D5,
58.       D6 => D6,
59.       D7 => D7,
60.       Yn => Yn,
61.       Y => Y
62.       );
63.
64.  -- *** Test Bench - User Defined Section ***
```

```
65.    (A2, A1, A0) <= s_a;
66.    (D7, D6, D5, D4, D3, D2, D1, D0) <= s_d;
67.    S <= s_s;
68.    tb : PROCESS
69.    BEGIN
70.      s_a <= s_a + "001";
71.      if(s_a = "111") then
72.        s_d <= s_d + "00000001";
73.        s_s <= not s_s;
74.      end if;
75.      wait for 100 ns;
76.  --       WAIT; -- will wait forever
77.    END PROCESS;
78.  -- *** End Test Bench - User Defined Section ***
79.
80.  END;
```

完善仿真文件后，参考 3.3 节步骤 8 进行仿真测试，仿真结果如图 9-5 所示，参考表 9-1 所示的 MSI74151 真值表，验证仿真结果。

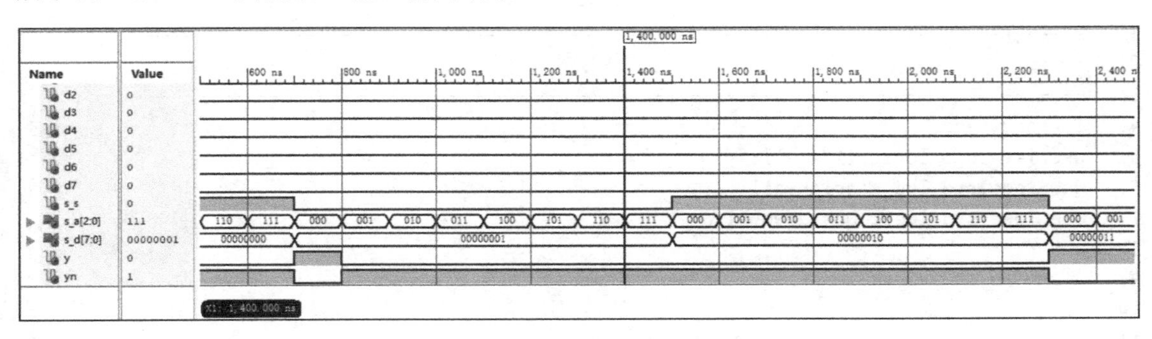

图 9-5　仿真结果

步骤 4：添加引脚约束文件

参考 3.3 节步骤 9，新建引脚约束文件 MSI74151_top.ucf，并将程序清单 9-2 中的代码添加到 MSI74151_top.ucf 文件中。

程序清单 9-2

```
1.   #拨动开关输入引脚约束
2.   Net S  LOC = F15 | IOSTANDARD = "LVCMOS33"; #SW0
3.   Net A0 LOC = C15 | IOSTANDARD = "LVCMOS33"; #SW1
4.   Net A1 LOC = C13 | IOSTANDARD = "LVCMOS33"; #SW2
5.   Net A2 LOC = C12 | IOSTANDARD = "LVCMOS33"; #SW3
6.   Net D0 LOC = F9  | IOSTANDARD = "LVCMOS33"; #SW4
7.   Net D1 LOC = F10 | IOSTANDARD = "LVCMOS33"; #SW5
8.   Net D2 LOC = G9  | IOSTANDARD = "LVCMOS33"; #SW6
9.   Net D3 LOC = F11 | IOSTANDARD = "LVCMOS33"; #SW7
10.  Net D4 LOC = E11 | IOSTANDARD = "LVCMOS33"; #SW8
11.  Net D5 LOC = D12 | IOSTANDARD = "LVCMOS33"; #SW9
12.  Net D6 LOC = C14 | IOSTANDARD = "LVCMOS33"; #SW10
13.  Net D7 LOC = F14 | IOSTANDARD = "LVCMOS33"; #SW11
14.
15.  #LED 输出引脚约束
```

```
16. Net Y   LOC = G14 | IOSTANDARD = "LVCMOS33"; #LED0
17. Net Yn  LOC = F16 | IOSTANDARD = "LVCMOS33"; #LED1
```

引脚约束文件添加完成后，参考 3.3 节步骤 10，将工程编译生成.bit 文件，将其下载到 FPGA 高级开发系统上。拨动 SW_0～SW_{11}，检查 LED_0、LED_1 输出是否与真值表一致。

步骤 5：新建 HDL 工程

将“D:\Spartan6DigitalTest\Material”文件夹中的 Exp8.2_MSI74151 文件夹复制到“D:\Spartan6 DigitalTest\Product”文件夹中。然后，参考 3.3 节步骤 1，在目录“D:\Spartan6DigitalTest\Product\Exp8.2_MSI74151\project”中新建名为 MSI74151 的 HDL 工程。

新建工程后，参考 5.3 节步骤 1，将“D:\Spartan6DigitalTest\Product\Exp8.2_MSI74151\code”文件夹中的 MSI74151.vhd 文件添加到工程中，文件中的代码模板已经给出。

步骤 6：完善 MSI74151.vhd 文件

将程序清单 9-3 中的代码添加到 MSI74151.vhd 文件中。其中，第 71 至 74 行代码在进程中采用了 case 语句来实现 MSI74151 的功能，当 s_selete 为 000 时，s_y 值为 s_in(0)，s_w 值为 s_in(0)取反，其余情况以此类推。

程序清单 9-3

```
1.  ---------------------------------------------------------------------------------
2.  --                                    引用库
3.  ---------------------------------------------------------------------------------
4.  library ieee;
5.  use ieee.std_logic_1164.all;
6.  use ieee.std_logic_arith.all;
7.  use ieee.std_logic_unsigned.all;
8.
9.  ---------------------------------------------------------------------------------
10. --                                    实体声明
11. ---------------------------------------------------------------------------------
12. entity MSI74151 is
13.   port(
14.     D0 : in  std_logic;
15.     D1 : in  std_logic;
16.     D2 : in  std_logic;
17.     D3 : in  std_logic;
18.     D4 : in  std_logic;
19.     D5 : in  std_logic;
20.     D6 : in  std_logic;
21.     D7 : in  std_logic;
22.
23.     A0 : in  std_logic;
24.     A1 : in  std_logic;
25.     A2 : in  std_logic;
26.     S  : in  std_logic; --低电平有效
27.
28.     Y  : out std_logic; --正相输出
29.     Yn : out std_logic  --反相输出
30.
31.     );
32. end MSI74151;
```

```
33.
34. ------------------------------------------------------------------------------
35. --                                   结构体
36. ------------------------------------------------------------------------------
37. architecture rtl of MSI74151 is
38.
39.   --输入
40.   signal s_in     : std_logic_vector(7 downto 0);
41.   signal s_selete : std_logic_vector(2 downto 0);
42.   signal s_s      : std_logic;
43.
44.   --输出
45.   signal s_y : std_logic := '0';
46.   signal s_w : std_logic := '1';
47.
48. begin
49.
50.   --将输入信号并在一起
51.   s_in     <= (D7, D6, D5, D4, D3, D2, D1, D0);
52.   s_selete <= (A2, A1, A0);
53.   s_s      <= S;
54.
55.   --信号处理
56.   process(s_in, s_selete, s_s)
57.   begin
58.     if (s_s = '1') then
59.       s_y <= '0';
60.       s_w <= '1';
61.     else
62.       case s_selete is
63.         when "000"  => s_y <= s_in(0); s_w <= not s_in(0);
64.         when "001"  => s_y <= s_in(1); s_w <= not s_in(1);
65.         when "010"  => s_y <= s_in(2); s_w <= not s_in(2);
66.         when "011"  => s_y <= s_in(3); s_w <= not s_in(3);
67.         when "100"  => s_y <= s_in(4); s_w <= not s_in(4);
68.         when "101"  => s_y <= s_in(5); s_w <= not s_in(5);
69.         when "110"  => s_y <= s_in(6); s_w <= not s_in(6);
70.         when "111"  => s_y <= s_in(7); s_w <= not s_in(7);
71.         when others => null;
72.       end case;
73.     end if;
74.   end process;
75.
76.   --输出
77.   Y  <= s_y;
78.   Yn <= s_w;
79.
80. end rtl;
```

完善 MSI74151.vhd 文件后，参考 4.3 节步骤 4 和步骤 5，检查 VHDL 语法是否正确，并通过 Synplify 综合工程。然后新建仿真文件进行仿真，注意，需要删除自动生成的时钟代码，再添加引脚约束文件。最后，参考 3.3 节步骤 10，通过 ISE 集成开发环境生成.bit 文件，将其下载到 FPGA 高级开发系统中，并参考 MSI74151 真值表，验证功能是否正确。

本 章 任 务

任务 1：使用 ISE 集成开发环境，基于原理图，用 MSI74151 和必要的门电路设计一个组合逻辑电路，该电路有 3 个输入逻辑变量 A、B、C 和 1 个工作状态控制变量 S。当 S = 0 时电路实现“意见一致”功能，即 A、B、C 状态一致时输出为 1；否则输出为 0。当 S = 1 时电路实现“多数表决”功能，即输出与 A、B、C 中多数的状态一致。编写测试激励文件，对该电路进行仿真；编写引脚约束文件，其中输入使用拨动开关，输出使用 LED。在 ISE 集成开发环境中生成.bit 文件，并下载到 FPGA 高级开发系统进行板级验证。

任务 2：查阅 MSI74153 数据手册，使用 ISE 集成开发环境，根据 MSI74151 真值表，使用 VHDL 实现 MSI74153。编写测试激励文件，对该电路进行仿真；编写引脚约束文件，其中输入使用拨动开关，输出使用 LED。在 ISE 集成开发环境中生成.bit 文件，并下载到 FPGA 高级开发系统进行板级验证。

任务 3：与数据选择器正好相反，数据分配器的逻辑功能是将一个输入信号根据选择信号的不同取值，传送至多个输出数据通道中的某一个，数据分配器又称为多路分配器。一个数据分配器有 1 个数据输入端、n 个选择输入端、2^n 个数据输出端。例如，1 路-4 路数据分配器有 1 个数据输入端（D）、2 个选择输入端（A_1 和 A_0）、4 个数据输出端（D_3～D_0）。由数据分配器的逻辑表达式可以看出以下特点：选择输入端的各个不同最小项作为因子会出现在各个输出的表达式中，这与译码器电路的输出为地址输入的各个不同的最小项（或其反）这一特点相同。这样，就可以利用译码器来实现数据分配器的功能，尝试使用 ISE 集成开发环境，基于原理图，用 MSI74138 实现 1 路-8 路数据分配器。编写测试激励文件，对该数据分配器进行仿真；编写引脚约束文件，其中输入使用拨动开关，输出使用 LED。在 ISE 集成开发环境中生成.bit 文件，并下载到 FPGA 高级开发系统进行板级验证。提示：将 MSI74138 的 $\overline{S}_2$ 作为数据输入端。

第10章　触发器设计

数字逻辑电路分为组合逻辑电路和时序逻辑电路，第3～9章介绍的均为组合逻辑电路，第10～14章介绍的均为时序逻辑电路。时序逻辑电路的特点是：任何时刻的输出不仅取决于当时的输入信号，还与电路的历史状态有关。因此，时序逻辑电路必须是具有记忆功能的器件，通常指触发器。按照逻辑功能的不同，可以将触发器分为RS触发器、D触发器、JK触发器和T触发器等几种类型。本章依次对RS触发器、D触发器、JK触发器和T触发器模块进行仿真，然后编写引脚约束文件，最后在FPGA高级开发系统上进行板级验证。

10.1　预备知识

1．RS触发器。
2．D触发器。
3．JK触发器。
4．T触发器。

10.2　实验内容

10.2.1　RS触发器

RS触发器的逻辑符号如图10-1所示。

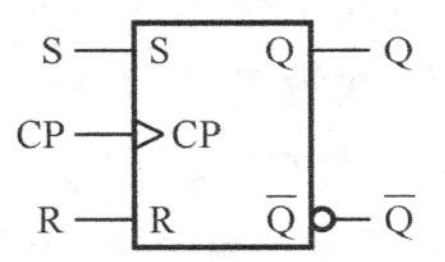

图10-1　RS触发器的逻辑符号

RS触发器的特性表如表10-1所示；驱动表如表10-2所示；状态转换图如图10-2所示。

表10-1　RS触发器的特性表

R	S	Q^n	Q^{n+1}	逻辑功能
0	0	0	0	保持
0	0	1	1	
0	1	0	1	置1
0	1	1	1	
1	0	0	0	置0
1	0	1	0	
1	1	0	×	约束
1	1	1	×	

表 10-2　RS 触发器的驱动表

Q^n	Q^{n+1}	R	S
0	0	×	0
0	1	0	1
1	0	1	0
1	1	0	×

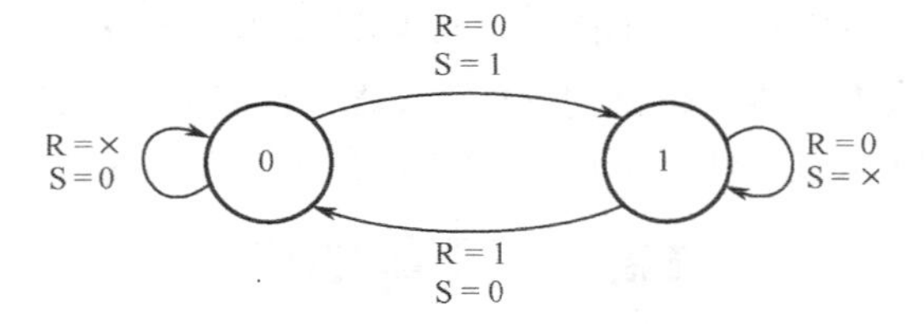

图 10-2　RS 触发器的状态转换图

在 ISE 集成开发环境中，将 RS 触发器的输入信号命名为 S、CP、R，将输出信号命名为 Q、Qn，如图 10-3 所示。编写测试激励文件，对 RS 触发器进行仿真。

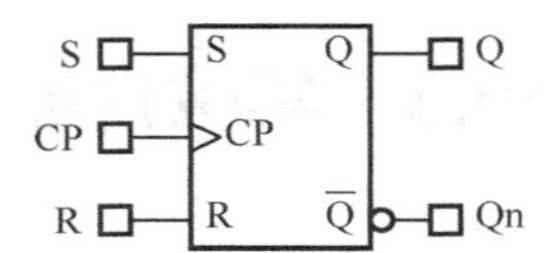

图 10-3　RS 触发器输入/输出信号在 ISE 集成开发环境中的命名

完成仿真后，编写引脚约束文件，其中信号 R、S、CP 使用拨动开关 SW_0、SW_1、SW_{15} 来输入，对应 XC6SLX16 芯片的引脚依次为 F15、C15、D11，输出信号 Q、Qn 由 LED_0、LED_1 表示，对应 XC6SLX16 芯片的引脚依次为 G14、F16，如图 10-4 所示。使用 ISE 集成开发环境生成.bit 文件，并下载到 FPGA 高级开发系统进行板级验证。

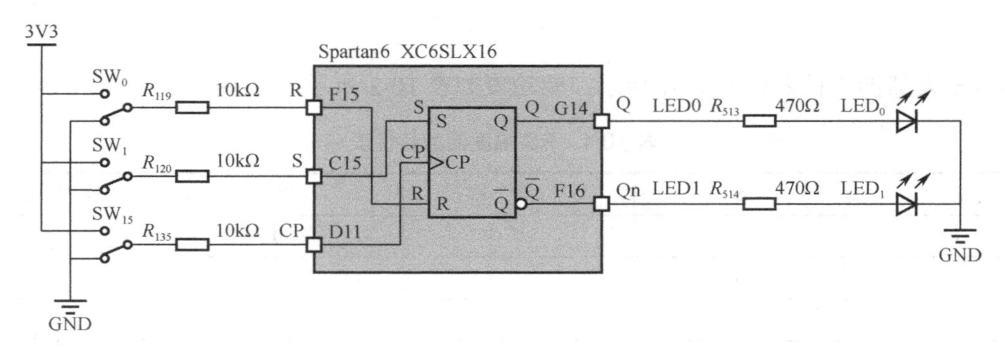

图 10-4　RS 触发器与外部电路连接图

10.2.2　D 触发器

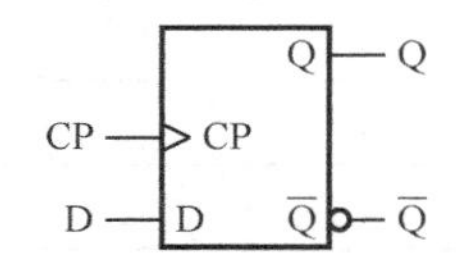

图 10-5　D 触发器的逻辑符号

D 触发器的逻辑符号如图 10-5 所示。

D 触发器的特性表如表 10-3 所示；驱动表如表 10-4 所示；状态转换图如图 10-6 所示。

表 10-3　D 触发器的特性表

D	Q^n	Q^{n+1}	逻 辑 功 能
0	0	0	置 0
0	1	0	
1	0	1	置 1
1	1	1	

表 10-4　D 触发器的驱动表

Q^n	Q^{n+1}	D
0	0	0
0	1	1
1	0	0
1	1	1

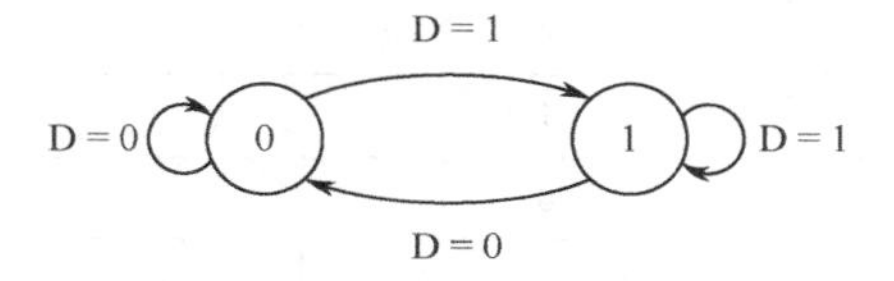

图 10-6　D 触发器的状态转换图

在 ISE 集成开发环境中，将 D 触发器的输入信号命名为 CP、D，将输出信号命名为 Q、Qn，如图 10-7 所示。编写测试激励文件，对 D 触发器进行仿真。

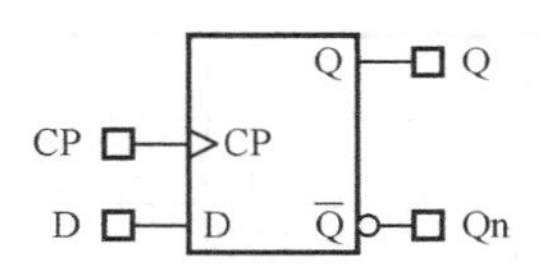

图 10-7　D 触发器输入/输出信号在 ISE 集成开发环境中的命名

完成仿真后，编写引脚约束文件，其中信号 D、CP 使用拨动开关 SW_0、SW_{15} 来输入，对应 XC6SLX16 芯片的引脚依次为 F15、D11，输出信号 Q、Qn 由 LED_0、LED_1 表示，对应 XC6SLX16 芯片的引脚依次为 G14、F16，如图 10-8 所示。使用 ISE 集成开发环境生成.bit 文件，并下载到 FPGA 高级开发系统进行板级验证。

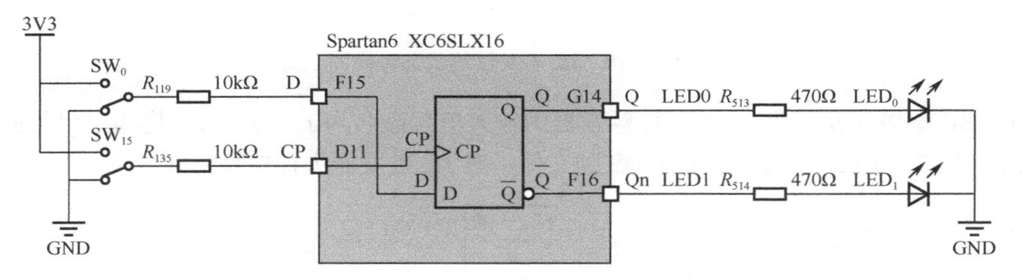

图 10-8　D 触发器与外部电路连接图

10.2.3 JK 触发器

JK 触发器的逻辑符号如图 10-9 所示。

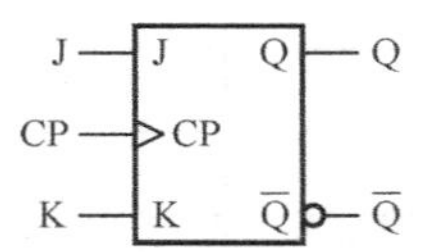

图 10-9　JK 触发器的逻辑符号

JK 触发器的特性表如表 10-5 所示；驱动表如表 10-6 所示；状态转换图如图 10-10 所示。

表 10-5　JK 触发器的特性表

J	K	Q^n	Q^{n+1}	逻辑功能
0	0	0	0	保持
0	0	1	1	
0	1	0	0	置 0
0	1	1	0	
1	0	0	1	置 1
1	0	1	1	
1	1	0	1	翻转
1	1	1	0	

表 10-6　JK 触发器的驱动表

Q^n	Q^{n+1}	J	K
0	0	0	×
0	1	1	×
1	0	×	1
1	1	×	0

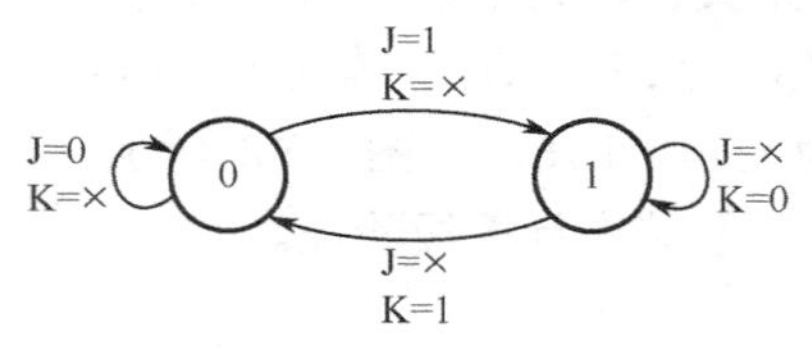

图 10-10　JK 触发器的状态转换图

在 ISE 集成开发环境中，将 JK 触发器的输入信号命名为 J、CP、K，将输出信号命名为 Q、Qn，如图 10-11 所示。编写测试激励文件，对 JK 触发器进行仿真。

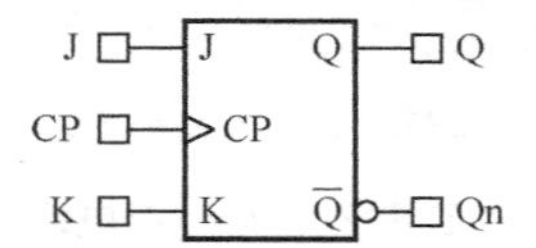

图 10-11　JK 触发器输入/输出信号在 ISE 集成开发环境中的命名

完成仿真后，编写引脚约束文件，其中信号 J、K、CP 使用拨动开关 SW_0、SW_1、SW_{15} 来输入，对应 XC6SLX16 芯片的引脚依次为 F15、C15、D11，输出信号 Q、Qn 由 LED_0、LED_1 表示，对应 XC6SLX16 芯片的引脚依次为 G14、F16，如图 10-12 所示。使用 ISE 集成开发环境生成.bit 文件，并下载到 FPGA 高级开发系统进行板级验证。

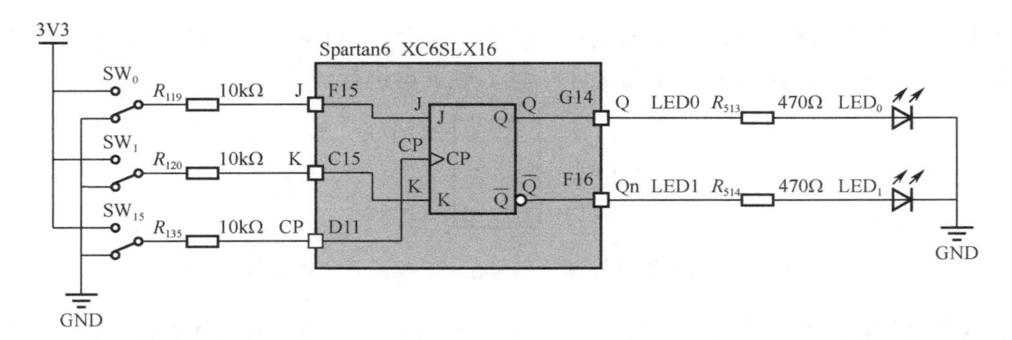

图 10-12 JK 触发器与外部电路连接图

10.2.4 T 触发器

T 触发器的逻辑符号如图 10-13 所示。

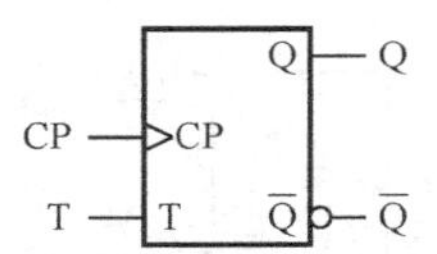

图 10-13 T 触发器的逻辑符号

T 触发器的特性表如表 10-7 所示；驱动表如表 10-8 所示；状态转换图如图 10-14 所示。

表 10-7 T 触发器的特性表

T	Q^n	Q^{n+1}	逻 辑 功 能
0	0	0	保持
0	1	1	
1	0	1	翻转
1	1	0	

表 10-8 T 触发器的驱动表

Q^n	Q^{n+1}	T
0	0	0
0	1	1
1	0	1
1	1	0

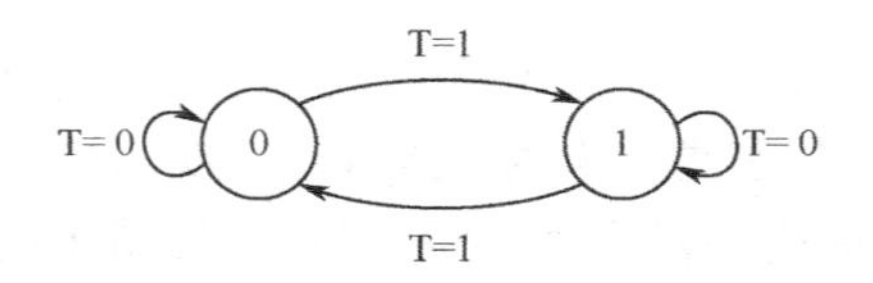

图 10-14　T 触发器的状态转换图

在 ISE 集成开发环境中，将 T 触发器的输入信号命名为 CP、T，将输出信号命名为 Q、Qn，如图 10-15 所示。编写测试激励文件，对 T 触发器进行仿真。

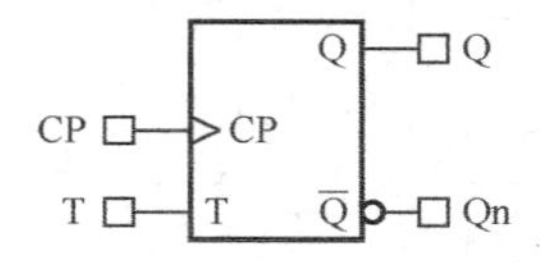

图 10-15　T 触发器输入/输出信号在 ISE 集成开发环境中的命名

完成仿真后，编写引脚约束文件，其中信号 T、CP 使用拨动开关 SW_0、SW_{15} 来输入，对应 XC6SLX16 芯片的引脚依次为 F15、D11，输出信号 Q、Qn 由 LED_0、LED_1 表示，对应 XC6SLX16 芯片的引脚依次为 G14、F16，如图 10-16 所示。使用 ISE 集成开发环境生成.bit 文件，并下载到 FPGA 高级开发系统进行板级验证。

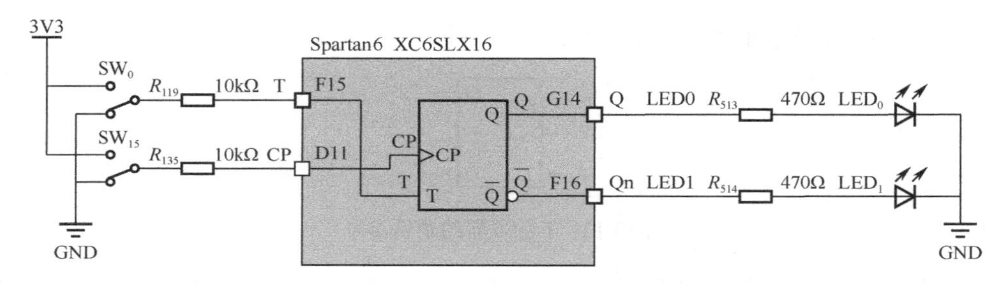

图 10-16　T 触发器与外部电路连接图

10.3　实验步骤

步骤 1：新建 RSTrigger 原理图工程

将“D:\Spartan6DigitalTest\Material”文件夹中的 Exp9.1_RSTrigger 文件夹复制到“D:\Spartan6DigitalTest\Product”文件夹中。然后，参考 3.3 节步骤 1，在目录“D:\Spartan6DigitalTest\Product\Exp9.1_RSTrigger\project”中新建名为 RSTrigger 的原理图工程。

新建工程后，参考 5.3 节步骤 1，添加 RSTrigger.vhd 和 RSTrigger_top.sch 文件到工程中，这两个文件均在“D:\Spartan6DigitalTest\Product\Exp9.1_RSTrigger\code”文件夹中。

步骤 2：完善 RSTrigger.vhd 文件

打开 RSTrigger.vhd 文件，参考程序清单 10-1，完善 RSTrigger.vhd 文件。其中，第 42 至 47 行代码使用了 falling_edge(s_clk)语句来检测 s_clk 的下降沿，当 s_clk 处于下降沿时，if 语句便会生效，实现 s_q 值的改变。另外，与 falling_edge 类似，rising_edge(clk)是上升沿检测语句。

程序清单 10-1

```
1.  ----------------------------------------------------------------------------------
2.  --                                          引用库
3.  ----------------------------------------------------------------------------------
4.  library ieee;
5.  use ieee.std_logic_1164.all;
6.  use ieee.std_logic_arith.all;
7.  use ieee.std_logic_unsigned.all;
8.
9.  ----------------------------------------------------------------------------------
10. --                                          实体声明
11. ----------------------------------------------------------------------------------
12. entity RSTrigger is
13.   port(
14.     CP : in  std_logic; --时钟信号，下降沿有效
15.     R  : in  std_logic; --R
16.     S  : in  std_logic; --S
17.     Q  : out std_logic; --Q
18.     Qn : out std_logic  --Qn
19.     );
20. end RSTrigger;
21.
22. ----------------------------------------------------------------------------------
23. --                                          结构体
24. ----------------------------------------------------------------------------------
25. architecture rtl of RSTrigger is
26.
27.   --输入
28.   signal s_clk : std_logic;
29.   signal s_r   : std_logic;
30.   signal s_s   : std_logic;
31.
32.   --输出
33.   signal s_q   : std_logic := '0';
34. begin
35.
36.   --输入信号
37.   s_clk <= CP;
38.   s_r   <= R;
39.   s_s   <= S;
40.
41.   --信号处理
42.   process(s_clk)
43.   begin
44.     if(falling_edge(s_clk)) then
45.       s_q <= s_s or (not s_r and s_q);
46.     end if;
47.   end process;
48.
49.   --输出信号
50.   Q  <= s_q;
51.   Qn <= not s_q;
```

```
52.
53.  end rtl;
```

步骤 3：生成元器件

完善 RSTrigger.vhd 文件后，就可以生成 RS 触发器元器件了，虽然 ISE 自带 RS 触发器，但还是有必要了解如何制作元器件。通过 HDL 文件或原理图文件均可生成元器件，下面通过 HDL 文件来生成元器件。

选择 Implementation 标签，单击 RSTrigger.vhd 文件，右键单击 Create Schematic Symbol，在快捷菜单中选择 Rerun All 即可生成元器件，同时 Console 窗口提示生成元器件成功，如图 10-17 所示。

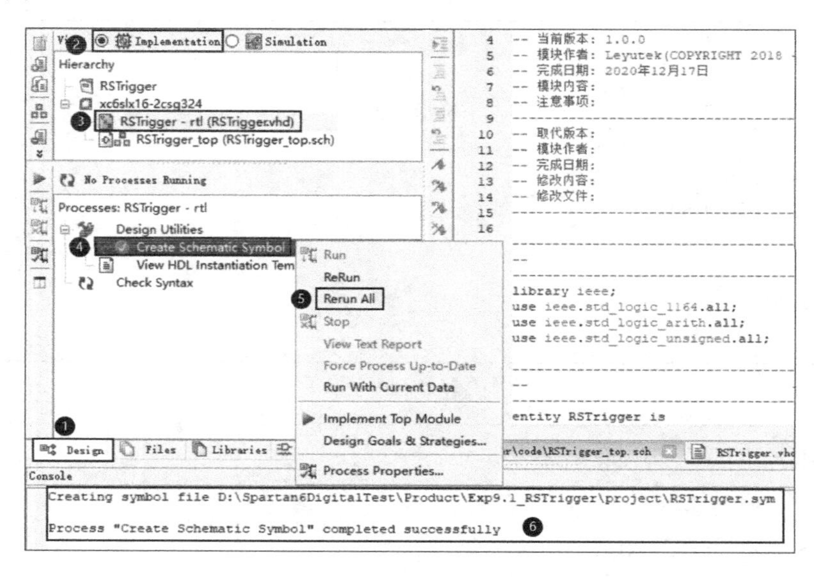

图 10-17　生成元器件

此时，在如图 10-18 所示的工程目录下可以找到 RSTrigger.sym 文件，即生成的 RSTrigger 元器件。

文件　主页　共享　查看

« Spartan6DigitalTest › Product › Exp9.1_RSTrigger › project

名称	修改日期	类型	大小
RSTrigger.prj	2021/2/19 20:18	PRJ 文件	1 KB
RSTrigger.spl	2021/2/19 20:18	Shockwave Flash O...	1 KB
RSTrigger.stx	2021/2/19 20:18	STX 文件	2 KB
RSTrigger.sym	2020/12/23 11:38	SYM 文件	2 KB
RSTrigger.xise	2021/2/25 9:51	Xilinx ISE Project	6 KB
RSTrigger.xst	2021/2/19 20:18	XST 文件	2 KB
RSTrigger_summary.html	2021/2/25 9:51	Microsoft Edge HT...	5 KB
RSTrigger_top.jhd	2021/2/25 9:55	JHD 文件	1 KB

34 个项目　选中 1 个项目 1.69 KB

图 10-18　RSTrigger.sym

双击打开 RSTrigger_top.sch 文件，并添加新生成的 RSTrigger 元器件，如图 10-19 所示。此时的 RSTrigger 元器件是 ISE 根据 RSTrigger.vhd 文件自动生成的，输入端口在左侧，输出端口在右侧。

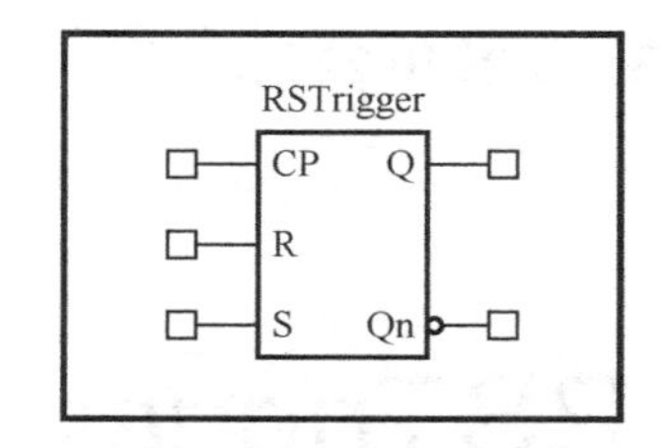

图 10-19　添加 RSTrigger 元器件

自动生成的元器件虽然可以正常使用，但此时元器件还过于简单，缺少一些关键信息，例如，未标识边沿时钟信号方向（上升沿或下降沿），输出端未标示正反向等，不方便使用。因此，接下来介绍如何为元器件添加丝印信息。

右键单击 RSTrigger 元器件，在快捷菜单中选择 Symbol→Edit Symbol，即可对元器件进行编辑，如图 10-20 所示。

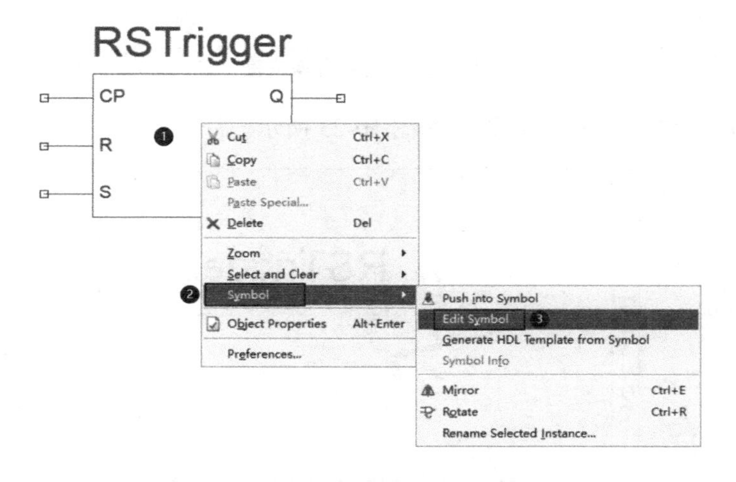

图 10-20　编辑元器件

元器件编辑环境与原理图编辑环境相似，左侧为工具栏。如图 10-21 所示，以 RSTrigger 的 CP 引脚为例说明，由元器件引出的小正方形表示一个引脚，具有电气属性，与元器件内部的引脚名 CP 一一对应。

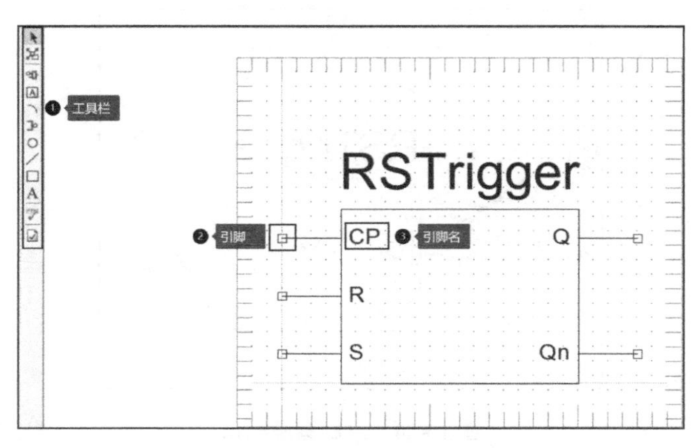

图 10-21　元器件编辑环境

将引脚位置调整为常见的顺序，如图 10-22 所示。

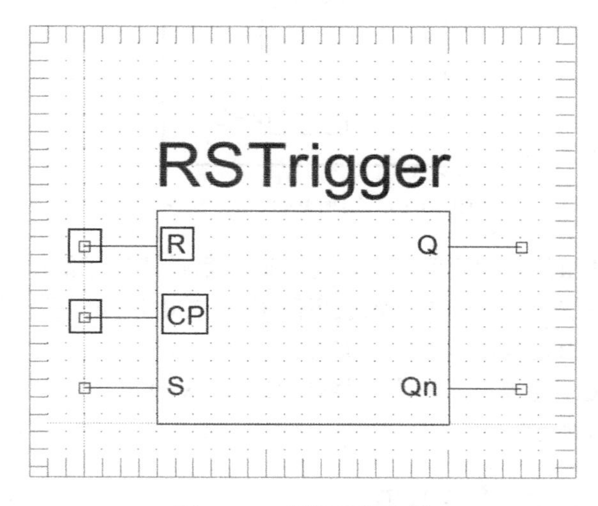

图 10-22　调整引脚位置

单击╱按钮，绘制时钟信号标识，如图 10-23 所示。

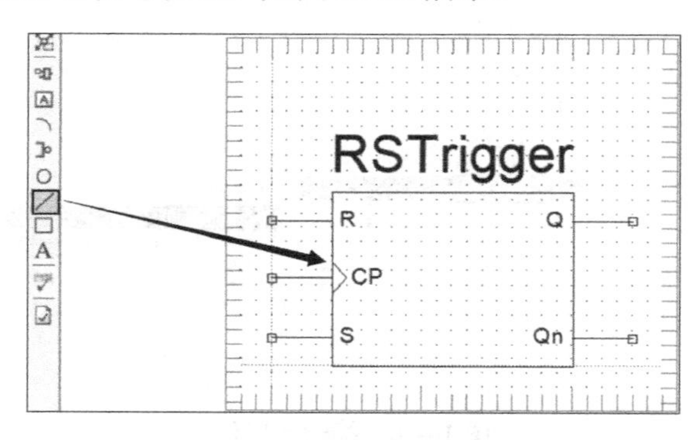

图 10-23　绘制时钟信号标识

下面给时钟信号引脚 CP 和反向输出引脚 Qn 添加一个小圆圈标识。单击 按钮，绘制一个大小合适的圆圈，添加完成后效果如图 10-24 所示。

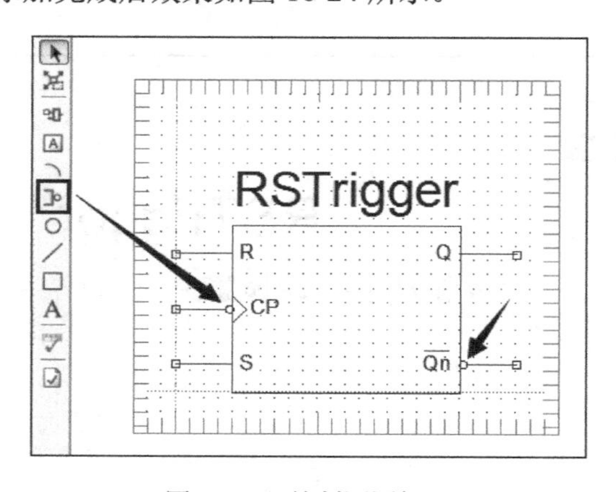

图 10-24　绘制圆圈标识

最后单击 ／ 按钮，在 Qn 丝印上方绘制一条横线，标识该输出端为反向输出。至此，元器件编辑完毕，效果如图 10-25 所示。可以看出，该 RS 触发器带一个反向输出端，时钟下降沿触发。

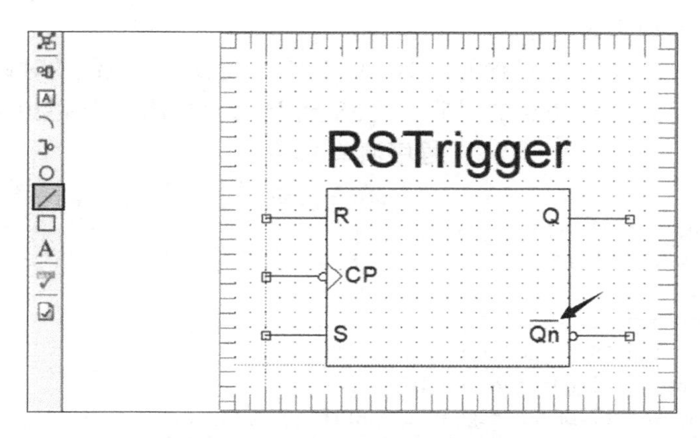

图 10-25　绘制反向输出端横线

编辑完成后，按 Ctrl+S 键保存 RSTrigger.sym 文件。然后打开 RSTrigger_top.sch 文件，单击原理图的任意处，将弹出如图 10-26 所示的窗口，用于更新原理图中的元器件，选中 RSTrigger，单击 Update 按钮，再单击 OK 按钮完成元器件更新。

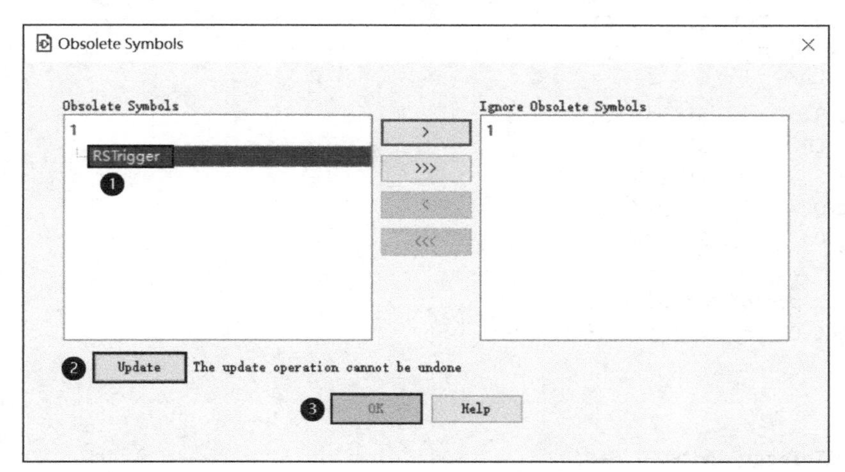

图 10-26　更新元器件

步骤 4：完善 RSTrigger_top.sch 文件

参考图 10-27，完善 RSTrigger_top.sch 文件。

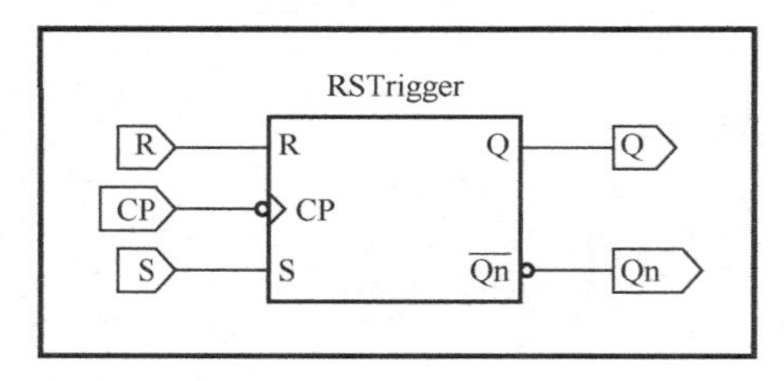

图 10-27　RSTrigger_top

步骤 5：添加 RSTrigger_top_tb.vhd 仿真文件

参考 3.3 节步骤 8，新建仿真文件 RSTrigger_top_tb.vhd，选择仿真对象为 RSTrigger_top.sch，将程序清单 10-2 中的第 24 至 25 行、第 37 至 44 行、第 49 至 64 行代码添加到仿真文件 RSTrigger_top_tb.vhd 相应的位置。

其中，第 25 行代码为仿真时钟的周期，而 FPGA 高级开发系统的时钟频率为 50MHz，周期为 20ns，故仿真也采用 20ns 的周期，第 38 至 44 行代码用于产生 20ns 周期的时钟。

程序清单 10-2

```
1.   LIBRARY ieee;
2.   USE ieee.std_logic_1164.ALL;
3.   USE ieee.numeric_std.ALL;
4.   LIBRARY UNISIM;
5.   USE UNISIM.Vcomponents.ALL;
6.   ENTITY RSTrigger_top_RSTrigger_top_sch_tb IS
7.   END RSTrigger_top_RSTrigger_top_sch_tb;
8.   ARCHITECTURE behavioral OF RSTrigger_top_RSTrigger_top_sch_tb IS
9.
10.    COMPONENT RSTrigger_top
11.      PORT( R    :    IN   STD_LOGIC;
12.        CP  :    IN   STD_LOGIC;
13.        S   :    IN   STD_LOGIC;
14.        Q   :    OUT  STD_LOGIC;
15.        Qn  :    OUT  STD_LOGIC);
16.    END COMPONENT;
17.
18.    SIGNAL R    :    STD_LOGIC;
19.    SIGNAL CP   :    STD_LOGIC;
20.    SIGNAL S    :    STD_LOGIC;
21.    SIGNAL Q    :    STD_LOGIC;
22.    SIGNAL Qn   :    STD_LOGIC;
23.
24.    -- Clock period definitions
25.    constant CP_period : time := 20 ns;
26.
27.  BEGIN
28.
29.    UUT: RSTrigger_top PORT MAP(
30.      R => R,
31.      CP => CP,
32.      S => S,
33.      Q => Q,
34.      Qn => Qn
35.      );
36.
37.    -- Clock process definitions
38.    CP_process :process
39.    begin
40.      CP <= '0';
41.      wait for CP_period/2;
42.      CP <= '1';
43.      wait for CP_period/2;
```

```
44.    end process;
45.
46.  -- *** Test Bench - User Defined Section ***
47.    tb : PROCESS
48.    BEGIN
49.      R <= '0';
50.      S <= '0';
51.      wait for 200 ns;
52.
53.      R <= '0';
54.      S <= '1';
55.      wait for 200 ns;
56.
57.      R <= '1';
58.      S <= '0';
59.      wait for 200 ns;
60.
61.      R <= '1';
62.      S <= '1';
63.      wait for 200 ns;
64.  --       WAIT; -- will wait forever
65.    END PROCESS;
66.  -- *** End Test Bench - User Defined Section ***
67.
68.  END;
```

完善仿真文件后，参考 3.3 节步骤 8 进行仿真测试，仿真结果如图 10-28 所示，参考表 10-1 和图 10-2 所示的 RS 触发器特性表及状态转换图，验证仿真结果。

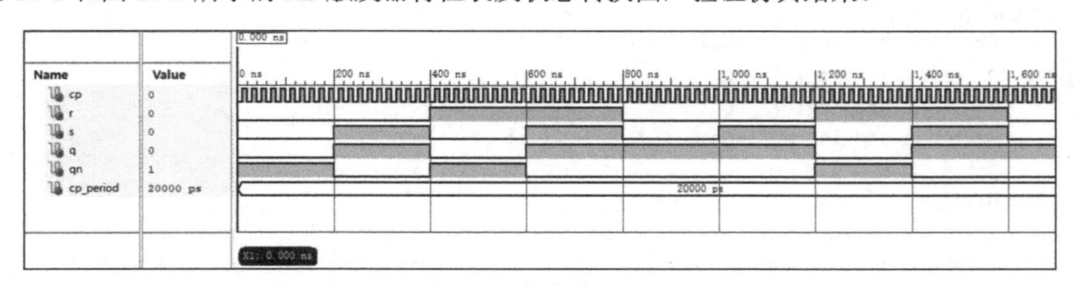

图 10-28　RSTrigger_top_tb 仿真结果

步骤 6：添加 RSTrigger_top.ucf 引脚约束文件

参考 3.3 节步骤 9，新建引脚约束文件 RSTrigger_top.ucf，并将程序清单 10-3 中的代码添加到 RSTrigger_top.ucf 文件中。

程序清单 10-3

```
1.   #拨动开关输入引脚约束
2.   Net R  LOC = F15 | IOSTANDARD = "LVCMOS33"; #SW0
3.   Net S  LOC = C15 | IOSTANDARD = "LVCMOS33"; #SW1
4.   Net CP LOC = D11 | IOSTANDARD = "LVCMOS33"; #SW15
5.
6.   #LED 输出引脚约束
7.   Net Q  LOC = G14 | IOSTANDARD = "LVCMOS33"; #LED0
8.   Net Qn LOC = F16 | IOSTANDARD = "LVCMOS33"; #LED1
```

引脚约束文件添加完成后，参考 3.3 节步骤 10，将工程编译生成.bit 文件，将其下载到 FPGA 高级开发系统上。拨动 SW_0、SW_1 和 SW_{15}，检查 LED_0～LED_1 输出是否与 RS 触发器真值表一致。

步骤 7：新建 DTrigger 原理图工程

将“D:\Spartan6DigitalTest\Material”文件夹中的 Exp9.2_DTrigger 文件夹复制到“D:\Spartan6DigitalTest\Product”文件夹中。然后，参考 3.3 节步骤 1，在目录“D:\Spartan6DigitalTest\Product\Exp9.2_DTrigger\project”中新建名为 DTrigger 的原理图工程。

新建工程后，参考 5.3 节步骤 1，添加 DTrigger.vhd 和 DTrigger_top.sch 文件到工程中，这两个文件均在“D:\Spartan6DigitalTest\Product\Exp9.2_DTrigger\code”文件夹中。

步骤 8：完善 DTrigger.vhd 文件

打开 DTrigger.vhd 文件，参考程序清单 10-4，完善 DTrigger.vhd 文件。

程序清单 10-4

```
1.  ------------------------------------------------------------------------------------
2.  --                                  引用库
3.  ------------------------------------------------------------------------------------
4.  library ieee;
5.  use ieee.std_logic_1164.all;
6.  use ieee.std_logic_arith.all;
7.  use ieee.std_logic_unsigned.all;
8.  
9.  ------------------------------------------------------------------------------------
10. --                                  实体声明
11. ------------------------------------------------------------------------------------
12. entity DTrigger is
13.   port(
14.     CP : in  std_logic; --时钟信号，下降沿有效
15.     D  : in  std_logic; --D
16.     Q  : out std_logic; --Q
17.     Qn : out std_logic  --Qn
18.     );
19. end DTrigger;
20. 
21. ------------------------------------------------------------------------------------
22. --                                  结构体
23. ------------------------------------------------------------------------------------
24. architecture rtl of DTrigger is
25. 
26.   --输入
27.   signal s_clk : std_logic;
28.   signal s_d   : std_logic;
29. 
30.   --输出
31.   signal s_q   : std_logic := '0';
32. begin
33. 
34.   --输入信号
35.   s_clk <= CP;
36.   s_d   <= D;
```

```
37.
38.   --信号处理
39.   process(s_clk)
40.   begin
41.     if(falling_edge(s_clk)) then
42.       s_q <= s_d;
43.      end if;
44.   end process;
45.
46.   --输出信号
47.   Q  <= s_q;
48.   Qn <= not s_q;
49.
50. end rtl;
```

步骤 9：完善 DTrigger_top.sch 文件

参考 10.3 节步骤 3，生成并完善元器件 DTrigger。参考图 10-29，完善 DTrigger_top.sch 文件。

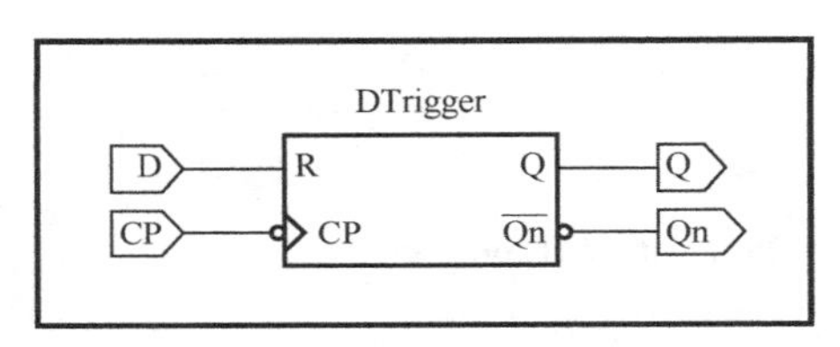

图 10-29　DTrigger_top

步骤 10：添加 DTrigger_top_tb.vhd 仿真文件

参考 3.3 节步骤 8，新建仿真文件 DTrigger_top_tb.vhd，选择仿真对象为 DTrigger_top.sch，将程序清单 10-5 中的第 22 至 23 行、第 34 至 41 行、第 46 至 51 行代码添加到仿真文件 DTrigger_top_tb.vhd 相应的位置。

程序清单 10-5

```
1.  LIBRARY ieee;
2.  USE ieee.std_logic_1164.ALL;
3.  USE ieee.numeric_std.ALL;
4.  LIBRARY UNISIM;
5.  USE UNISIM.Vcomponents.ALL;
6.  ENTITY DTrigger_top_DTrigger_top_sch_tb IS
7.  END DTrigger_top_DTrigger_top_sch_tb;
8.  ARCHITECTURE behavioral OF DTrigger_top_DTrigger_top_sch_tb IS
9.
10.   COMPONENT DTrigger_top
11.     PORT( D   :    IN   STD_LOGIC;
12.       CP  :    IN   STD_LOGIC;
13.       Q   :    OUT  STD_LOGIC;
14.       Qn  :    OUT  STD_LOGIC);
15.   END COMPONENT;
16.
17.   SIGNAL D    :    STD_LOGIC;
18.   SIGNAL CP   :    STD_LOGIC;
19.   SIGNAL Q    :    STD_LOGIC;
```

```
20.    SIGNAL Qn   :   STD_LOGIC;
21.
22.    -- Clock period definitions
23.    constant CP_period : time := 20 ns;
24.
25.  BEGIN
26.
27.    UUT: DTrigger_top PORT MAP(
28.      D => D,
29.      CP => CP,
30.      Q => Q,
31.      Qn => Qn
32.      );
33.
34.    -- Clock process definitions
35.    CP_process :process
36.    begin
37.      CP <= '0';
38.      wait for CP_period/2;
39.      CP <= '1';
40.      wait for CP_period/2;
41.    end process;
42.
43.  -- *** Test Bench - User Defined Section ***
44.    tb : PROCESS
45.    BEGIN
46.      D <= '0';
47.      wait for 200 ns;
48.
49.      D <= '1';
50.      wait for 200 ns;
51.  --      WAIT; -- will wait forever
52.    END PROCESS;
53.  -- *** End Test Bench - User Defined Section ***
54.
55.  END;
```

完善仿真文件后，参考 3.3 节步骤 8 进行仿真测试，仿真结果如图 10-30 所示，参考表 10-3 和图 10-6 所示的 D 触发器特性表及状态转换图，验证仿真结果。

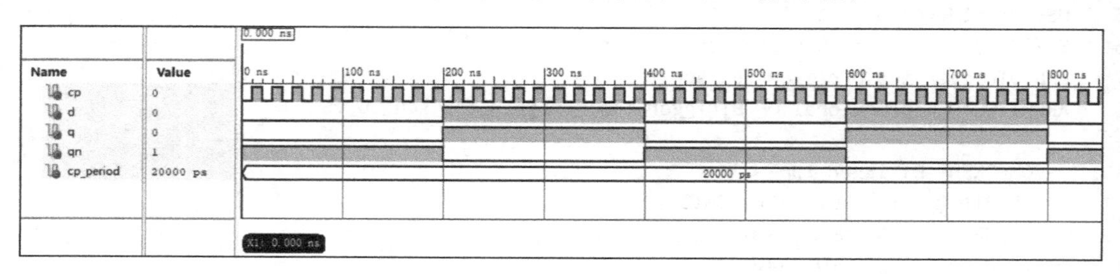

图 10-30　DTrigger_top_tb 仿真结果

步骤 11：添加 DTrigger_top.ucf 引脚约束文件

参考 3.3 节步骤 9，新建引脚约束文件 DTrigger_top.ucf，并将程序清单 10-6 中的代码添加到 DTrigger_top.ucf 文件中。

程序清单 10-6

```
1.   #拨动开关输入引脚约束
2.   Net D  LOC = F15 | IOSTANDARD = "LVCMOS33"; #SW0
3.   Net CP LOC = D11 | IOSTANDARD = "LVCMOS33"; #SW15
4.
5.   #LED 输出引脚约束
6.   Net Q  LOC = G14 | IOSTANDARD = "LVCMOS33"; #LED0
7.   Net Qn LOC = F16 | IOSTANDARD = "LVCMOS33"; #LED1
```

引脚约束文件添加完成后，参考 3.3 节步骤 10，将工程编译生成.bit 文件，并下载到 FPGA 高级开发系统上。拨动 SW_0 和 SW_{15}，检查 LED_0、LED_1 输出是否与 D 触发器真值表一致。

步骤 12：新建 JKTrigger 原理图工程

将“D:\Spartan6DigitalTest\Material”文件夹中的 Exp9.3_JKTrigger 文件夹复制到“D:\Spartan6DigitalTest\Product”文件夹中。然后，参考 3.3 节步骤 1，在目录“D:\Spartan6DigitalTest\Product\Exp9.3_JKTrigger\project”中新建名为 JKTrigger 的原理图工程。

新建工程后，参考 5.3 节步骤 1，添加 JKTrigger.vhd 和 JKTrigger_top.sch 源文件到工程中，这两个文件均在“D:\Spartan6DigitalTest\Product\Exp9.3_JKTrigger\code”文件夹中。

步骤 13：完善 JKTrigger.vhd 文件

打开 JKTrigger.vhd 文件，参考程序清单 10-7，完善 JKTrigger.vhd 文件。

程序清单 10-7

```
1.   --------------------------------------------------------------------------------
2.   --                                    引用库
3.   --------------------------------------------------------------------------------
4.   library ieee;
5.   use ieee.std_logic_1164.all;
6.   use ieee.std_logic_arith.all;
7.   use ieee.std_logic_unsigned.all;
8.
9.   --------------------------------------------------------------------------------
10.  --                                    实体声明
11.  --------------------------------------------------------------------------------
12.  entity JKTrigger is
13.    port(
14.      CP : in  std_logic; --时钟信号，下降沿有效
15.      J  : in  std_logic; --J
16.      K  : in  std_logic; --K
17.      Q  : out std_logic; --Q
18.      Qn : out std_logic  --Qn
19.      );
20.  end JKTrigger;
21.
22.  --------------------------------------------------------------------------------
23.  --                                    结构体
24.  --------------------------------------------------------------------------------
25.  architecture rtl of JKTrigger is
26.
27.    --输入
28.    signal s_clk : std_logic;
29.    signal s_j   : std_logic;
```

```
30.   signal s_k   : std_logic;
31.
32.   --输出
33.   signal s_q   : std_logic := '0';
34. begin
35.
36.   --输入信号
37.   s_clk <= CP;
38.   s_j   <= J;
39.   s_k   <= K;
40.
41.   --信号处理
42.   process(s_clk)
43.   begin
44.     if(falling_edge(s_clk)) then
45.       s_q <= (not s_q and s_j) or (not s_k and s_q);
46.     end if;
47.   end process;
48.
49.   --输出信号
50.   Q  <= s_q;
51.   Qn <= not s_q;
52.
53. end rtl;
```

步骤 14：完善 JKTrigger_top.sch 文件

参考 10.3 节步骤 3，生成并完善元器件 JKTrigger。参考图 10-31，完善 JKTrigger_top.sch 文件。

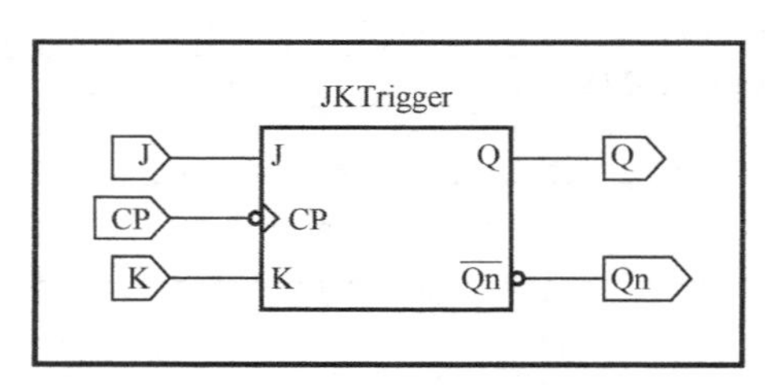

图 10-31　JKTrigger_top

步骤 15：添加 JKTrigger_top_tb.vhd 仿真文件

参考 3.3 节步骤 8，新建仿真文件 JKTrigger_top_tb.vhd，选择仿真对象为 JKTrigger_top.sch，将程序清单 10-8 中的第 24 至 25 行、第 37 至 44 行、第 49 至 64 行代码添加到仿真文件 JKTrigger_top_tb.vhd 相应的位置。

程序清单 10-8

```
1.  LIBRARY ieee;
2.  USE ieee.std_logic_1164.ALL;
3.  USE ieee.numeric_std.ALL;
4.  LIBRARY UNISIM;
5.  USE UNISIM.Vcomponents.ALL;
6.  ENTITY JKTrigger_top_JKTrigger_top_sch_tb IS
7.  END JKTrigger_top_JKTrigger_top_sch_tb;
```

```
8.  ARCHITECTURE behavioral OF JKTrigger_top_JKTrigger_top_sch_tb IS
9.
10.   COMPONENT JKTrigger_top
11.     PORT( J   :    IN   STD_LOGIC;
12.       CP  :   IN  STD_LOGIC;
13.       K   :   IN  STD_LOGIC;
14.       Q   :   OUT STD_LOGIC;
15.       Qn  :   OUT STD_LOGIC);
16.   END COMPONENT;
17.
18.   SIGNAL J    :    STD_LOGIC;
19.   SIGNAL CP   :    STD_LOGIC;
20.   SIGNAL K    :    STD_LOGIC;
21.   SIGNAL Q    :    STD_LOGIC;
22.   SIGNAL Qn   :    STD_LOGIC;
23.
24.   -- Clock period definitions
25.   constant CP_period : time := 20 ns;
26.
27. BEGIN
28.
29.   UUT: JKTrigger_top PORT MAP(
30.     J => J,
31.     CP => CP,
32.     K => K,
33.     Q => Q,
34.     Qn => Qn
35.     );
36.
37.   -- Clock process definitions
38.   CP_process :process
39.   begin
40.     CP <= '0';
41.     wait for CP_period/2;
42.     CP <= '1';
43.     wait for CP_period/2;
44.   end process;
45.
46. -- *** Test Bench - User Defined Section ***
47.   tb : PROCESS
48.   BEGIN
49.     J <= '0';
50.     K <= '0';
51.     wait for 200 ns;
52.
53.     J <= '0';
54.     K <= '1';
55.     wait for 200 ns;
56.
57.     J <= '1';
58.     K <= '0';
59.     wait for 200 ns;
```

```
60.
61.     J <= '1';
62.     K <= '1';
63.     wait for 200 ns;
64. --      WAIT; -- will wait forever
65.   END PROCESS;
66. -- *** End Test Bench - User Defined Section ***
67.
68. END;
```

完善仿真文件后，参考 3.3 节步骤 8 进行仿真测试，仿真结果如图 10-32 所示，参考表 10-5 和图 10-10 所示的 JK 触发器特性表及状态转换图，验证仿真结果。

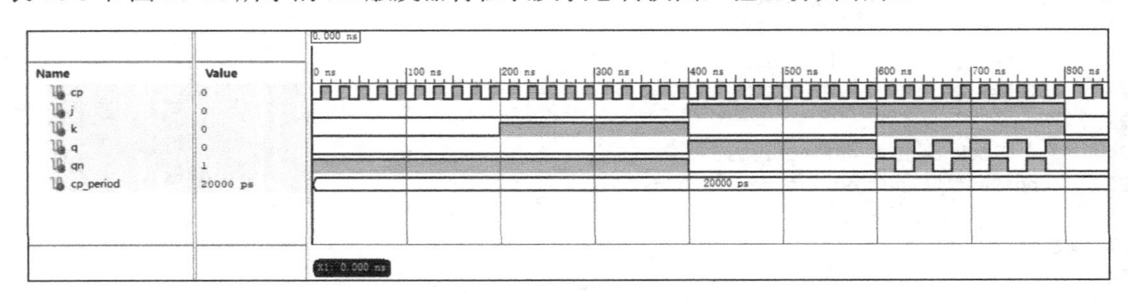

图 10-32　JKTrigger_top_tb 仿真结果

步骤 16：添加 JKTrigger_top.ucf 引脚约束文件

参考 3.3 节步骤 9，新建引脚约束文件 JKTrigger_top.ucf，并将程序清单 10-9 中的代码添加到 JKTrigger_top.ucf 文件中。

程序清单 10-9

```
1.  #拨动开关输入引脚约束
2.  Net J  LOC = F15 | IOSTANDARD = "LVCMOS33"; #SW0
3.  Net K  LOC = C15 | IOSTANDARD = "LVCMOS33"; #SW1
4.  Net CP LOC = D11 | IOSTANDARD = "LVCMOS33"; #SW15
5.
6.  #LED 输出引脚约束
7.  Net Q  LOC = G14 | IOSTANDARD = "LVCMOS33"; #LED0
8.  Net Qn LOC = F16 | IOSTANDARD = "LVCMOS33"; #LED1
```

引脚约束文件添加完成后，参考 3.3 节步骤 10，将工程编译生成.bit 文件，将其下载到 FPGA 高级开发系统上。拨动 SW_0、SW_1 和 SW_{15}，检查 LED_0、LED_1 输出是否与 JK 触发器真值表一致。

步骤 17：新建 TTrigger 工程

将“D:\Spartan6DigitalTest\Material”文件夹中的 Exp9.4_TTrigger 文件夹复制到“D:\Spartan6DigitalTest\Product”文件夹中。然后，参考 3.3 节步骤 1，在目录“D:\Spartan6DigitalTest\Product\Exp9.4_TTrigger\project”中新建名为 TTrigger 的原理图工程。

新建工程后，参考 5.3 节步骤 1，添加 TTrigger.vhd 和 TTrigger_top.sch 文件到工程中，这两个文件均在“D:\Spartan6DigitalTest\Product\Exp9.4_TTrigger\code”文件夹中。

步骤 18：完善 TTrigger.vhd 文件

打开 TTrigger.vhd 文件，参考程序清单 10-10，完善 TTrigger.vhd 文件。

程序清单 10-10

```
1.  -----------------------------------------------------------------------------------
2.  --                                    引用库
3.  -----------------------------------------------------------------------------------
4.  library ieee;
5.  use ieee.std_logic_1164.all;
6.  use ieee.std_logic_arith.all;
7.  use ieee.std_logic_unsigned.all;
8.
9.  -----------------------------------------------------------------------------------
10. --                                    实体声明
11. -----------------------------------------------------------------------------------
12. entity TTrigger is
13.   port(
14.     CP : in  std_logic; --时钟信号，下降沿有效
15.     T  : in  std_logic; --T
16.     Q  : out std_logic; --Q
17.     Qn : out std_logic  --Qn
18.     );
19. end TTrigger;
20.
21. -----------------------------------------------------------------------------------
22. --                                    结构体
23. -----------------------------------------------------------------------------------
24. architecture rtl of TTrigger is
25.
26.   --输入
27.   signal s_clk : std_logic;
28.   signal s_t   : std_logic;
29.
30.   --输出
31.   signal s_q   : std_logic := '0';
32. begin
33.
34.   --输入信号
35.   s_clk <= CP;
36.   s_t   <= T;
37.
38.   --信号处理
39.   process(s_clk)
40.   begin
41.     if(falling_edge(s_clk)) then
42.       s_q <= (not s_q and s_t) or (not s_t and s_q);
43.     end if;
44.   end process;
45.
46.   --输出信号
47.   Q  <= s_q;
48.   Qn <= not s_q;
49.
50. end rtl;
```

步骤 19：完善 TTrigger_top.sch 文件

参考 10.3 节步骤 3，生成并完善元器件 TTrigger。参考图 10-33，完善 TTrigger_top.sch 文件。

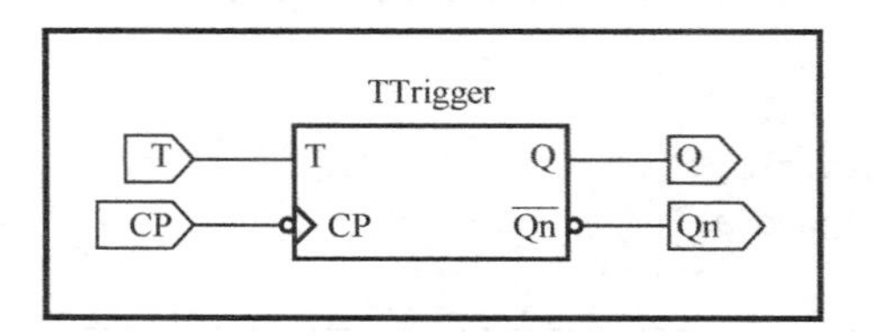

图 10-33　TTrigger_top

步骤 20：添加 TTrigger_top_tb.vhd 仿真文件

参考 3.3 节步骤 8，新建仿真文件 TTrigger_top_tb.vhd，选择仿真对象为 TTrigger_top.sch，将程序清单 10-11 中的第 22 至 23 行、第 34 至 41 行、第 46 至 51 行代码添加到仿真文件 TTrigger_top_tb.vhd 相应的位置。

程序清单 10-11

```
1.   LIBRARY ieee;
2.   USE ieee.std_logic_1164.ALL;
3.   USE ieee.numeric_std.ALL;
4.   LIBRARY UNISIM;
5.   USE UNISIM.Vcomponents.ALL;
6.   ENTITY TTrigger_top_TTrigger_top_sch_tb IS
7.   END TTrigger_top_TTrigger_top_sch_tb;
8.   ARCHITECTURE behavioral OF TTrigger_top_TTrigger_top_sch_tb IS
9.
10.    COMPONENT TTrigger_top
11.      PORT( T   :   IN  STD_LOGIC;
12.        CP  :   IN  STD_LOGIC;
13.        Q   :   OUT STD_LOGIC;
14.        Qn  :   OUT STD_LOGIC);
15.    END COMPONENT;
16.
17.    SIGNAL T    :   STD_LOGIC;
18.    SIGNAL CP   :   STD_LOGIC;
19.    SIGNAL Q    :   STD_LOGIC;
20.    SIGNAL Qn   :   STD_LOGIC;
21.
22.    -- Clock period definitions
23.    constant CP_period : time := 20 ns;
24.
25.  BEGIN
26.
27.    UUT: TTrigger_top PORT MAP(
28.      T => T,
29.      CP => CP,
30.      Q => Q,
31.      Qn => Qn
32.      );
33.
```

```
34.    -- Clock process definitions
35.    CP_process :process
36.    begin
37.      CP <= '0';
38.      wait for CP_period/2;
39.      CP <= '1';
40.      wait for CP_period/2;
41.    end process;
42.
43.  -- *** Test Bench - User Defined Section ***
44.    tb : PROCESS
45.    BEGIN
46.      T <= '0';
47.      wait for 210 ns;
48.
49.      T <= '1';
50.      wait for 190 ns;
51.  --        WAIT; -- will wait forever
52.    END PROCESS;
53.  -- *** End Test Bench - User Defined Section ***
54.
55.  END;
```

完善仿真文件后，参考 3.3 节步骤 8 进行仿真测试，仿真结果如图 10-34 所示，参考表 10-7 和图 10-14 所示的 T 触发器特性表及状态转换图，验证仿真结果。

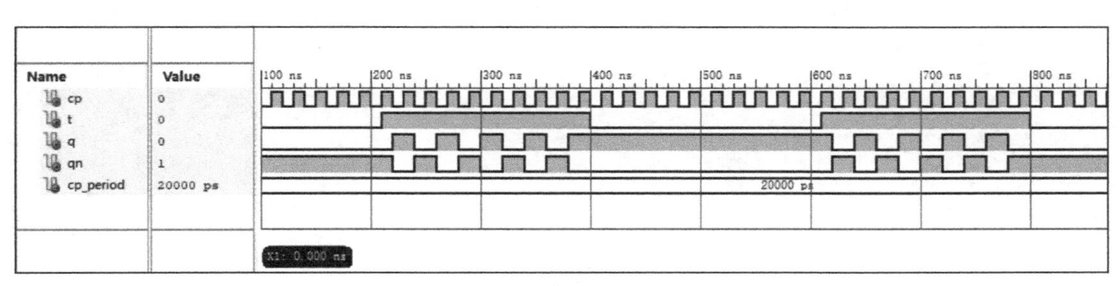

图 10-34　TTrigger_top_tb 仿真结果

步骤 21：添加 TTrigger_top.ucf 引脚约束文件

参考 3.3 节步骤 9，新建引脚约束文件 TTrigger_top.ucf，并将程序清单 10-12 中的代码添加到 TTrigger_top.ucf 文件中。

程序清单 10-12

```
1.   #拨动开关输入引脚约束
2.   Net T  LOC = F15 | IOSTANDARD = "LVCMOS33"; #SW0
3.   Net CP LOC = D11 | IOSTANDARD = "LVCMOS33"; #SW15
4.
5.   #LED 输出引脚约束
6.   Net Q  LOC = G14 | IOSTANDARD = "LVCMOS33"; #LED0
7.   Net Qn LOC = F16 | IOSTANDARD = "LVCMOS33"; #LED1
```

引脚约束文件添加完成后，参考 3.3 节步骤 10，将工程编译生成.bit 文件，将其下载到 FPGA 高级开发系统上。拨动 SW_0 和 SW_{15}，检查 LED_0、LED_1 输出是否与 T 触发器真值表一致。注意，拨动拨动开关时会产生按键抖动，因此拨动一次 SW_{15} 可能会产生多次反转。在后面的实验中将会介绍如何利用核心板上的 50MHz 晶振提供系统时钟信号。

本章任务

任务 1：使用 ISE 集成开发环境，基于原理图，将 JK 触发器转换为 RS 触发器、D 触发器、T 触发器。编写测试激励文件，对该电路进行仿真；编写引脚约束文件，输入使用拨动开关，输出使用 LED。在 ISE 集成开发环境中生成.bit 文件，并下载到 FPGA 高级开发系统进行板级验证。

任务 2：使用 ISE 集成开发环境，基于原理图，将 D 触发器转换为 RS 触发器、JK 触发器、T 触发器。编写测试激励文件，对该电路进行仿真；编写引脚约束文件，输入使用拨动开关，输出使用 LED。在 ISE 集成开发环境中生成.bit 文件，并下载到 FPGA 高级开发系统进行板级验证。

第 11 章　同步时序逻辑电路分析与设计

同步时序逻辑电路的分析是指，已知某时序逻辑电路，分析其逻辑功能。由于同步时序逻辑电路中的所有触发器是受同一时钟控制的，分析逻辑功能时通常分为以下 4 个步骤：①列出时钟方程、输出方程、各个触发器的驱动方程；②将驱动方程代入触发器的特性方程，得到各个触发器的状态方程；③根据状态方程和输出方程进行计算，求出各种不同输入和现态情况下的次态和输出，再根据计算结果列出状态表；④画状态图和时序图，并确定逻辑功能。

同步时序逻辑电路设计是根据具体的逻辑要求，利用最少的触发器和门电路设计出满足逻辑要求的电路。通常同步时序逻辑电路的设计应依次遵循以下 6 个步骤：①分析逻辑功能要求，画符号状态转换图；②状态化简；③确定触发器的数目，进行状态分配，画状态转换图；④选定触发器类型，列出电路输出方程；⑤检查能否自启动；⑥画出逻辑电路图。

本章先对一个同步时序逻辑电路进行分析，然后对该电路进行仿真，再编写引脚约束文件，在 FPGA 高级开发系统上进行板级验证；根据状态转换图，设计对应的同步时序逻辑电路，然后对该电路进行仿真，再编写引脚约束文件，在 FPGA 高级开发系统上进行板级验证。

11.1　预备知识

1．同步时序逻辑电路分析方法。
2．同步时序逻辑电路设计步骤。

11.2　实验内容

11.2.1　同步时序逻辑电路的分析

分析如图 11-1 所示的同步时序逻辑电路：①先写时钟方程、输出方程和驱动方程；②将驱动方程代入 JK 触发器的特性方程，求各个触发器的状态方程；③根据状态方程和输出方程进行计算，列状态表；④画状态图和时序图。

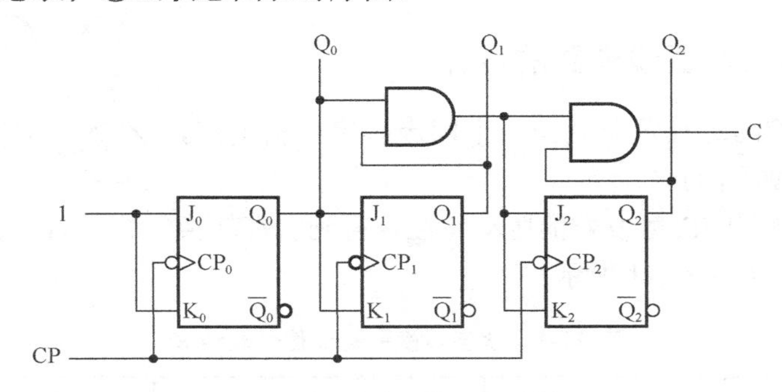

图 11-1　同步时序逻辑电路

在 ISE 集成开发环境中，将图 11-1 所示电路的输入信号命名为 CP，将输出信号命名为 Q0～Q2，如图 11-2 所示。编写测试激励文件，对该电路进行仿真。

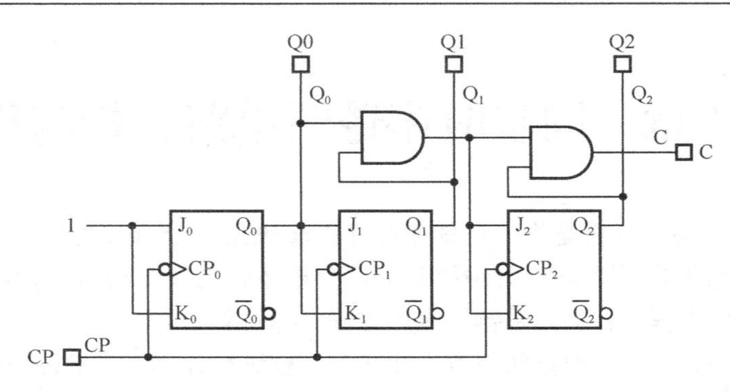

图 11-2　图 11-1 所示电路输入/输出信号在 ISE 集成开发环境中的命名

完成仿真后，编写引脚约束文件，其中时钟输入 CP 连接到 Clock 分频模块的 1Hz 输出端，Clock 分频模块的输入与 50MHz 有源晶振的输出相连，对应 XC6SLX16 芯片的引脚为 V10。输出信号 Q0～Q2、C 由 LED_0～LED_3 表示，对应 XC6SLX16 芯片的引脚依次为 G14、F16、H15、G16，如图 11-3 所示。使用 ISE 集成开发环境生成.bit 文件，并下载到 FPGA 高级开发系统进行板级验证。

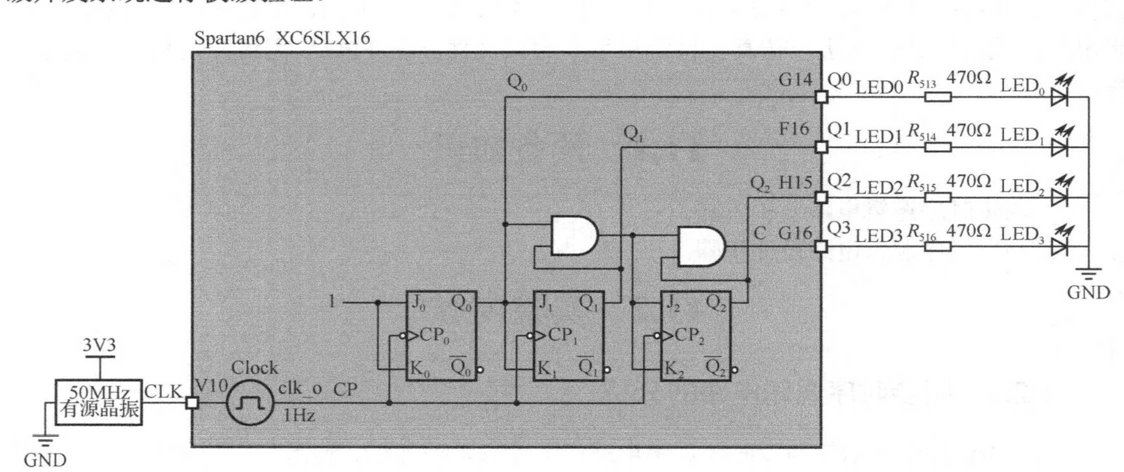

图 11-3　图 11-1 所示电路与外部电路连接图

11.2.2　同步时序逻辑电路的设计

用下降沿动作的 JK 触发器设计一个同步时序逻辑电路，要求其状态转换图如图 11-4 所示。

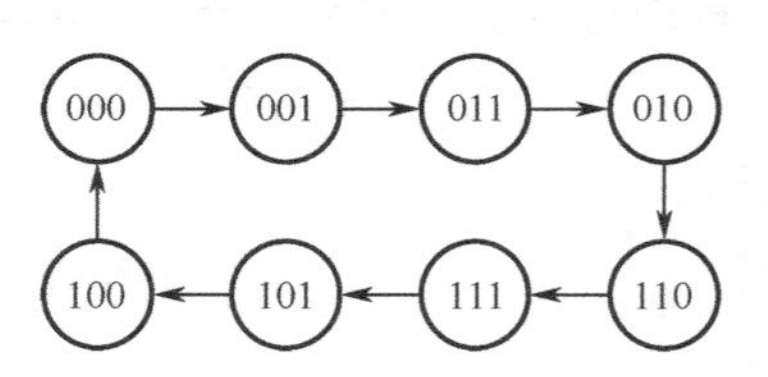

图 11-4　状态转换图

根据图 11-4，利用 JK 触发器的驱动特性，得到状态转换和驱动信号真值表，如表 11-1 所示。

表 11-1　状态转换和驱动信号真值表

Q_2^n	Q_1^n	Q_0^n	Q_2^{n+1}	Q_1^{n+1}	Q_0^{n+1}	J_2	K_2	J_1	K_1	J_0	K_0
0	0	0	0	0	1	0	×	0	×	1	×
0	0	1	0	1	1	0	×	1	×	×	0
0	1	0	1	1	0	1	×	×	0	0	×

续表

Q_2^n	Q_1^n	Q_0^n	Q_2^{n+1}	Q_1^{n+1}	Q_0^{n+1}	J_2	K_2	J_1	K_1	J_0	K_0
0	1	1	0	1	0	0	×	×	0	×	1
1	0	0	0	0	0	×	1	0	×	0	×
1	0	1	1	0	0	×	0	0	×	×	1
1	1	0	1	1	1	×	0	×	0	1	×
1	1	1	1	0	1	×	0	×	1	×	0

由表 11-1 画出各个驱动信号的卡诺图，如图 11-5 所示。

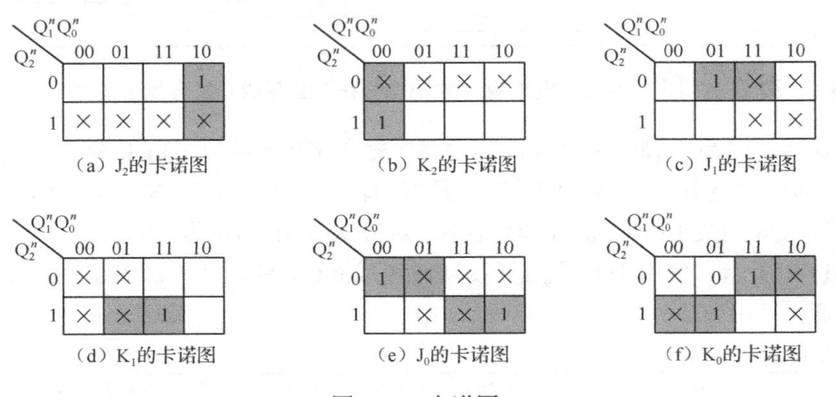

图 11-5　卡诺图

由图 11-5 可以很容易地得到触发器的驱动方程：

$$J_2 = Q_1^n\overline{Q}_0^n$$
$$J_1 = \overline{Q}_2^nQ_0^n$$
$$J_0 = Q_2^nQ_1^n + \overline{Q}_2^n\overline{Q}_1^n$$
$$K_2 = \overline{Q}_1^n\overline{Q}_0^n$$
$$K_1 = Q_2^nQ_0^n$$
$$K_0 = Q_2^n\overline{Q}_1^n + \overline{Q}_2^nQ_1^n$$

在本电路中，除触发器的输出外，并无其他输出信号，因此不需要求输出方程。从状态转换图可以看出，所有的状态构成一个循环，电路能够自启动。

根据以上求得的驱动方程，画出电路的逻辑图，如图 11-6 所示。

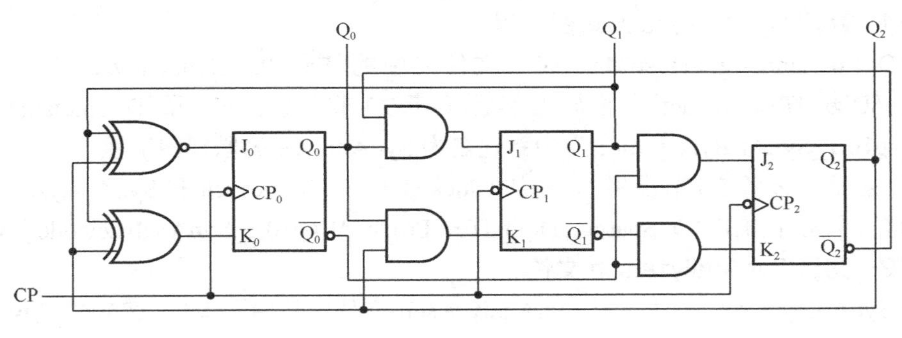

图 11-6　逻辑图

在 ISE 集成开发环境中，将图 11-6 所示电路的输入信号命名为 CP，将输出信号命名为 Q0～Q2，如图 11-7 所示。编写测试激励文件，对该电路进行仿真。

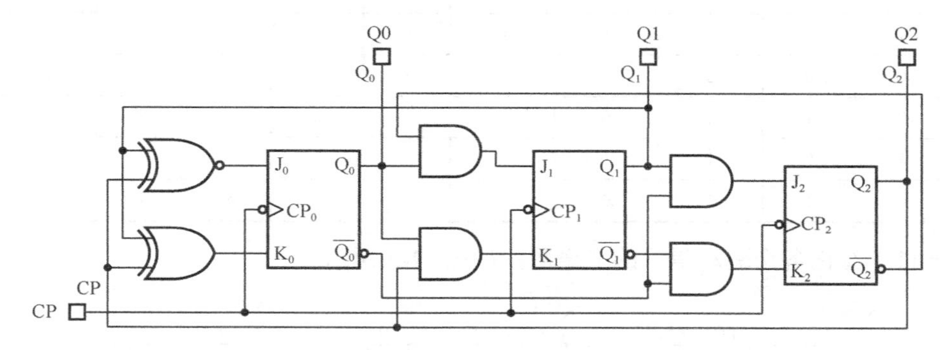

图 11-7　图 11-6 所示电路输入/输出信号在 ISE 集成开发环境中的命名

完成仿真后，编写引脚约束文件，其中时钟输入 CP 连接到 Clock 分频模块的 1Hz 输出端，Clock 分频模块的输入与 50MHz 有源晶振的输出相连，对应 XC6SLX16 芯片的引脚为 V10。输出信号 Q0～Q2 由 LED_0～LED_2 表示，对应 XC6SLX16 芯片的引脚依次为 G14、F16、H15，如图 11-8 所示。使用 ISE 集成开发环境生成.bit 文件，并下载到 FPGA 高级开发系统进行板级验证。

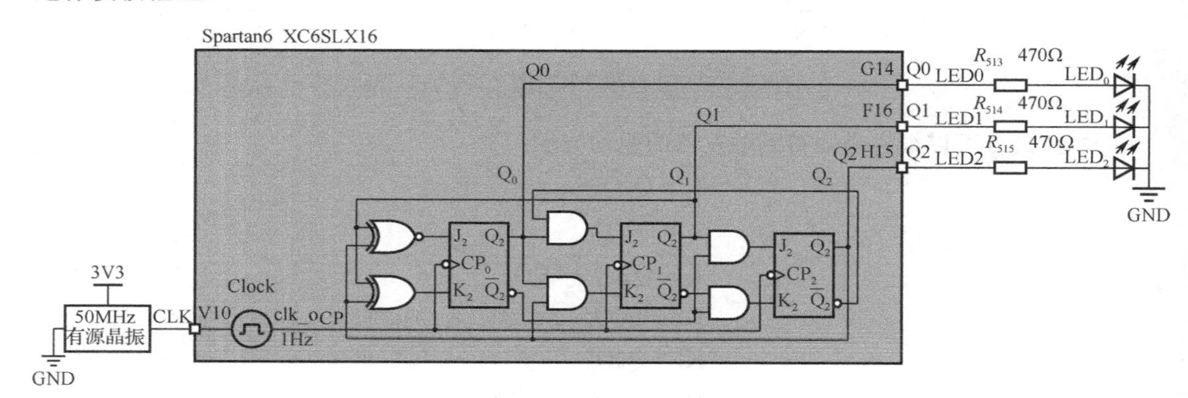

图 11-8　图 11-6 所示电路与外部电路连接图

11.3　实验步骤

步骤 1：新建 SynAnalyze 原理图工程

将“D:\Spartan6DigitalTest\Material”文件夹中的 Exp10.1_SynAnalyze 文件夹复制到“D:\Spartan6DigitalTest\Product”文件夹中。然后，参考 3.3 节步骤 1，在目录“D:\Spartan6DigitalTest\Product\Exp10.1_SynAnalyze\project”中新建名为 SynAnalyze 的原理图工程。

新建工程后，参考 5.3 节步骤 1，添加 Clock.vhd、JKTrigger.sch 和 SynAnalyze.sch 文件到工程中，这三个文件均在“D:\Spartan6DigitalTest\Product\Exp10.1_SynAnalyze\code”文件夹中。

步骤 2：完善 SynAnalyze.sch 文件

打开 SynAnalyze.sch 文件，在 SynAnalyze.sch 文件中使用了 VCC 来输出高电平，VCC 的添加方法如图 11-9 所示。

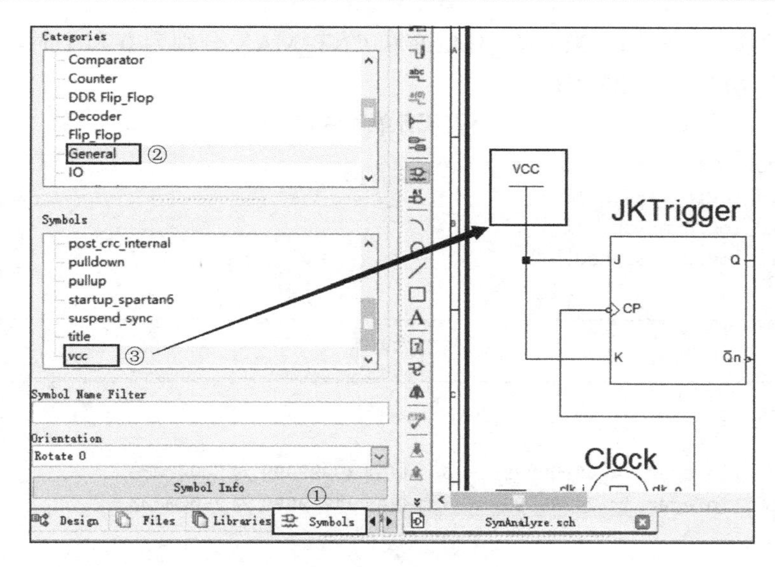

图 11-9　添加 VCC

参考图 11-10，完善 SynAnalyze.sch 文件。

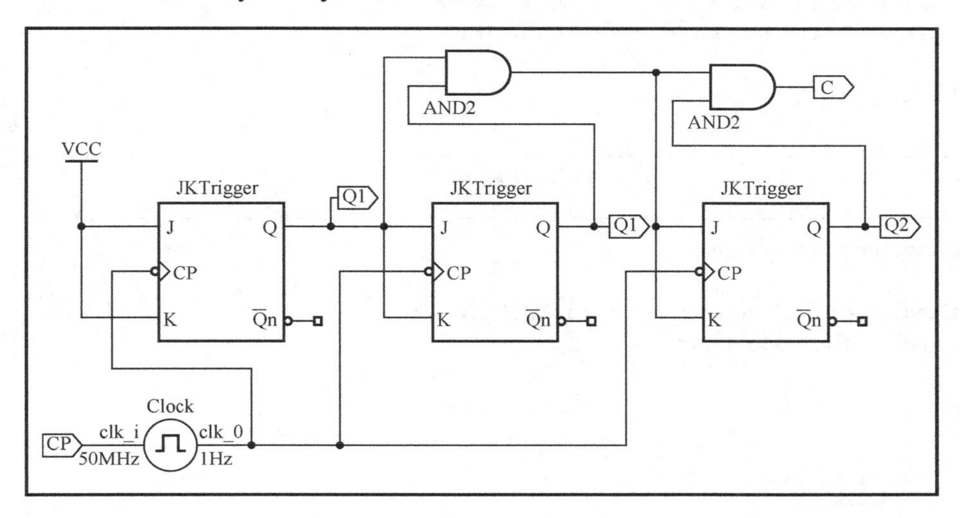

图 11-10　SynAnalyze

其中，元器件 Clock 是通过 Clock.vhd 文件生成的，FPGA 高级开发系统的系统时钟频率为 50MHz，周期为 20ns，如果直接用该时钟作为 JKTrigger 的时钟输入，如此高的频率以人的眼睛是不可能捕捉到实验现象的，因此 Clock 将 50MHz 的时钟分频为 1Hz 的时钟作为本实验的触发时钟。在本书提供的 Material 文件夹中已经有 Clock 元器件，只需要在 Symbols 中找到并添加即可。

Clock.vhd 的代码如程序清单 11-1 所示，其中，第 11、12 行定义的是分频常数，在 50MHz 时钟的每个上升沿，Clock 进行一次计数，当计数值为 0～CNT_HALF 时，分频时钟输出为 0；当计数值为 CNT_HALF～CNT_MAX 时，输出为 1。在 1Hz 分频中 CNT_HALF 的值为 24999999，即低电平持续了 25000000×20ns = 500ms 的时间，同样高电平也持续了 500ms，由此便实现了 1Hz 的时钟输出。此外，通过修改 CNT_HALF 和 CNT_MAX 的值，还可以实现不同分频的时钟输出，例如，当 CNT_HALF 和 CNT_MAX 分别为 0 和 1 时，分频后的频率为 50MHz/(CNT_MAX+1)=25MHz。

程序清单 11-1

```
1.  library ieee;
2.  use ieee.std_logic_1164.all;
3.  use ieee.std_logic_arith.all;
4.  use ieee.std_logic_unsigned.all;
5.
6.  ----------------------------------------------------------------------------
7.  --                                实体声明
8.  ----------------------------------------------------------------------------
9.  entity Clock is
10.   generic(
11.     CNT_MAX : integer := 49999999; --0 计数到 49999999 为 50000000
12.     CNT_HALF: integer := 24999999  --0 计数到 24999999 为 25000000
13.   );
14.
15.
16.   port(
17.     clk_i   : in  std_logic; --时钟输入，50MHz
18.     clk_o   : out std_logic  --时钟输出，1Hz
19.     );
20. end entity;
21.
22. ----------------------------------------------------------------------------
23. --                                结构体
24. ----------------------------------------------------------------------------
25. architecture rtl of Clock is
26.
27.   signal s_cnt : integer range 0 to CNT_MAX := 0;
28.   signal s_clk : std_logic;
29.
30. begin
31.
32.   --时钟计数
33.   process(clk_i)
34.   begin
35.     if rising_edge(clk_i) then
36.       if(s_cnt >= CNT_MAX) then
37.         s_cnt <= 0;
38.       else
39.         s_cnt <= s_cnt + 1;
40.       end if;
41.     end if;
42.   end process;
43.
44.   --分频时钟输出
45.   process(clk_i)
46.   begin
47.     if rising_edge(clk_i) then
48.       if(s_cnt >= 0 and s_cnt <= CNT_HALF) then
```

```
49.         s_clk <= '0';
50.       else
51.         s_clk <= '1';
52.       end if;
53.     end if;
54.   end process;
55.
56.   clk_o <= s_clk;
57.
58. end rtl;
```

步骤 3：添加 SynAnalyze_tb.vhd 仿真文件

参考 3.3 节步骤 8，新建仿真文件 SynAnalyze_tb.vhd，选择仿真对象为 SynAnalyze.sch，将程序清单 11-2 中的第 24 至 27 行、第 39 至 48 行代码添加到仿真文件 SynAnalyze_tb.vhd 相应的位置。

注意，因为 SynAnalyze.sch 的电路中使用了分频元器件 Clock，将 50MHz 的时钟分频为了 1Hz，所以该电路每 1s 触发一次，仿真过程中需要等待一段时间后才能看到状态的变化。如果等待时间过长，可以将 Clock.vhd 的分频常数 CNT_HALF 和 CNT_MAX 修改为 0 和 1，但是要注意在仿真结束后把数值修改回原来的值，否则在板级验证过程中会因为频率过快而难以观察到现象。

程序清单 11-2

```
1.  LIBRARY ieee;
2.  USE ieee.std_logic_1164.ALL;
3.  USE ieee.numeric_std.ALL;
4.  LIBRARY UNISIM;
5.  USE UNISIM.Vcomponents.ALL;
6.  ENTITY SynAnalyze_SynAnalyze_sch_tb IS
7.  END SynAnalyze_SynAnalyze_sch_tb;
8.  ARCHITECTURE behavioral OF SynAnalyze_SynAnalyze_sch_tb IS
9.
10.   COMPONENT SynAnalyze
11.     PORT( CP  :   IN  STD_LOGIC;
12.       Q0 :   OUT STD_LOGIC;
13.       Q1 :   OUT STD_LOGIC;
14.       Q2 :   OUT STD_LOGIC;
15.       C  :   OUT STD_LOGIC);
16.   END COMPONENT;
17.
18.   SIGNAL CP   :   STD_LOGIC;
19.   SIGNAL Q0   :   STD_LOGIC;
20.   SIGNAL Q1   :   STD_LOGIC;
21.   SIGNAL Q2   :   STD_LOGIC;
22.   SIGNAL C    :   STD_LOGIC;
23.
24.   signal s_q : std_logic_vector(2 downto 0);
25.
26.   -- Clock period definitions
27.   constant CP_period : time := 20 ns;
28.
```

```
29.  BEGIN
30.
31.    UUT: SynAnalyze PORT MAP(
32.      CP => CP,
33.      Q0 => Q0,
34.      Q1 => Q1,
35.      Q2 => Q2,
36.      C => C
37.      );
38.
39.    -- Clock process definitions
40.    CLK_process :process
41.    begin
42.      CP <= '0';
43.      wait for CP_period/2;
44.      CP <= '1';
45.      wait for CP_period/2;
46.    end process;
47.
48.    s_q <= (Q2, Q1, Q0);
49.
50.  END;
```

完善仿真文件后，参考 3.3 节步骤 8 进行仿真测试，仿真结果如图 11-11 所示，结合对图 11-1 所示的同步时序逻辑电路的分析，验证仿真结果。

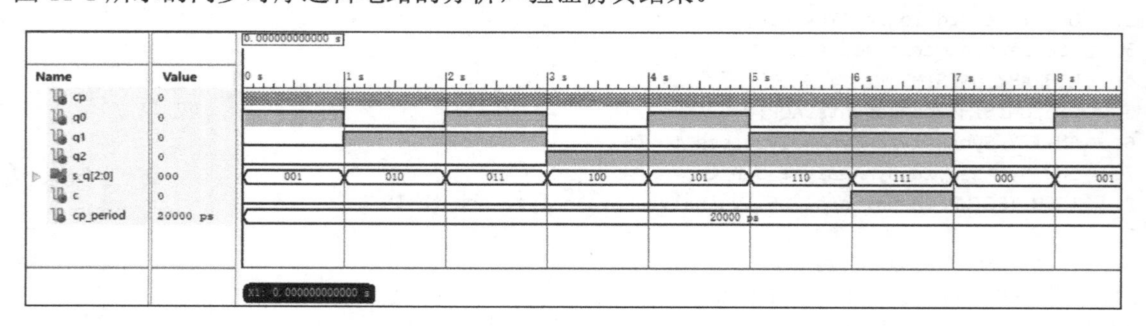

图 11-11　SynAnalyze_tb 仿真结果

步骤 4：添加 SynAnalyze.ucf 引脚约束文件

参考 3.3 节步骤 9，新建引脚约束文件 SynAnalyze.ucf，并将程序清单 11-3 中的代码添加到 SynAnalyze.ucf 文件中。

程序清单 11-3

```
1.  #50MHz 晶振输入
2.  Net CP LOC = V10 | TNM_NET = sys_clk_pin;
3.  TIMESPEC TS_sys_clk_pin = PERIOD sys_clk_pin 50MHz;
4.
5.  #LED 输出引脚约束
6.  Net Q0 LOC = G14 | IOSTANDARD = "LVCMOS33"; #LED0
7.  Net Q1 LOC = F16 | IOSTANDARD = "LVCMOS33"; #LED1
8.  Net Q2 LOC = H15 | IOSTANDARD = "LVCMOS33"; #LED2
9.  Net C  LOC = G16 | IOSTANDARD = "LVCMOS33"; #LED3
```

引脚约束文件添加完成后，参考 3.3 节步骤 10，将工程编译生成.bit 文件，将其下载到 FPGA 高级开发系统上，检查 LED_0～LED_3 输出是否与状态转换图一致。

步骤 5：新建 SynDesign 原理图工程

将“D:\Spartan6DigitalTest\Material”文件夹中的 Exp10.2_SynDesign 文件夹复制到“D:\Spartan6DigitalTest\Product”文件夹中。然后，参考 3.3 节步骤 1，在目录“D:\Spartan6DigitalTest\Product\Exp10.2_SynDesign\project”中新建名为 SynDesign 的原理图工程。

新建工程后，参考 5.3 节步骤 1，添加 Clock.vhd、JKTrigger.sch 和 SynDesign.sch 文件到工程中，这三个文件均在“D:\Spartan6DigitalTest\Product\Exp10.2_SynDesign\code”文件夹中。

步骤 6：完善 SynDesign.sch 文件

打开 SynDesign.sch 文件，参考图 11-12，完善 SynDesign.sch 文件。

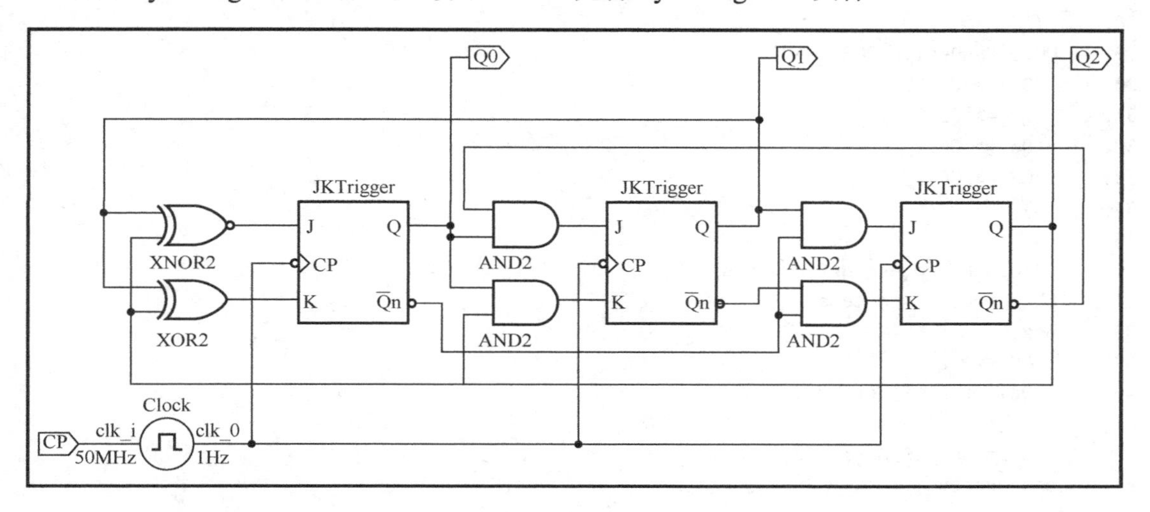

图 11-12　SynDesign

步骤 7：添加 SynDesign_tb.vhd 仿真文件

参考 3.3 节步骤 8，新建仿真文件 SynDesign_tb.vhd，选择仿真对象为 SynDesign.sch，将程序清单 11-4 中的第 22 至 25 行、第 36 至 45 行代码添加到仿真文件 SynDesign_tb.vhd 相应的位置，这里同样需要等一段时间才能看到仿真状态的变化。

程序清单 11-4

```
1.    LIBRARY ieee;
2.    USE ieee.std_logic_1164.ALL;
3.    USE ieee.numeric_std.ALL;
4.    LIBRARY UNISIM;
5.    USE UNISIM.Vcomponents.ALL;
6.    ENTITY SynDesign_SynDesign_sch_tb IS
7.    END SynDesign_SynDesign_sch_tb;
8.    ARCHITECTURE behavioral OF SynDesign_SynDesign_sch_tb IS
9.
10.     COMPONENT SynDesign
11.       PORT( Q1   :    OUT  STD_LOGIC;
12.         Q2  :    OUT  STD_LOGIC;
13.         Q0  :    OUT  STD_LOGIC;
14.         CP  :    IN   STD_LOGIC);
```

```
15.   END COMPONENT;
16.
17.   SIGNAL Q1   :   STD_LOGIC;
18.   SIGNAL Q2   :   STD_LOGIC;
19.   SIGNAL Q0   :   STD_LOGIC;
20.   SIGNAL CP   :   STD_LOGIC;
21.
22.   signal s_q : std_logic_vector(2 downto 0);
23.
24.   -- Clock period definitions
25.   constant CP_period : time := 20 ns;
26.
27. BEGIN
28.
29.   UUT: SynDesign PORT MAP(
30.     Q1 => Q1,
31.     Q2 => Q2,
32.     Q0 => Q0,
33.     CP => CP
34.     );
35.
36.   -- Clock process definitions
37.   CLK_process :process
38.   begin
39.     CP <= '0';
40.     wait for CP_period/2;
41.     CP <= '1';
42.     wait for CP_period/2;
43.   end process;
44.
45.   s_q <= (Q2, Q1, Q0);
46.
47. END;
```

完善仿真文件后，参考 3.3 节步骤 8 进行仿真测试，仿真结果如图 11-13 所示，参考图 11-4 所示的状态转换图，验证仿真结果。

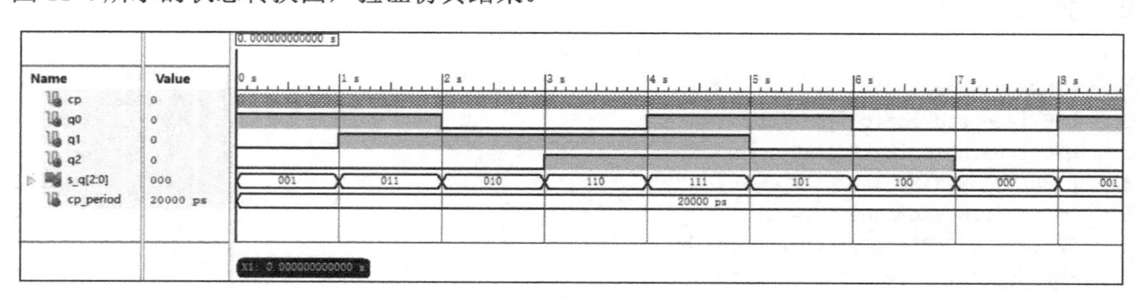

图 11-13　SynDesign_tb 仿真结果

步骤 8：添加 SynDesign.ucf 引脚约束文件

参考 3.3 节步骤 9，新建引脚约束文件 SynDesign.ucf，并将程序清单 11-5 中的代码添加到 SynDesign.ucf 文件中。

程序清单 11-5

```
1.   #50MHz 晶振输入
2.   Net CP LOC = V10 | TNM_NET = sys_clk_pin;
3.   TIMESPEC TS_sys_clk_pin = PERIOD sys_clk_pin 50MHz;
4.
5.   #LED 输出引脚约束
6.   Net Q0 LOC = G14 | IOSTANDARD = "LVCMOS33"; #LED0
7.   Net Q1 LOC = F16 | IOSTANDARD = "LVCMOS33"; #LED1
8.   Net Q2 LOC = H15 | IOSTANDARD = "LVCMOS33"; #LED2
```

引脚约束文件添加完成后，参考 3.3 节步骤 10，将工程编译生成.bit 文件，将其下载到 FPGA 高级开发系统上，检查 LED_0～LED_2 输出是否与状态转换图一致。

本 章 任 务

任务 1：参考本章介绍的同步时序逻辑电路的分析方法，分析如图 11-14 所示的同步时序逻辑电路。使用 ISE 集成开发环境，对该电路进行仿真，并编写引脚约束文件，在 FPGA 高级开发系统上进行板级验证。

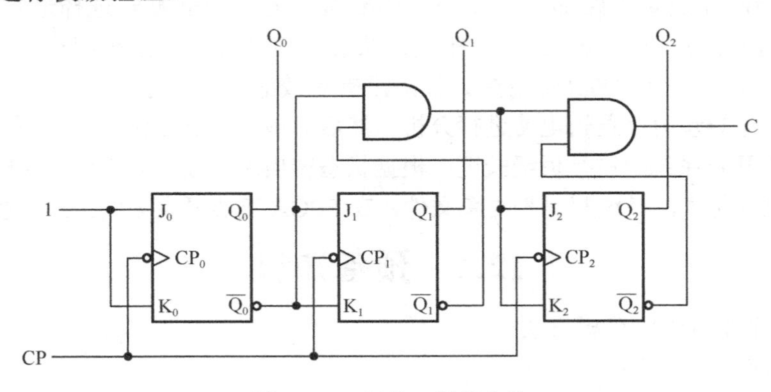

图 11-14　任务 1 逻辑电路

任务 2：参考本章介绍的同步时序逻辑电路的设计方法，用下降沿动作的 JK 触发器设计一个同步五进制减法计数器，要求其状态转换图如图 11-15 所示，而且能够自启动，其中 C 为输出。使用 ISE 集成开发环境，对该电路进行仿真，并编写引脚约束文件，在 FPGA 高级开发系统上进行板级验证。

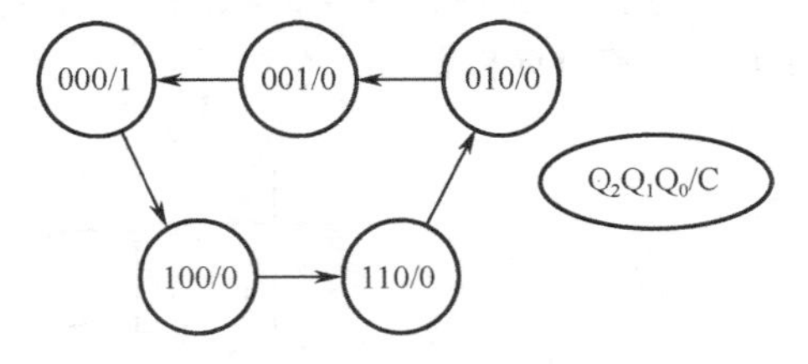

图 11-15　任务 2 状态转换图

第 12 章　异步时序逻辑电路分析与设计

异步时序逻辑电路的分析方法与同步时序逻辑电路的基本相同，但由于异步时序逻辑电路中各触发器的时钟信号不统一，即各触发器的状态方程不是同时成立的，因此分析异步时序逻辑电路时，必须要确定触发器的时钟信号是否有效，分析逻辑功能时通常分为以下 4 个步骤：①根据逻辑图写方程，包括时钟方程、输出方程及各触发器的驱动方程；②将驱动方程代入触发器的特性方程，得到各触发器的状态方程；③根据时钟方程、状态方程和输出方程进行计算，求出各种不同输入和现态情况下电路的次态和输出，根据计算结果列状态表，计算时要根据各触发器的时钟方程来确定触发器的时钟信号是否有效，如果时钟信号有效，则按照状态方程计算触发器的次态；如果时钟信号无效，则触发器的状态不变；④画状态图和时序图。

异步时序逻辑电路中的各触发器的状态改变是不同步的，当设计异步时序逻辑电路时，除了要遵循同步时序逻辑电路的设计步骤，还要考虑为每个触发器选择适合的时钟信号。选择时钟信号时应注意以下两点：①当触发器状态发生变化时，必须存在有效的时钟信号；②在触发器状态不发生变化的其他时刻，最好没有有效的时钟信号。

本章先对一个异步时序逻辑电路进行分析，然后对该电路进行仿真，编写引脚约束文件，并在 FPGA 高级开发系统上进行板级验证；根据状态转换图，设计对应的同步时序逻辑电路，然后对该电路进行仿真，并编写引脚约束文件，在 FPGA 高级开发系统上进行板级验证。

12.1　预备知识

1．异步时序逻辑电路分析方法。
2．异步时序逻辑电路设计步骤。

12.2　实验内容

12.2.1　异步时序逻辑电路的分析

分析如图 12-1 所示的异步时序逻辑电路：①先写时钟方程、输出方程和驱动方程；②将驱动方程代入 JK 触发器的特性方程，求各触发器的状态方程；③根据状态方程和输出方程进行计算，列状态表；④画状态图和时序图。

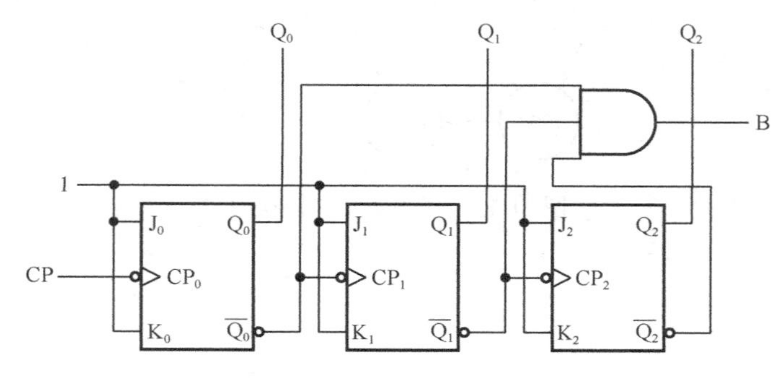

图 12-1　异步时序逻辑电路

在 ISE 集成开发环境中，将图 12-1 所示电路的输入信号命名为 CP，将输出信号命名为 Q0～Q2、B，如图 11-2 所示。编写测试激励文件，对该电路进行仿真。

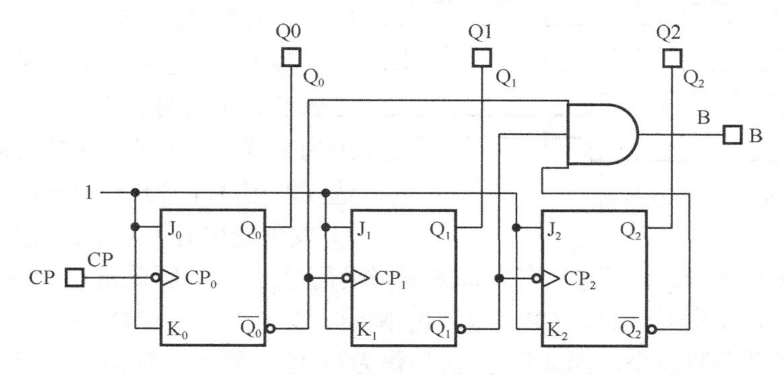

图 12-2　图 12-1 所示电路输入/输出信号在 ISE 集成开发环境中的命名

完成仿真后，编写引脚约束文件，其中时钟输入 CP 连接到 Clock 分频模块的 1Hz 输出端，Clock 分频模块的输入与 50MHz 有源晶振的输出相连，对应 XC6SLX16 芯片的引脚为 V10。输出信号 Q0～Q2、B 由 LED_0～LED_3 表示，对应 XC6SLX16 芯片的引脚依次为 G14、F16、H15、G16，如图 12-3 所示。使用 ISE 集成开发环境生成.bit 文件，并下载到 FPGA 高级开发系统进行板级验证。

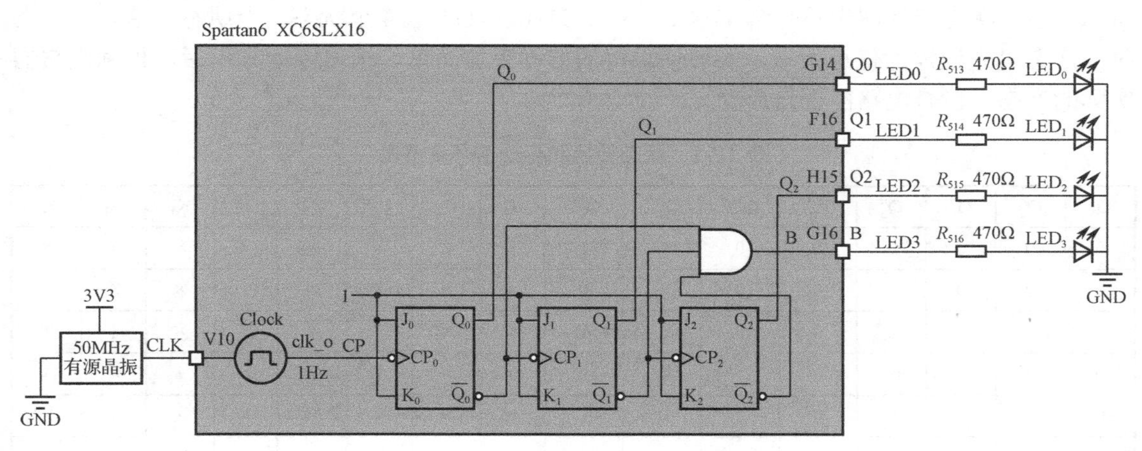

图 12-3　图 12-1 所示电路与外部电路连接图

12.2.2 异步时序逻辑电路的设计

用下降沿动作的 JK 触发器设计一个异步时序逻辑电路，要求其状态转换图如图 12-4 所示。

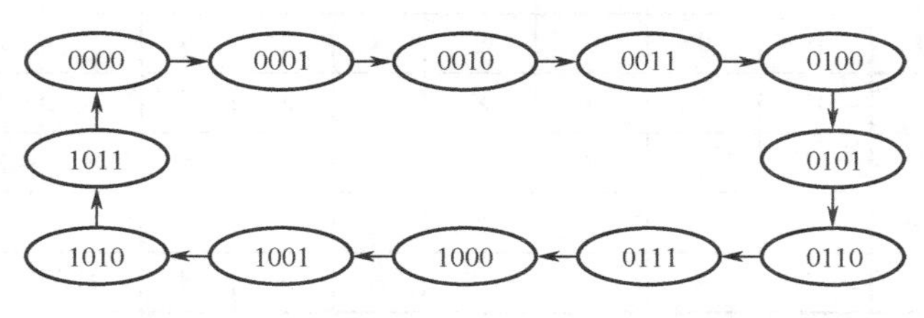

图 12-4　状态转换图

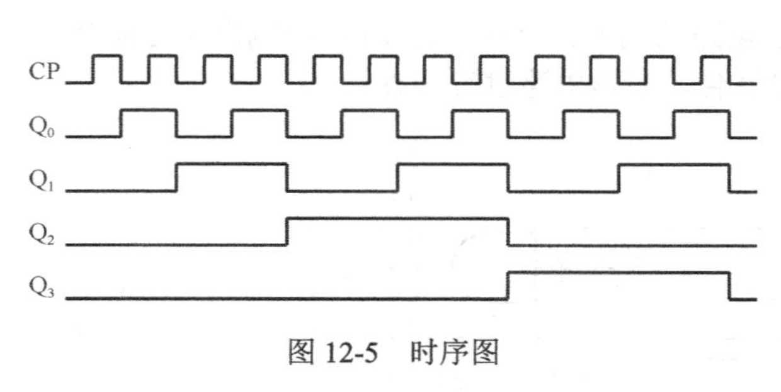

图 12-5　时序图

由状态转换图可以看出，电路需要 4 个触发器。由状态转换图画出电路的时序图，如图 12-5 所示。

根据图 12-5 所示的时序图来选定各触发器的时钟信号。当 Q_0 发生变化时，CP_0 必须为下降沿，只有 CP 信号满足要求，因此选 CP 信号作为 Q_0 触发器的时钟信号；当 Q_1 发生变化时，CP_1 必须为下降沿，有 CP 和 Q_0 两个信号满足要求，由于 CP 有多余的下降沿而 Q_0 没有，因此选 Q_0 信号作为 Q_1 触发器的时钟信号；当 Q_2 发生变化时，CP_2 必须为下降沿，有 CP、Q_0 和 Q_1 三个信号满足要求，由于 Q_1 多余的下降沿个数最少，因此选 Q_1 信号作为 Q_2 触发器的时钟信号；当 Q_3 发生变化时，CP_3 必须为下降沿，也有 CP、Q_0 和 Q_1 这三个信号满足要求，同样选 Q_1 信号作为 Q_3 触发器的时钟信号。

这样，得到各触发器的时钟方程为

$$CP_0 = CP，CP_1 = Q_0$$
$$CP_2 = Q_1，CP_3 = Q_1$$

确定了各触发器的时钟方程后，列出逻辑电路的状态转换和驱动信号的真值表，如表 12-1 所示。由于状态转换图中不包含 1100、1101、1110、1111 这 4 个状态，当现态为这 4 个状态时，次态可先设定为任意状态，能够使求得的方程更加简单。求出驱动方程后，再确定它们实际的次态，检查电路能否自启动。

表 12-1　状态转换和驱动信号真值表

Q_3^n	Q_2^n	Q_1^n	Q_0^n	Q_3^{n+1}	Q_2^{n+1}	Q_1^{n+1}	Q_0^{n+1}	J_3	K_3	J_2	K_2	J_1	K_1	J_0	K_0
0	0	0	0	0	0	0	1	×	×	×	×	×	×	1	×
0	0	0	1	0	0	1	0	×	×	×	×	1	×	×	1
0	0	1	0	0	0	1	1	×	×	×	×	×	×	1	×
0	0	1	1	0	1	0	0	0	×	1	×	×	1	×	1
0	1	0	0	0	1	0	1	×	×	×	×	×	×	1	×
0	1	0	1	0	1	1	0	×	×	×	×	1	×	×	1
0	1	1	0	0	1	1	1	×	×	×	×	×	×	1	×
0	1	1	1	1	0	0	0	1	×	×	1	×	1	×	1
1	0	0	0	1	0	0	1	×	×	×	×	×	×	1	×
1	0	0	1	1	0	1	0	×	×	×	×	1	×	×	1
1	0	1	0	1	0	1	1	×	×	×	×	×	×	1	×
1	0	1	1	0	0	0	0	×	1	0	×	×	1	×	1
1	1	0	0	×	×	×	×	×	×	×	×	×	×	×	×
1	1	0	1	×	×	×	×	×	×	×	×	×	×	×	×
1	1	1	0	×	×	×	×	×	×	×	×	×	×	×	×
1	1	1	1	×	×	×	×	×	×	×	×	×	×	×	×

列驱动信号的真值表时，要先根据给各触发器选定的时钟信号，判断是否有效。如果时钟信号无效，则触发器的驱动信号既可为 0 也可为 1，对触发器的状态没有影响。例如，现态为 0000 时，到来一个 CP 下降沿，电路的次态为 0001。由于 CP 为下降沿，因此 CP_0 有效，Q_0 由 0 变为 1，根据 JK 触发器的驱动特性，J_0 必须为 1，而 K_0 既可为 0 也可为 1；由于 Q_0 由 0 变为 1，为上升沿，因此 CP_1 无效，J_1 和 K_1 既可为 0 也可为 1；Q_1 不变，CP_2 和 CP_3 都无效，J_2、K_2、J_3、K_3 都既可为 0 也可为 1。又如，现态为 0011 时，到来一个 CP 下降沿，电路的次态为 0100。由于 CP_0 有效，Q_0 由 1 变为 0，因此根据 JK 触发器的驱动特性，K_0 必须为 1，而 J_0 既可为 0 也可为 1；由于 Q_0 由 1 变为 0，为下降沿，CP_1 有效，Q_1 要由 1 变为 0，因此 K_1 必须为 1，而 J_1 既可为 0 也可为 1；Q_1 由 1 变为 0，为下降沿，CP_2 和 CP_3 有效，Q_2 要由 0 变为 1，J_2 必须为 1，而 K_2 既可为 0 也可为 1；Q_3 要维持 0，J_3 必须为 0，而 K_3 既可为 0 也可为 1。

由表 12-1 画出各触发器驱动信号的卡诺图，如图 12-6 所示。

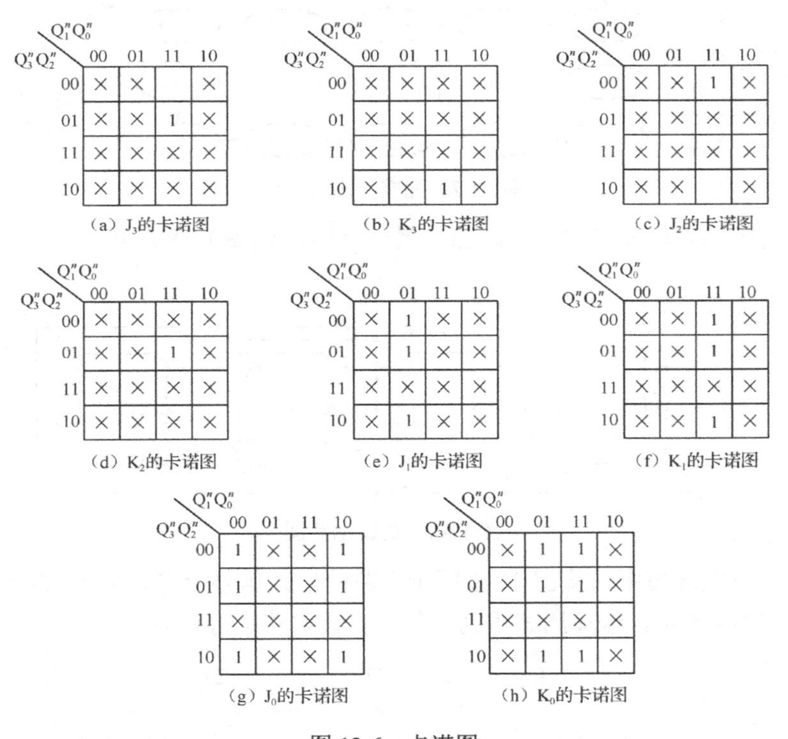

（a）J_3的卡诺图　（b）K_3的卡诺图　（c）J_2的卡诺图

（d）K_2的卡诺图　（e）J_1的卡诺图　（f）K_1的卡诺图

（g）J_0的卡诺图　（h）K_0的卡诺图

图 12-6　卡诺图

由卡诺图求得各个触发器的驱动方程如下：

$$J_3 = Q_2^n$$

$$K_3 = 1$$

$$J_2 = \overline{Q}_3^n$$

$$K_2 = 1$$

$$J_1 = 1$$

$$K_1 = 1$$

$$J_0 = 1$$

$$K_0 = 1$$

根据以上求得的驱动方程，可以计算出未使用状态实际的次态，如表 12-2 所示。

表 12-2　未使用状态的状态转换表

Q_3^n	Q_2^n	Q_1^n	Q_0^n	Q_3^{n+1}	Q_2^{n+1}	Q_1^{n+1}	Q_0^{n+1}	CP	CP_0	CP_1	CP_2	CP_3
1	1	0	0	1	1	0	1	↓	↓			
1	1	0	1	1	1	1	0	↓	↓	↓		
1	1	1	0	1	1	1	1	↓	↓			
1	1	1	1	0	0	0	0	↓	↓	↓	↓	↓

按照表 12-2 的结果，将未使用状态加到状态转换图中，可以得到电路完整的状态转换图，如图 12-7 所示。由图可见，电路能够自启动。

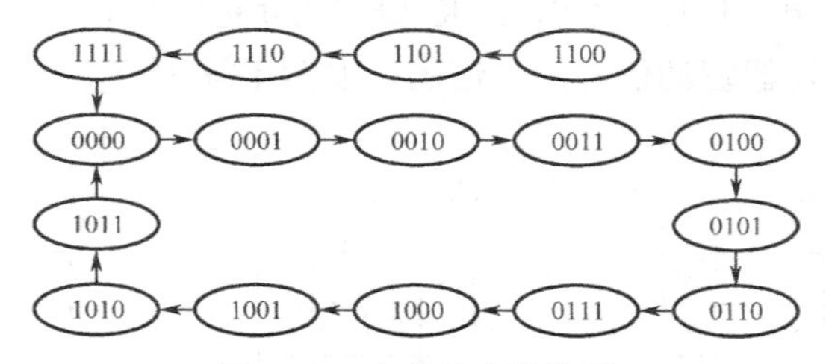

图 12-7　完整状态转换图

最后，根据驱动方程和时钟方程画出逻辑电路图，如图 12-8 所示。

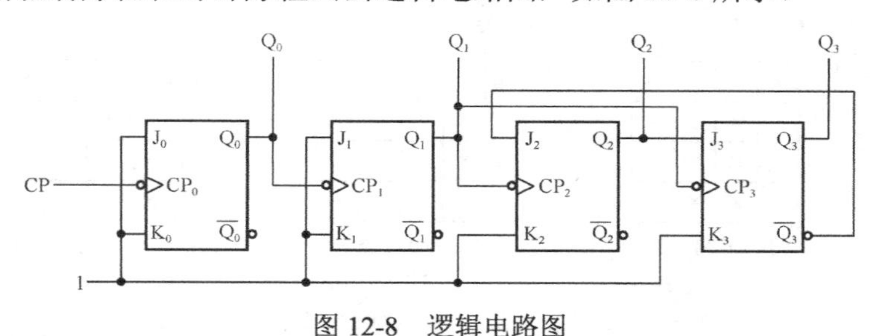

图 12-8　逻辑电路图

在 ISE 集成开发环境中，将图 12-8 所示电路的输入信号命名为 CP，将输出信号命名为 Q0～Q3，如图 12-9 所示。编写测试激励文件，对该电路进行仿真。

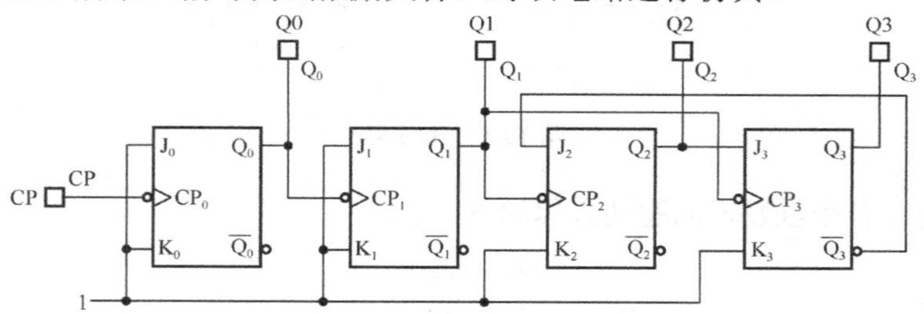

图 12-9　图 12-8 所示电路输入/输出信号在 ISE 集成开发环境中的命名

完成仿真后，编写引脚约束文件，其中时钟输入 CP 连接到 Clock 分频模块的 1Hz 输出端，Clock 分频模块的输入与 50MHz 有源晶振的输出相连，对应 XC6SLX16 芯片的引脚为 V10。输出信号 Q0～Q3 由 LED_0～LED_3 表示，对应 XC6SLX16 芯片的引脚依次为 G14、F16、H15、G16，如图 12-10 所示。使用 ISE 集成开发环境生成.bit 文件，并下载到 FPGA 高级开发系统进行板级验证。

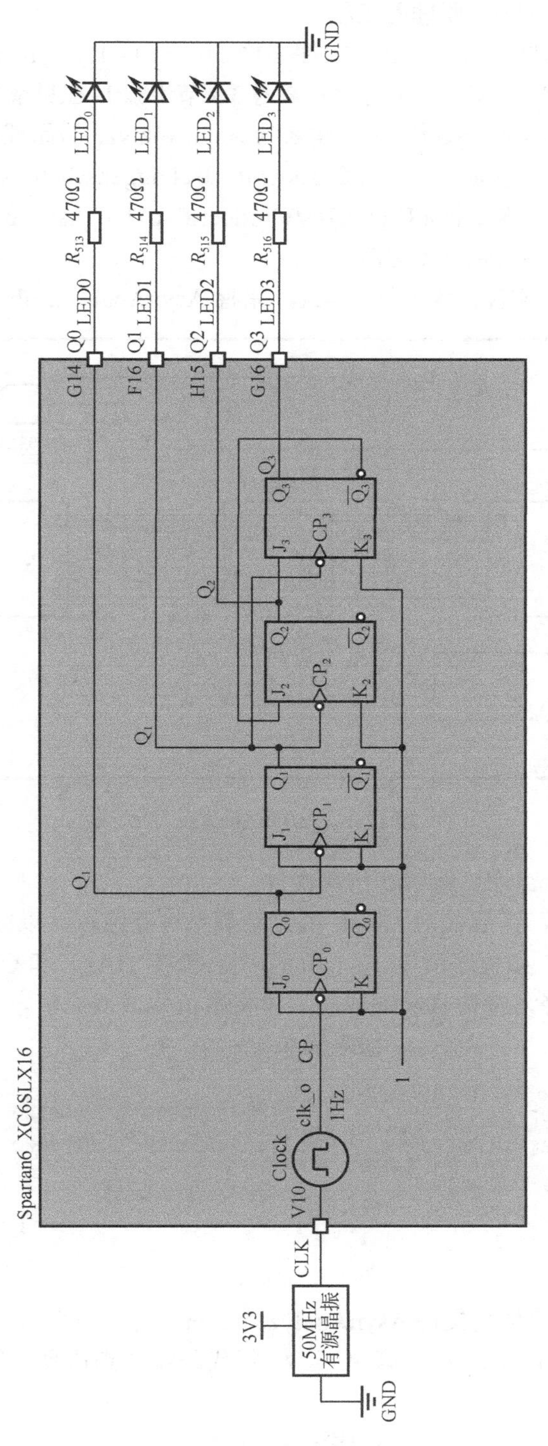

图12-10　图12-8所示电路与外部电路的连接图

12.3　实验步骤

步骤 1：新建 AsynAnalyze 原理图工程

将“D:\Spartan6DigitalTest\Material”文件夹中的 Exp11.1_AsynAnalyze 文件夹复制到“D:\Spartan6DigitalTest\Product”文件夹中。然后，参考 3.3 节步骤 1，在目录“D:\Spartan6DigitalTest\Product\Exp11.1_AsynAnalyze\project”中新建名为 AsynAnalyze 的原理图工程。

新建工程后，参考 5.3 节步骤 1，添加 Clock.vhd、JKTrigger.sch 和 AsynAnalyze.sch 文件到工程中，这三个文件均在“D:\Spartan6DigitalTest\Product\Exp11.1_AsynAnalyze\code”文件夹中。

步骤 2：完善 AsynAnalyze.sch 文件

打开 AsynAnalyze.sch 文件，参考图 12-11，完善 AsynAnalyze.sch 文件。

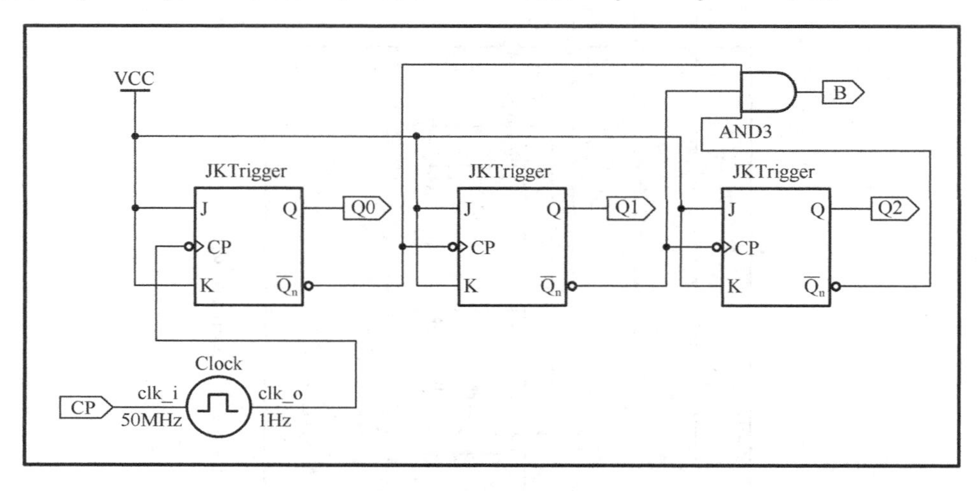

图 12-11　AsynAnalyze

步骤 3：添加 AsynAnalyze_tb.vhd 仿真文件

在添加仿真文件之前，需要先对 Clock 的分频频率进行修改，以减少仿真过程的等待时长。打开 Clock.vhd 文件，如程序清单 12-1 所示，将 CNT_HALF 和 CNT_MAX 的值修改为 0 和 1，对原值先进行注释，待仿真验证成功后再将数值修改回原值。

程序清单 12-1

```
1.    generic(
2.  --    CNT_MAX : integer := 49999999; --0 计数到 49999999 为 50000000
3.  --    CNT_HALF: integer := 24999999  --0 计数到 24999999 为 25000000
4.
5.      CNT_MAX : integer := 1;       --仿真时种
6.      CNT_HALF: integer := 0
7.    );
```

参考 3.3 节步骤 8，新建仿真文件 AsynAnalyze_tb.vhd，选择仿真对象为 AsynAnalyze. sch，将程序清单 12-2 中的第 24 至 27 行、第 39 至 48 行代码添加到仿真文件 AsynAnalyze_tb.vhd 相应的位置。

程序清单 12-2

```
1.   LIBRARY ieee;
2.   USE ieee.std_logic_1164.ALL;
```

```
3.  USE ieee.numeric_std.ALL;
4.  LIBRARY UNISIM;
5.  USE UNISIM.Vcomponents.ALL;
6.  ENTITY AsynAnalyze_AsynAnalyze_sch_tb IS
7.  END AsynAnalyze_AsynAnalyze_sch_tb;
8.  ARCHITECTURE behavioral OF AsynAnalyze_AsynAnalyze_sch_tb IS
9.
10.   COMPONENT AsynAnalyze
11.     PORT( CP  :   IN  STD_LOGIC;
12.       B  :   OUT STD_LOGIC;
13.       Q0 :   OUT STD_LOGIC;
14.       Q1 :   OUT STD_LOGIC;
15.       Q2 :   OUT STD_LOGIC);
16.   END COMPONENT;
17.
18.   SIGNAL CP   :   STD_LOGIC;
19.   SIGNAL B    :   STD_LOGIC;
20.   SIGNAL Q0   :   STD_LOGIC;
21.   SIGNAL Q1   :   STD_LOGIC;
22.   SIGNAL Q2   :   STD_LOGIC;
23.
24.   signal s_q : std_logic_vector(2 downto 0);
25.
26.   -- Clock period definitions
27.   constant CP_period : time := 20 ns;
28.
29. BEGIN
30.
31.   UUT: AsynAnalyze PORT MAP(
32.     CP => CP,
33.     B => B,
34.     Q0 => Q0,
35.     Q1 => Q1,
36.     Q2 => Q2
37.     );
38.
39.   -- Clock process definitions
40.   CLK_process :process
41.   begin
42.     CP <= '0';
43.     wait for CP_period/2;
44.     CP <= '1';
45.     wait for CP_period/2;
46.   end process;
47.
48.   s_q <= (Q2, Q1, Q0);
49.
50. END;
```

完善仿真文件后，参考 3.3 节步骤 8 进行仿真测试，仿真结果如图 12-12 所示，结合对图 12-1 所示的异步时序逻辑电路的分析，验证仿真结果。注意，仿真验证无误后，要将 Clock 的分频常数修改回原值。

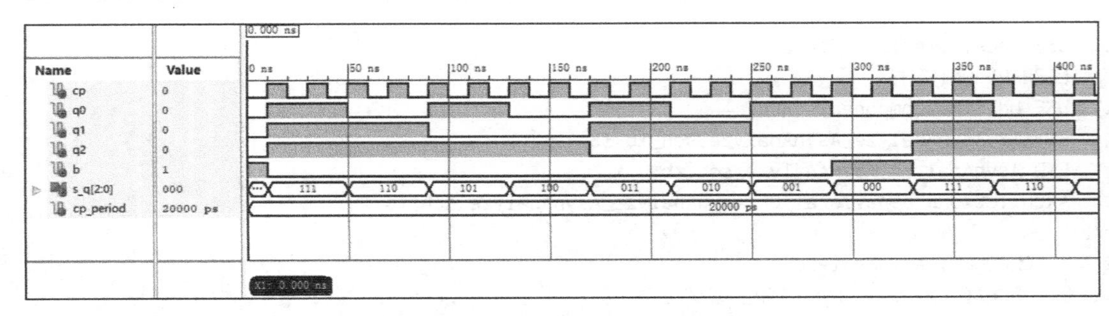

图 12-12　AsynAnalyze_tb 仿真结果

步骤 4：添加 AsynAnalyze.ucf 引脚约束文件

参考 3.3 节步骤 9，新建引脚约束文件 AsynAnalyze.ucf，并将程序清单 12-3 中的代码添加到 AsynAnalyze.ucf 文件中。

程序清单 12-3

```
1.   #50MHz 晶振输入
2.   Net CP LOC = V10 | TNM_NET = sys_clk_pin;
3.   TIMESPEC TS_sys_clk_pin = PERIOD sys_clk_pin 50MHz;
4.
5.   #LED 输出引脚约束
6.   Net Q0 LOC = G14 | IOSTANDARD = "LVCMOS33"; #LED0
7.   Net Q1 LOC = F16 | IOSTANDARD = "LVCMOS33"; #LED1
8.   Net Q2 LOC = H15 | IOSTANDARD = "LVCMOS33"; #LED2
9.   Net B  LOC = G16 | IOSTANDARD = "LVCMOS33"; #LED3
```

引脚约束文件添加完成后，参考 3.3 节步骤 10，将工程编译生成.bit 文件，将其下载到 FPGA 高级开发系统上，检查 LED_0～LED_3 输出是否正确。

步骤 5：新建 AsynDesign 原理图工程

将“D:\Spartan6DigitalTest\Material”文件夹中的 Exp11.2_AsynDesign 文件夹复制到“D:\Spartan6DigitalTest\Product”文件夹中。然后，参考 3.3 节步骤 1，在目录“D:\Spartan6DigitalTest\Product\Exp11.2_AsynDesign\project”中新建名为 AsynDesign 的原理图工程。

新建工程后，参考 5.3 节步骤 1，添加 Clock.vhd、JKTrigger.sch 和 AsynDesign.sch 文件到工程中，这三个文件均在“D:\Spartan6DigitalTest\Product\Exp11.2_AsynDesign\code”文件夹中。

步骤 6：完善 AsynDesign.sch 文件

打开 AsynDesign.sch 文件，参考图 12-13，完善 AsynDesign.sch 文件。

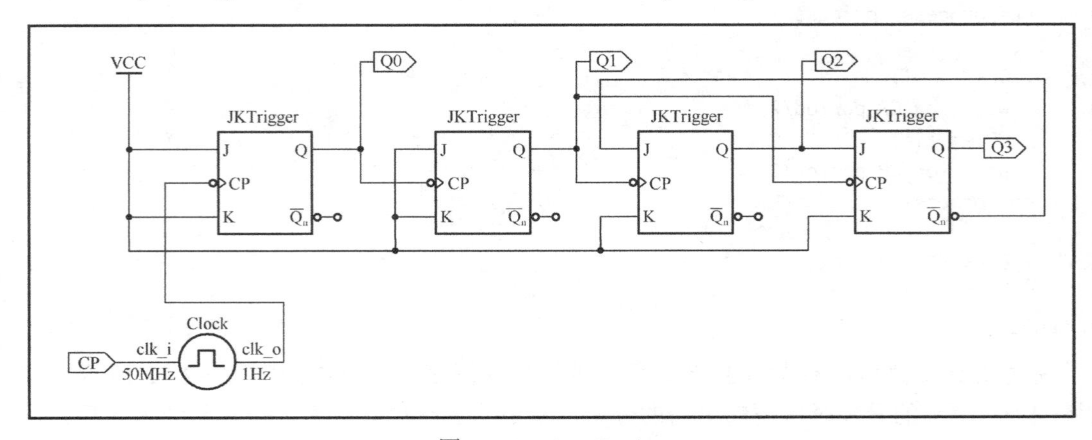

图 12-13　AsynDesign

步骤 7：添加 AsynDesign_tb.vhd 仿真文件

参考 3.3 节步骤 8，新建仿真文件 AsynDesign_tb.vhd，选择仿真对象为 AsynDesign.sch。将程序清单 12-4 中的第 24 至 27 行、第 39 至 48 行代码添加到仿真文件 AsynDesign_tb.vhd 相应的位置。

程序清单 12-4

```
1.   LIBRARY ieee;
2.   USE ieee.std_logic_1164.ALL;
3.   USE ieee.numeric_std.ALL;
4.   LIBRARY UNISIM;
5.   USE UNISIM.Vcomponents.ALL;
6.   ENTITY AsynDesign_AsynDesign_sch_tb IS
7.   END AsynDesign_AsynDesign_sch_tb;
8.   ARCHITECTURE behavioral OF AsynDesign_AsynDesign_sch_tb IS
9.
10.    COMPONENT AsynDesign
11.      PORT( Q0  :   OUT  STD_LOGIC;
12.        Q1  :   OUT  STD_LOGIC;
13.        Q3  :   OUT  STD_LOGIC;
14.        CP  :   IN   STD_LOGIC;
15.        Q2  :   OUT  STD_LOGIC);
16.    END COMPONENT;
17.
18.    SIGNAL Q0   :   STD_LOGIC;
19.    SIGNAL Q1   :   STD_LOGIC;
20.    SIGNAL Q3   :   STD_LOGIC;
21.    SIGNAL CP   :   STD_LOGIC;
22.    SIGNAL Q2   :   STD_LOGIC;
23.
24.    signal s_q : std_logic_vector(3 downto 0);
25.
26.    -- Clock period definitions
27.    constant CP_period : time := 20 ns;
28.
29.  BEGIN
30.
31.    UUT: AsynDesign PORT MAP(
32.      Q0 => Q0,
33.      Q1 => Q1,
34.      Q3 => Q3,
35.      CP => CP,
36.      Q2 => Q2
37.      );
38.
39.    -- Clock process definitions
```

```
40.    CLK_process :process
41.    begin
42.      CP <= '0';
43.      wait for CP_period/2;
44.      CP <= '1';
45.      wait for CP_period/2;
46.    end process;
47.
48.    s_q <= (Q3, Q2, Q1, Q0);
49.
50.  END;
```

完善仿真文件后，参考 12.3 节步骤 3 进行仿真测试，仿真结果如图 12-14 所示。参考图 12-4 所示的状态转换图验证仿真结果，仿真验证无误后，将 Clock 的分频常数修改回原值。

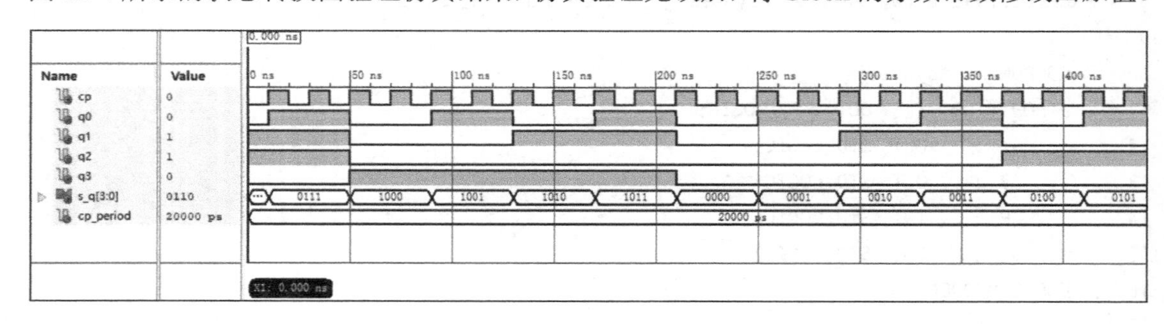

图 12-14　AsynDesign_tb 仿真结果

步骤 8：添加 AsynDesign.ucf 引脚约束文件

参考 3.3 节步骤 9，新建引脚约束文件 AsynDesign.ucf，并将程序清单 12-5 中的代码添加到 AsynDesign.ucf 文件中。

程序清单 12-5

```
1.   #50MHz 晶振输入
2.   Net CP LOC = V10 | TNM_NET = sys_clk_pin;
3.   TIMESPEC TS_sys_clk_pin = PERIOD sys_clk_pin 50MHz;
4.
5.   #LED 输出引脚约束
6.   Net Q0 LOC = G14 | IOSTANDARD = "LVCMOS33"; #LED0
7.   Net Q1 LOC = F16 | IOSTANDARD = "LVCMOS33"; #LED1
8.   Net Q2 LOC = H15 | IOSTANDARD = "LVCMOS33"; #LED2
9.   Net Q3 LOC = G16 | IOSTANDARD = "LVCMOS33"; #LED3
```

引脚约束文件添加完成后，参考 3.3 节步骤 10，将工程编译生成.bit 文件，将其下载到 FPGA 高级开发系统上，检查 LED_0～LED_3 输出是否与状态转换图一致。

本 章 任 务

任务 1：参考本章介绍的异步时序逻辑电路的分析方法，分析如图 12-15 所示的异步时序逻辑电路。使用 ISE 集成开发环境，对该电路进行仿真，并编写引脚约束文件，在 FPGA 高级开发系统上进行板级验证。

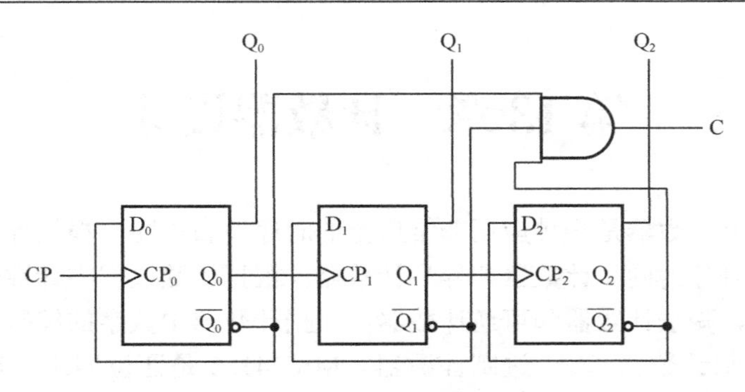

图 12-15　任务 1 逻辑电路

任务 2：参考本章介绍的异步时序逻辑电路的设计方法，用下降沿动作的 JK 触发器设计一个异步六进制加法计数器，要求其状态转换图如图 12-16 所示，而且能够自启动，其中 C 为输出。使用 ISE 集成开发环境，对该电路进行仿真，并编写引脚约束文件，在 FPGA 高级开发系统上进行板级验证。

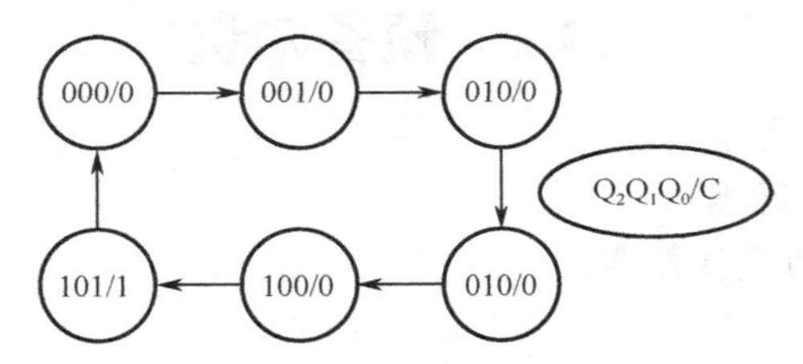

图 12-16　任务 2 状态转换图

第 13 章　计数器设计

在数字系统中，计数器是一种应用非常广泛的时序逻辑电路。根据计数器中触发器状态的更新是否同步，可分为同步计数器和异步计数器；根据计数过程中计数器数字量增减，可以分为加法计数器、减法计数器和可逆计数器；根据计数器中数字的编码方式，可以分为二进制计数器、十进制计数器和 *N* 进制计数器。MSI74163 是四位同步二进制加法计数器；MSI74160 是 8421BCD 码同步十进制加法计数器。本章先对 MSI74163 模块进行仿真，编写引脚约束文件，在 FPGA 高级开发系统上进行板级验证；然后参考 MSI74163 真值表，使用 VHDL 实现该电路，经过仿真测试后，进行板级验证。按照同样的步骤，对 MSI74160 模块进行仿真和板级验证，然后使用 VHDL 实现 MSI74163 的功能，并对其进行仿真和板级验证。

13.1　预备知识

1．同步二进制加法计数器。
2．同步二进制减法计数器。
3．同步二进制加/减可逆计数器。
4．同步十进制加法计数器。
5．同步十进制减法计数器。
6．同步十进制可逆计数器。
7．异步二进制加法计数器。
8．异步二进制减法计数器。
9．异步十进制加法计数器。
10．异步十进制减法计数器。
11．MSI74163 四位同步二进制加法计数器。
12．MSI74160 四位同步十进制加法计数器。

13.2　实验内容

13.2.1　MSI74163 四位同步二进制加法计数器设计

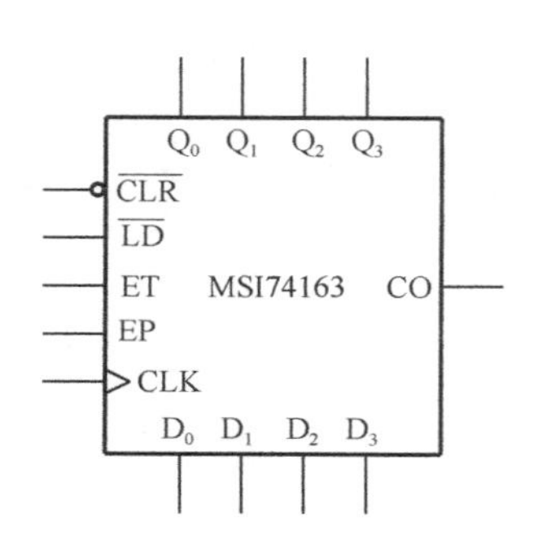

图 13-1　MSI74163 的逻辑符号

MSI74163 是中规模集成四位同步二进制加法计数器，计数范围为 0～15。它具有同步置数、同步清零、保持和二进制加法计数等逻辑功能。MSI74163 的逻辑符号如图 13-1 所示；功能表如表 13-1 所示；时序图如图 13-2 所示。

在图 13-1 中，CLK 是时钟脉冲输入端，上升沿有效；$\overline{\text{CLR}}$ 是低电平有效的同步清零输入端；$\overline{\text{LD}}$ 是低电平有效的同步置数输入端；EP 和 ET 是两个使能输入端；D_0～D_3 是并行数据输入端；Q_0～Q_3 是计数器状态输出端；CO 是进位信号输出端，当计数到 1111 状态时，CO 为 1。

表 13-1　MSI74163 的功能表

输入									输出				工作模式
$\overline{CLR}$	$\overline{LD}$	EP	ET	CLK	D_0	D_1	D_2	D_3	Q_0^{n+1}	Q_1^{n+1}	Q_2^{n+1}	Q_3^{n+1}	
0	×	×	×	↑	×	×	×	×	0	0	0	0	同步清零
1	0	×	×	↑	d_0	d_1	d_2	d_3	d_0	d_1	d_2	d_3	同步置数
1	1	0	1	×	×	×	×	×	Q_0^n	Q_1^n	Q_2^n	Q_3^n	保持
1	1	×	0	×	×	×	×	×	Q_0^n	Q_1^n	Q_2^n	Q_3^n	保持（CO＝0）
1	1	1	1	↑	×	×	×	×	二进制加法计数				计数

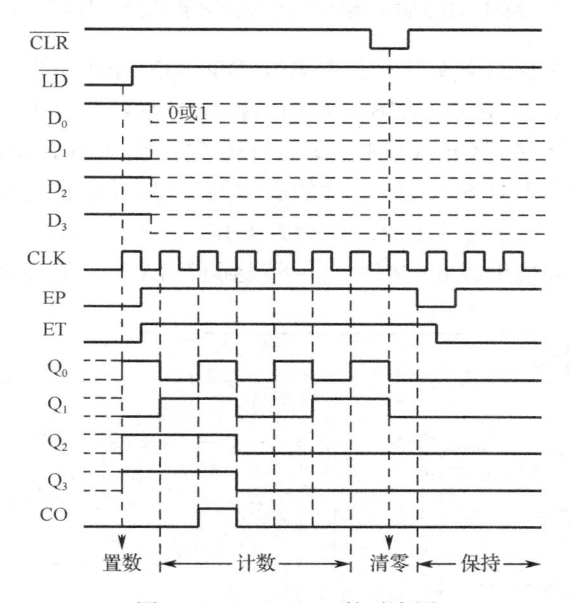

图 13-2　MSI74163 的时序图

表 13-1 所示的功能表中列出了 MSI74163 的工作模式：

（1）当 $\overline{CLR}=0$，CLK 上升沿到来时，计数器的 4 个输出端被同步清零。

（2）当 $\overline{CLR}=1$、$\overline{LD}=0$，CLK 上升沿到来时，计数器的 4 个输出端被同步置数。

（3）当 $\overline{CLR}=1$、$\overline{LD}=1$、EP＝0、ET＝1，CLK 上升沿到来时，计数器的 4 个输出端保持不变，CO 输出端也保持不变。

（4）当 $\overline{CLR}=1$、$\overline{LD}=1$、ET＝0，CLK 上升沿到来时，计数器的 4 个输出端保持不变，CO 输出端被置零。

（5）当 $\overline{CLR}=1$、$\overline{LD}=1$、EP＝0、ET＝1，CLK 上升沿到来时，电路按二进制加法计数器方式工作。

在 ISE 集成开发环境中，将 MSI74163 的输入信号命名为 CLR、LD、ET、EP、CLK、D0～D3，将输出信号命名为 Q0～Q3、CO，如图 13-3 所示。编写测试激励文件，对 MSI74163 进行仿真。

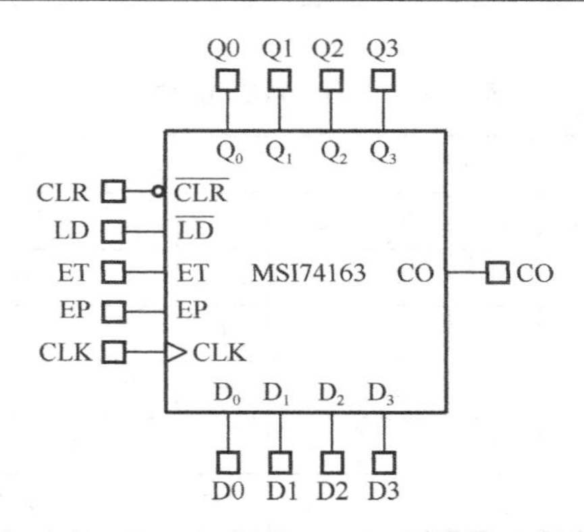

图 13-3　MSI74163 输入/输出信号在 ISE 集成开发环境中的命名

完成仿真后，编写引脚约束文件，其中信号 D0～D3、EP、ET、LD、CLR 使用拨动开关 SW_0～SW_7来输入，对应 XC6SLX16 芯片的引脚分别为 F15、C15、C13、C12、F9、F10、G9、F11。时钟输入 CLK 连接到 Clock 分频模块的 1Hz 输出端，Clock 分频模块的输入与 50MHz 有源晶振的输出相连，对应 XC6SLX16 芯片的引脚为 V10。输出信号 Q0～Q3、CO 由 LED_0～LED_4表示，对应 XC6SLX16 芯片的引脚依次为 G14、F16、H15、G16、H14，如图 13-4 所示。使用 ISE 集成开发环境生成.bit 文件，并下载到 FPGA 高级开发系统进行板级验证。

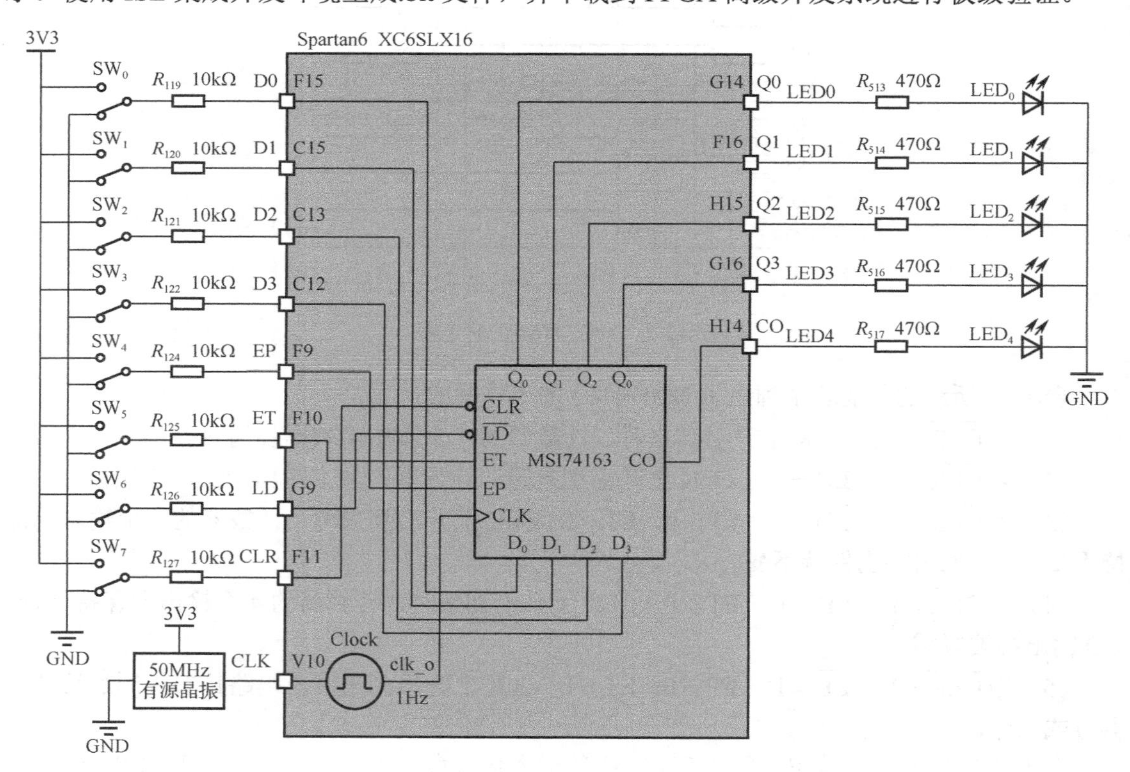

图 13-4　MSI74163 与外部电路连接图

基于原理图的仿真和板级验证完成后，再通过 VHDL 实现 MSI74163。使用 ISE 集成开发环境对其进行仿真，然后生成.bit 文件，并下载到 FPGA 高级开发系统进行板级验证。

13.2.2　MSI74160 四位同步十进制加法计数器设计

MSI74160 是中规模集成 8421BCD 码同步十进制加法计数器，计数范围为 0～9。它具有同步置数、同步清零、保持和十进制加法计数等逻辑功能。MSI74163 的逻辑符号如图 13-5 所示。

MSI74160 的 $\overline{CLR}$ 是低电平有效的异步清零输入端，它通过各触发器的异步复位端将计数器清零，不受时钟信号 CLK 的控制。MSI74160 其他输入/输出端的功能和用法与 MSI74160 的对应端相同。

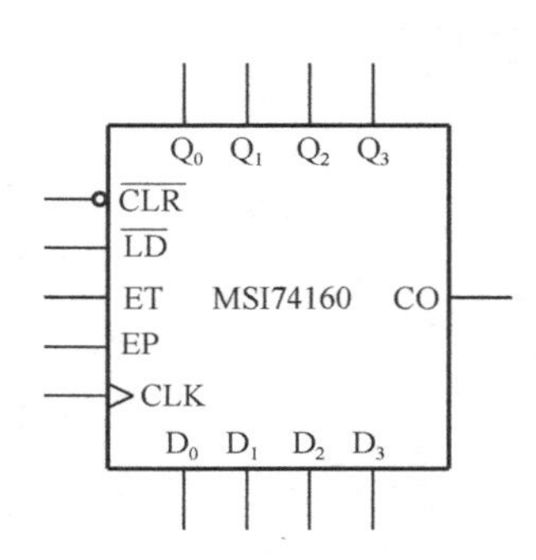

图 13-5　MSI74160 的逻辑符号

MSI74160 的功能表如表 13-2 所示，与表 13-1 所示的 MSI74163 功能表基本相同。不同之处是：MSI74160 是异步清零，而 MSI74163 是同步清零；MSI74160 是十进制数，而 MSI74163 是二进制数。MSI74160 的时序图如图 13-6 所示。

表 13-2　MSI74160 的功能表

输入									输出				工作模式
$\overline{CLR}$	$\overline{LD}$	EP	ET	CLK	D_0	D_1	D_2	D_3	Q_0^{n+1}	Q_1^{n+1}	Q_2^{n+1}	Q_3^{n+1}	
0	×	×	×	×	×	×	×	×	0	0	0	0	异步清零
1	0	×	×	↑	d_0	d_1	d_2	d_3	d_0	d_1	d_2	d_3	同步置数
1	1	0	1	×	×	×	×	×	Q_0^n	Q_1^n	Q_2^n	Q_3^n	保持
1	1	×	0	×	×	×	×	×	Q_0^n	Q_1^n	Q_2^n	Q_3^n	保持（CO＝0）
1	1	1	1	↑	×	×	×	×	十进制加法计数				计数

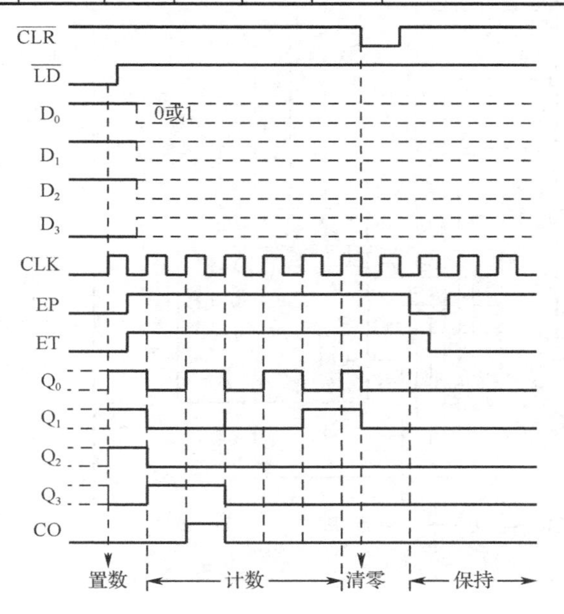

图 13-6　MSI74160 的时序图

在 ISE 集成开发环境中，将 MSI74160 的输入信号命名为 CLR、LD、ET、EP、CLK、D0～D3，将输出信号命名为 Q0～Q3、CO，如图 13-7 所示。编写测试激励文件，对 MSI74160 进行仿真。

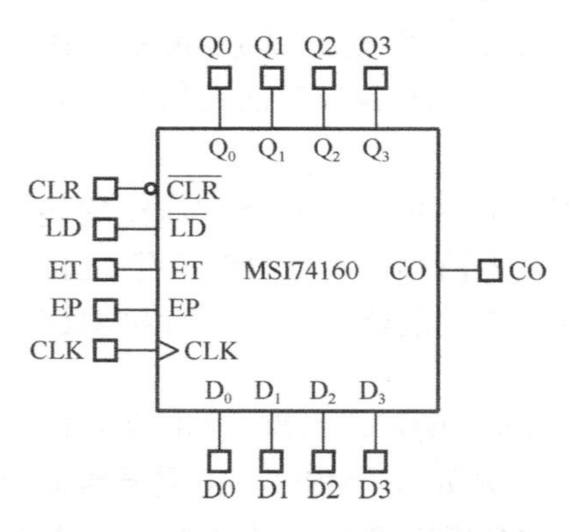

图 13-7　MSI74160 输入/输出信号在 ISE 集成开发环境中的命名

完成仿真后，编写引脚约束文件，其中信号 D0～D3、EP、ET、LD、CLR 使用拨动开关 SW_0～SW_7 来输入，对应 XC6SLX16 芯片的引脚分别为 F15、C15、C13、C12、F9、F10、G9、F11。时钟输入 CLK 连接到 Clock 分频模块的 1Hz 输出端，Clock 分频模块的输入与 50MHz 有源晶振的输出相连，对应 XC6SLX16 芯片的引脚为 V10。输出信号 Q0～Q3、CO 由 LED_0～LED_4 表示，对应 XC6SLX16 芯片的引脚依次为 G14、F16、H15、G16、H14，如图 13-8 所示。使用 ISE 集成开发环境生成.bit 文件，并下载到 FPGA 高级开发系统进行板级验证。

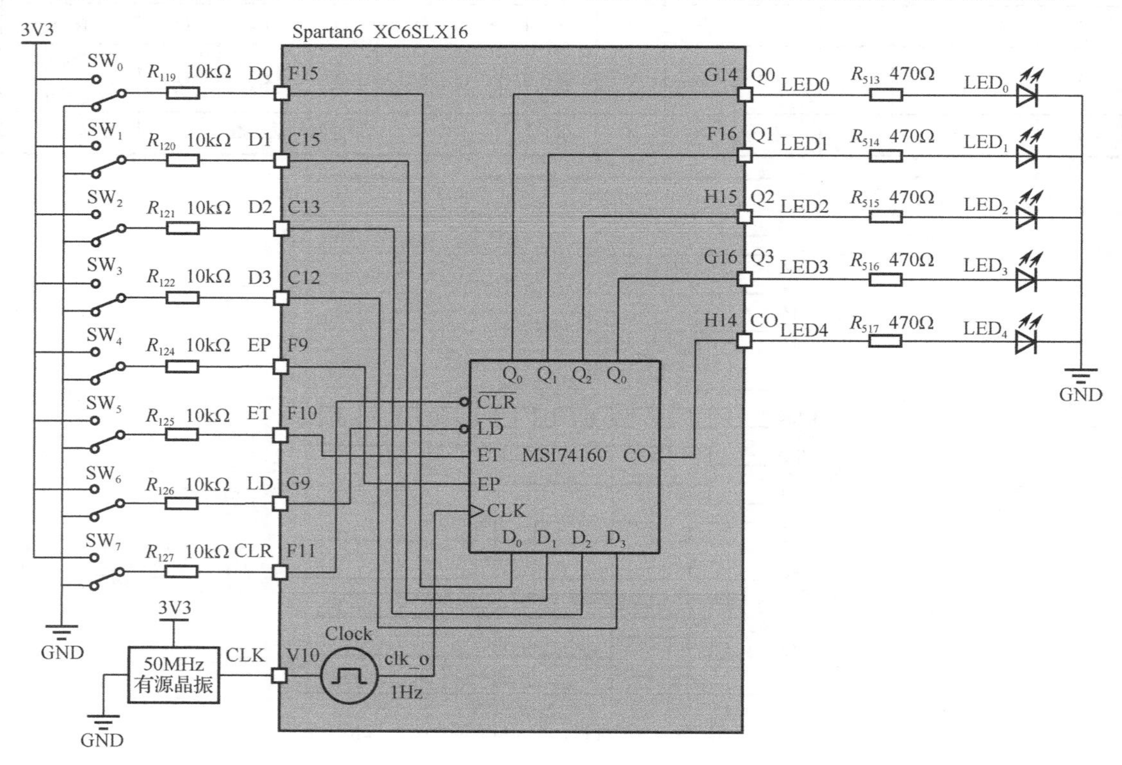

图 13-8　MSI74160 与外部电路连接图

基于原理图的仿真和板级验证完成后，再通过 VHDL 实现 MSI74160。使用 ISE 集成开发环境对其进行仿真，然后生成.bit 文件，并下载到 FPGA 高级开发系统进行板级验证。

13.3　实验步骤

步骤 1：新建 MSI74163 原理图工程

将“D:\Spartan6DigitalTest\Material”文件夹中的 Exp12.1_MSI74163 文件夹复制到“D:\Spartan6DigitalTest\Product”文件夹中。然后，参考 3.3 节步骤 1，在目录“D:\Spartan6DigitalTest\Product\Exp12.1_MSI74163\project”中新建名为 MSI74163 的原理图工程。

新建工程后，参考 5.3 节步骤 1，添加 Clock.vhd、DTrigger.sch、MSI74163.sch 和 MSI74163_top.sch 文件到工程中，这四个文件均在“D:\Spartan6DigitalTest\Product\Exp12.1_MSI74163\code”文件夹中。

步骤 2：完善 MSI74163_top.sch 文件

打开 MSI74163_top.sch 文件，参考图 13-9，完善 MSI74163_top.sch 文件。

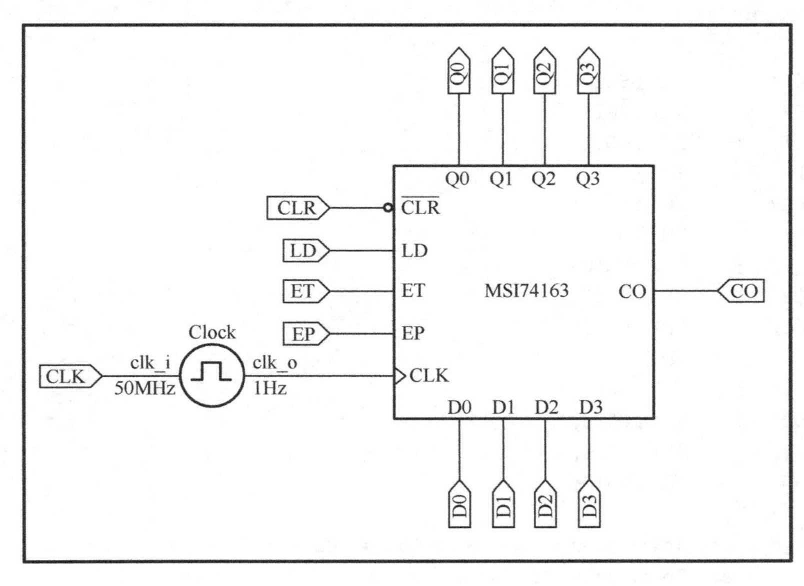

图 13-9　MSI74163_top

步骤 3：添加 MSI74163_top_tb.vhd 仿真文件

参考 12.3 节步骤 3，将 Clock.vhd 的 CNT_HALF 和 CNT_MAX 修改为 0 和 1，然后新建仿真文件 MSI74163_top_tb.vhd，选择仿真对象为 MSI74163_top.sch，将程序清单 13-1 中的第 1 至 4 行、第 41 至 45 行、第 66 至 76 行、第 81 至 103 行代码添加到仿真文件 MSI74163_top_tb.vhd 相应的位置。

程序清单 13-1

```
1.   library ieee;
2.   use ieee.std_logic_1164.all;
3.   use ieee.std_logic_arith.all;
4.   use ieee.std_logic_unsigned.all;
5.   ENTITY MSI74163_top_MSI74163_top_sch_tb IS
6.   END MSI74163_top_MSI74163_top_sch_tb;
```

```
7.  ARCHITECTURE behavioral OF MSI74163_top_MSI74163_top_sch_tb IS
8.
9.    COMPONENT MSI74163_top
10.     PORT( CLK :   IN  STD_LOGIC;
11.       EP :   IN  STD_LOGIC;
12.       ET :   IN  STD_LOGIC;
13.       LD :   IN  STD_LOGIC;
14.       CLR:   IN  STD_LOGIC;
15.       Q0 :   OUT STD_LOGIC;
16.       Q1 :   OUT STD_LOGIC;
17.       Q2 :   OUT STD_LOGIC;
18.       Q3 :   OUT STD_LOGIC;
19.       CO :   OUT STD_LOGIC;
20.       D3 :   IN  STD_LOGIC;
21.       D2 :   IN  STD_LOGIC;
22.       D1 :   IN  STD_LOGIC;
23.       D0 :   IN  STD_LOGIC);
24.   END COMPONENT;
25.
26.   SIGNAL CLK  :   STD_LOGIC;
27.   SIGNAL EP   :   STD_LOGIC;
28.   SIGNAL ET   :   STD_LOGIC;
29.   SIGNAL LD   :   STD_LOGIC;
30.   SIGNAL CLR  :   STD_LOGIC;
31.   SIGNAL Q0   :   STD_LOGIC;
32.   SIGNAL Q1   :   STD_LOGIC;
33.   SIGNAL Q2   :   STD_LOGIC;
34.   SIGNAL Q3   :   STD_LOGIC;
35.   SIGNAL CO   :   STD_LOGIC;
36.   SIGNAL D3   :   STD_LOGIC;
37.   SIGNAL D2   :   STD_LOGIC;
38.   SIGNAL D1   :   STD_LOGIC;
39.   SIGNAL D0   :   STD_LOGIC;
40.
41.   signal s_d : std_logic_vector(3 downto 0) := "0000";
42.   signal s_q : std_logic_vector(3 downto 0);
43.
44.   -- Clock period definitions
45.   constant CLK_period : time := 20 ns;
46.
47. BEGIN
48.
49.   UUT: MSI74163_top PORT MAP(
50.     CLK => CLK,
51.     EP => EP,
52.     ET => ET,
53.     LD => LD,
54.     CLR => CLR,
55.     Q0 => Q0,
56.     Q1 => Q1,
57.     Q2 => Q2,
58.     Q3 => Q3,
```

```
59.      CO => CO,
60.      D3 => D3,
61.      D2 => D2,
62.      D1 => D1,
63.      D0 => D0
64.      );
65.
66.    (D3, D2, D1, D0) <= s_d;
67.    s_q <= (Q3, Q2, Q1, Q0);
68.
69.    -- Clock process definitions
70.    CLK_process :process
71.    begin
72.      CLK <= '0';
73.      wait for CLK_period/2;
74.      CLK <= '1';
75.      wait for CLK_period/2;
76.    end process;
77.
78.  -- *** Test Bench - User Defined Section ***
79.    tb : PROCESS
80.    BEGIN
81.      s_d <= "0000";
82.      CLR <= '1';   --计数
83.      LD  <= '1';
84.      EP  <= '1';
85.      ET  <= '1';
86.      wait for 800 ns;
87.
88.      CLR <= '0';   --清零
89.      s_d <= "0110";
90.      wait for 100 ns;
91.
92.      CLR <= '1';   --置数
93.      LD  <= '0';
94.      wait for 100 ns;
95.
96.      s_d <= "1010";--置数
97.      wait for 100 ns;
98.
99.      CLR <= '1';   --保持
100.     LD  <= '1';
101.     EP  <= '0';
102.     ET  <= '1';
103.     wait for 100 ns;
104.   END PROCESS;
105. -- *** End Test Bench - User Defined Section ***
106.
107. END;
```

完善仿真文件后，参考 3.3 节步骤 8 进行仿真测试，仿真结果如图 13-10 所示。参考表 13-1 所示的 MSI74163 功能表，验证不同工作模式下的仿真结果。注意，仿真验证无误后应将 Clock 的分频常数修改回原值。

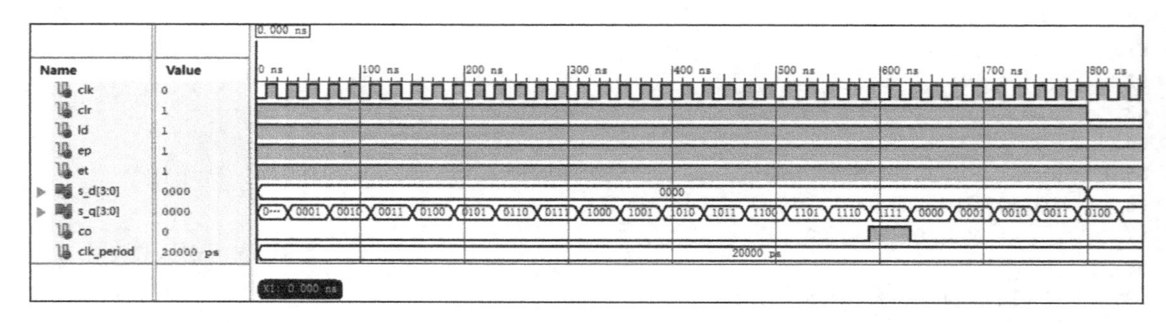

图 13-10　MSI74163_top_tb 仿真结果

步骤 4：添加 MSI74163_top.ucf 引脚约束文件

参考 3.3 节步骤 9，新建引脚约束文件 MSI74163_top.ucf，并将程序清单 13-2 中的代码添加到 MSI74163_top.ucf 文件中。

程序清单 13-2

```
1.  #50MHz 晶振输入
2.  Net CLK LOC = V10 | TNM_NET = sys_clk_pin;
3.  TIMESPEC TS_sys_clk_pin = PERIOD sys_clk_pin 50MHz;
4.
5.  #拨动开关输入引脚约束
6.  Net D0  LOC = F15 | IOSTANDARD = "LVCMOS33"; #SW0
7.  Net D1  LOC = C15 | IOSTANDARD = "LVCMOS33"; #SW1
8.  Net D2  LOC = C13 | IOSTANDARD = "LVCMOS33"; #SW2
9.  Net D3  LOC = C12 | IOSTANDARD = "LVCMOS33"; #SW3
10. Net EP  LOC = F9  | IOSTANDARD = "LVCMOS33"; #SW4
11. Net ET  LOC = F10 | IOSTANDARD = "LVCMOS33"; #SW5
12. Net LD  LOC = G9  | IOSTANDARD = "LVCMOS33"; #SW6
13. Net CLR LOC = F11 | IOSTANDARD = "LVCMOS33"; #SW7
14.
15. #LED 输出引脚约束
16. Net Q0  LOC = G14 | IOSTANDARD = "LVCMOS33"; #LED0
17. Net Q1  LOC = F16 | IOSTANDARD = "LVCMOS33"; #LED1
18. Net Q2  LOC = H15 | IOSTANDARD = "LVCMOS33"; #LED2
19. Net Q3  LOC = G16 | IOSTANDARD = "LVCMOS33"; #LED3
20. Net CO  LOC = H14 | IOSTANDARD = "LVCMOS33"; #LED4
```

引脚约束文件添加完成后，参考 3.3 节步骤 10，将工程编译生成.bit 文件，将其下载到 FPGA 高级开发系统上。拨动 SW_0～SW_7，检查 LED_0～LED_4 输出是否与功能表一致。

步骤 5：新建 MSI74163 HDL 工程

将“D:\Spartan6DigitalTest\Material”文件夹中的 Exp12.2_MSI74163 文件夹复制到“D:\Spartan6DigitalTest\Product”文件夹中。然后，参考3.3 节步骤 1，在目录“D:\Spartan6DigitalTest\Product\Exp12.2_MSI74163\project”中新建名为 MSI74163 的 HDL 工程。

新建工程后，参考 5.3 节步骤 1，添加 Clock.vhd、MSI74163_top.vhd、MSI74163.vhd 文件到工程中，这三个文件均在“D:\Spartan6DigitalTest\Product\Exp12.2_MSI74163\code”文件夹中。

步骤 6：完善 MSI74163_top.vhd 文件

MSI74163_top.vhd 是该工程的顶层模块，Clock.vhd 和 MSI74163.vhd 两个模块都是在该

顶层模块中使用的，其中，Clock 模块实现了分频的功能，MSI74163 模块实现了 MSI74163 计数器的功能，MSI74163_top 的作用则是将两个模块进行搭配使用，并与输入/输出端口建立连接。

打开 MSI74163_top.vhd 文件，参考程序清单 13-3，完善 MSI74163_top.vhd 文件，下面对关键语句进行解释。

（1）第 37 至 79 行代码：结构体的元件声明。MSI74163_top.vhd 会使用到 Clock 和 MSI74163 模块，因此需要在结构体中通过 component 关键字声明这些模块，类似于 C 语言的函数声明。

（2）第 70 至 94 行代码：结构体的元件例化。前面已对模块进行声明，但仍不能使用这些模块，还需要通过 port 和 map 关键字例化各模块。以 Clock 模块为例说明，在第 38 至 43 行代码进行了 Clock 模块的声明，在结构体的功能描述部分就需要进行元件例化，即第 70 至 74 行代码，其中，Clock 是元件名，u_clk_gen_1hz 是例化名，例化的同时，将例化后元件的输入/输出端口与 MSI74163_top 的信号相连，便实现了对该模块的使用。注意，元件声明只需要声明一次，但每使用一次该模块，就需要进行一次元件例化。

如果将 MSI74163_top.vhd 比作一个原理图文件，Clock 模块就相当于 symbols 中的一个抽象元件名，例如前面使用到的分频元件 Clock，例化的 u_clk_gen_1hz 就相当于摆放在原理图上的具体元件，如果原理图上需要使用多个 Clock，就需要例化多个元件，可以将这些元件依次命名为 u1_clk_gen_1hz、u2_clk_gen_1hz、u3_clk_gen_1hz……注意，同一个结构体中的例化名必须不同，而在不同的结构体中，例化名可以相同。

程序清单 13-3

```
1.  ------------------------------------------------------------------------------
2.  --                                 引用库
3.  ------------------------------------------------------------------------------
4.  library ieee;
5.  use ieee.std_logic_1164.all;
6.  use ieee.std_logic_arith.all;
7.  use ieee.std_logic_unsigned.all;
8.
9.  ------------------------------------------------------------------------------
10. --                                 实体声明
11. ------------------------------------------------------------------------------
12. entity MSI74163_top is
13.    port(
14.      CLR : in  std_logic; --同步清零，低电平有效
15.      CLK : in  std_logic; --时钟信号，上升沿有效
16.      LD  : in  std_logic; --置位计数器，低电平有效
17.      EP  : in  std_logic; --使能位，高电平有效
18.      ET  : in  std_logic; --使能位，高电平有效
19.      D0  : in  std_logic; --置位输入
20.      D1  : in  std_logic; --置位输入
21.      D2  : in  std_logic; --置位输入
22.      D3  : in  std_logic; --置位输入
23.
24.      Q0  : out std_logic; --计数输出
25.      Q1  : out std_logic; --计数输出
26.      Q2  : out std_logic; --计数输出
27.      Q3  : out std_logic; --计数输出
```

```
28.       CO   : out std_logic  --进位输出
29.       );
30.  end MSI74163_top;
31.
32.  ---------------------------------------------------------------------------------
33.  --                                  结构体
34.  ---------------------------------------------------------------------------------
35.  architecture rtl of MSI74163_top is
36.
37.     --时钟发生器
38.     component Clock is
39.       port(
40.         clk_i    : in  std_logic; --时钟输入，50MHz
41.         clk_o    : out std_logic  --时钟输出，1Hz
42.         );
43.     end component;
44.
45.      --加法器
46.      component MSI74163 is
47.        port(
48.             CLR : in  std_logic; --同步清零，低电平有效
49.             CLK : in  std_logic; --时钟信号，上升沿有效
50.             LD  : in  std_logic; --置位计数器，低电平有效
51.             EP  : in  std_logic; --使能位，高电平有效
52.             ET  : in  std_logic; --使能位，高电平有效
53.             D0  : in  std_logic; --置位输入
54.             D1  : in  std_logic; --置位输入
55.             D2  : in  std_logic; --置位输入
56.             D3  : in  std_logic; --置位输入
57.
58.             Q0  : out std_logic; --计数输出
59.             Q1  : out std_logic; --计数输出
60.             Q2  : out std_logic; --计数输出
61.             Q3  : out std_logic; --计数输出
62.             CO  : out std_logic  --进位输出
63.             );
64.      end component;
65.
66.      signal s_clk_1hz : std_logic; --1Hz 时钟信号
67.  begin
68.
69.     -1Hz 时钟
70.     u_clk_gen_1hz : Clock
71.     port map(
72.        clk_i    => CLK,
73.        clk_o    => s_clk_1hz
74.     );
75.
76.      --加法器
77.      u_addr : MSI74163
78.      port map(
79.         CLR => CLR,
```

```
80.         CLK => s_clk_1hz,
81.         LD  => LD,
82.         EP  => EP,
83.         ET  => ET,
84.         D0  => D0,
85.         D1  => D1,
86.         D2  => D2,
87.         D3  => D3,
88.
89.         Q0  => Q0,
90.         Q1  => Q1,
91.         Q2  => Q2,
92.         Q3  => Q3,
93.         CO  => CO
94.      );
95.
96. end rtl;
```

步骤 7：完善 MSI74163.vhd 文件

打开 MSI74163.vhd 文件，参考程序清单 13-4，完善 MSI74163.vhd 文件。

程序清单 13-4

```
1.  ---------------------------------------------------------------------------------
2.  --                                    引用库
3.  ---------------------------------------------------------------------------------
4.  library ieee;
5.  use ieee.std_logic_1164.all;
6.  use ieee.std_logic_arith.all;
7.  use ieee.std_logic_unsigned.all;
8.
9.  ---------------------------------------------------------------------------------
10. --                                    实体声明
11. ---------------------------------------------------------------------------------
12. entity MSI74163 is
13.   port(
14.     CLR : in  std_logic; --同步清零，低电平有效
15.     CLK : in  std_logic; --时钟信号，上升沿有效
16.     LD  : in  std_logic; --置位计数器，低电平有效
17.     EP  : in  std_logic; --使能位，高电平有效
18.     ET  : in  std_logic; --使能位，高电平有效
19.     D0  : in  std_logic; --置位输入
20.     D1  : in  std_logic;
21.     D2  : in  std_logic;
22.     D3  : in  std_logic;
23.
24.     Q0  : out std_logic; --计数输出
25.     Q1  : out std_logic;
26.     Q2  : out std_logic;
27.     Q3  : out std_logic;
28.
29.     CO  : out std_logic --进位输出
30.     );
31. end MSI74163;
```

```
32.
33. --------------------------------------------------------------------------------
34. --                              结构体
35. --------------------------------------------------------------------------------
36. architecture rtl of MSI74163 is
37.
38.   --输入
39.   signal s_clr_n  : std_logic; --同步清零，低电平有效
40.   signal s_clk    : std_logic; --时钟信号，上升沿有效
41.   signal s_load_n : std_logic; --置位计数器，低电平有效
42.   signal s_ep     : std_logic; --使能位，高电平有效
43.   signal s_et     : std_logic; --使能位，高电平有效
44.   signal s_d      : std_logic_vector(3 downto 0);
45.
46.   --输出
47.   signal s_q     : std_logic_vector(3 downto 0) := "0000";
48.   signal s_carry : std_logic := '0';
49.
50. begin
51.
52.   --输入
53.   s_clr_n  <= CLR;
54.   s_clk    <= CLK;
55.   s_load_n <= LD;
56.   s_d      <= (D3, D2, D1, D0);
57.   s_ep     <= EP;
58.   s_et     <= ET;
59.
60.   --计数处理
61.   process(s_clk)
62.   begin
63.     if(rising_edge(s_clk))then
64.          if(s_clr_n = '0') then
65.               s_q <= "0000";
66.          elsif(s_load_n = '0') then
67.               s_q <= s_d;
68.          elsif(s_ep = '1' and s_et = '1') then
69.               s_q <= s_q + "0001";
70.          else
71.               s_q <= s_q;
72.          end if;
73.       end if;
74.   end process;
75.
76.   --进位
77.   s_carry <= s_q(3) and s_q(2) and s_q(1) and s_q(0) and s_et;
78.
79.   --输出
80.   Q0 <= s_q(0);
81.   Q1 <= s_q(1);
82.   Q2 <= s_q(2);
83.   Q3 <= s_q(3);
```

```
84.    CO <= s_carry;
85.
86.  end rtl;
```

完善 MSI74163.vhd 文件后，参考 4.3 节步骤 4 和步骤 5 检查 VHDL 语法是否正确，并通过 Synplify 综合工程。参考 13.3 节步骤 3 添加仿真文件，仿真无误后添加引脚约束文件。参考 3.3 节步骤 10，将工程编译生成.bit 文件，并下载到 FPGA 高级开发系统上，参考 MSI74163 功能表，验证功能是否正确。

步骤 8：新建 MSI74160 原理图工程

将“D:\Spartan6DigitalTest\Material”文件夹中的 Exp12.3_MSI74160 文件夹复制到“D:\Spartan6DigitalTest\Product”文件夹中。然后，参考 3.3 节步骤 1，在目录“D:\Spartan6DigitalTest\Product\Exp12.3_MSI74160\project”中新建名为 MSI74160 的原理图工程。

新建工程后，参考 5.3 节步骤 1，添加 Clock.vhd、DTrigger.sch、MSI74160.sch 和 MSI74160_top.sch 文件到工程中，这四个文件均在“D:\Spartan6DigitalTest\Product\Exp12.3_MSI74160\code”文件夹中。

步骤 9：完善 MSI74160_top.sch 文件

打开 MSI74160_top.sch 文件，参考图 13-11，完善 MSI74160_top.sch 文件。

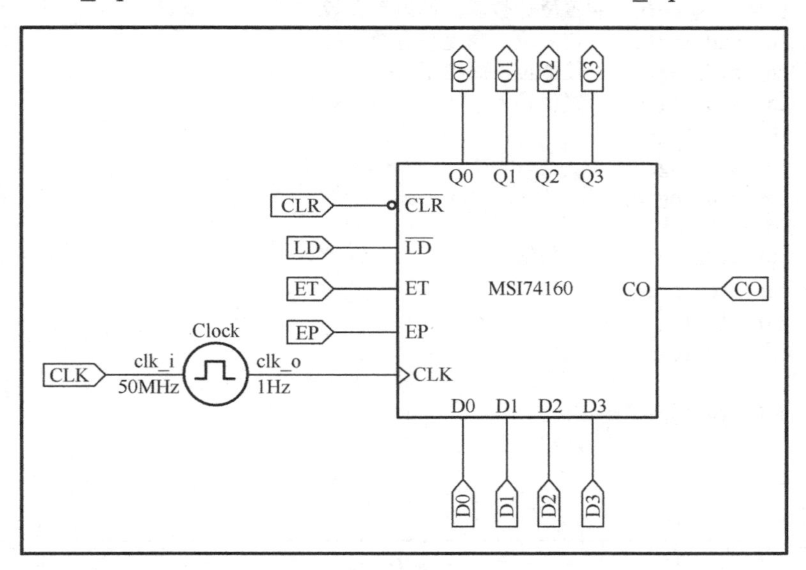

图 13-11　MSI74160_top

完善 MSI74160_top.sch 文件后，参考 13.3 节步骤 3 添加仿真文件，仿真无误后，参考 13.3 节步骤 4 添加引脚约束文件。然后参考 3.3 节步骤 10，将工程编译生成.bit 文件，并下载到 FPGA 高级开发系统上，参考 MSI74160 功能表，验证功能是否正确。

步骤 10：新建 MSI74160 HDL 工程

将“D:\Spartan6DigitalTest\Material”文件夹中的 Exp12.4_MSI74160 文件夹复制到“D:\Spartan6DigitalTest\Product”文件夹中。然后，参考 3.3 节步骤 1，在目录“D:\Spartan6DigitalTest\Product\Exp12.4_MSI74160\project”中新建名为 MSI74160 的 HDL 工程。

新建工程后，参考 5.3 节步骤 1，添加 Clock.vhd、MSI74160_top.vhd、MSI74160.vhd 文件

到工程中，这三个文件均在“D:\Spartan6DigitalTest\Product\Exp12.4_MSI74160\code”文件夹中。

步骤 11：完善 MSI74160.vhd 文件

打开 MSI74160.vhd 文件，参考程序清单 13-5，完善 MSI74160.vhd 文件。

程序清单 13-5

```
1.  ---------------------------------------------------------------------------------
2.  --                                  引用库
3.  ---------------------------------------------------------------------------------
4.  library ieee;
5.  use ieee.std_logic_1164.all;
6.  use ieee.std_logic_arith.all;
7.  use ieee.std_logic_unsigned.all;
8.
9.  ---------------------------------------------------------------------------------
10. --                                  实体声明
11. ---------------------------------------------------------------------------------
12. entity MSI74160 is
13.   port(
14.     CLR : in  std_logic; --异步清零，低电平有效
15.     CLK : in  std_logic; --时钟信号，上升沿有效
16.     LD  : in  std_logic; --置位计数器，低电平有效
17.     EP  : in  std_logic; --使能位，高电平有效
18.     ET  : in  std_logic; --使能位，高电平有效
19.     D0  : in  std_logic; --置位输入
20.     D1  : in  std_logic;
21.     D2  : in  std_logic;
22.     D3  : in  std_logic;
23.
24.     Q0  : out std_logic; --计数输出
25.     Q1  : out std_logic;
26.     Q2  : out std_logic;
27.     Q3  : out std_logic;
28.
29.     CO  : out std_logic --进位输出
30.     );
31. end MSI74160;
32.
33. ---------------------------------------------------------------------------------
34. --                                  结构体
35. ---------------------------------------------------------------------------------
36. architecture rtl of MSI74160 is
37.
38.   --输入
39.   signal s_clr_n  : std_logic; --同步清零，低电平有效
40.   signal s_clk    : std_logic; --时钟信号，上升沿有效
41.   signal s_load_n : std_logic; --置位计数器，低电平有效
42.   signal s_ep     : std_logic; --使能位，高电平有效
43.   signal s_et     : std_logic; --使能位，高电平有效
44.   signal s_d      : std_logic_vector(3 downto 0);
45.
46.   --输出
47.   signal s_q     : std_logic_vector(3 downto 0) := "0000";
```

```
48.   signal s_carry : std_logic := '0';
49.
50. begin
51.
52.   --输入
53.   s_clr_n  <= CLR;
54.   s_clk    <= CLK;
55.   s_load_n <= LD;
56.   s_d      <= (D3, D2, D1, D0);
57.   s_ep     <= EP;
58.   s_et     <= ET;
59.
60.   --计数处理
61.   process(s_clk, s_clr_n)
62.   begin
63.     if(s_clr_n = '0') then
64.         s_q <= "0000";
65.     elsif(rising_edge(s_clk))then
66.         if(s_load_n = '0') then
67.             s_q <= s_d;
68.         elsif(s_ep = '1' and s_et = '1') then
69.             if(s_q(3) = '1' and s_q(0) = '1') then
70.                 s_q <= "0000";
71.             else
72.                 s_q <= s_q + "0001";
73.             end if;
74.         else
75.             s_q <= s_q;
76.         end if;
77.       end if;
78.   end process;
79.
80.   --进位
81.   s_carry <= s_q(3) and (not s_q(2)) and (not s_q(1)) and s_q(0) and s_et;
82.
83.   --输出
84.   Q0 <= s_q(0);
85.   Q1 <= s_q(1);
86.   Q2 <= s_q(2);
87.   Q3 <= s_q(3);
88.   CO <= s_carry;
89.
90. end rtl;
```

完善 MSI74160.vhd 文件后，参考 4.3 节步骤 4 和步骤 5 检查 VHDL 语法是否正确，并通过 Synplify 综合工程。然后，新建仿真文件进行仿真，仿真结果如图 13-12 所示，右键单击 s_q[3:0]，选择 Radix→Unsigned Decimal 改变仿真数据的显示格式，这里选择无符号十进制显示，可以看到 s_q[3:0]只从 0 计数到 9，为十进制加法计数，与 MSI74160 的计数模式功能一致，参考表 13-2 所示的 MSI74160 功能表，验证不同工作模式下的仿真结果。仿真验证无误后，将 Clock 的分频常数修改回原值。

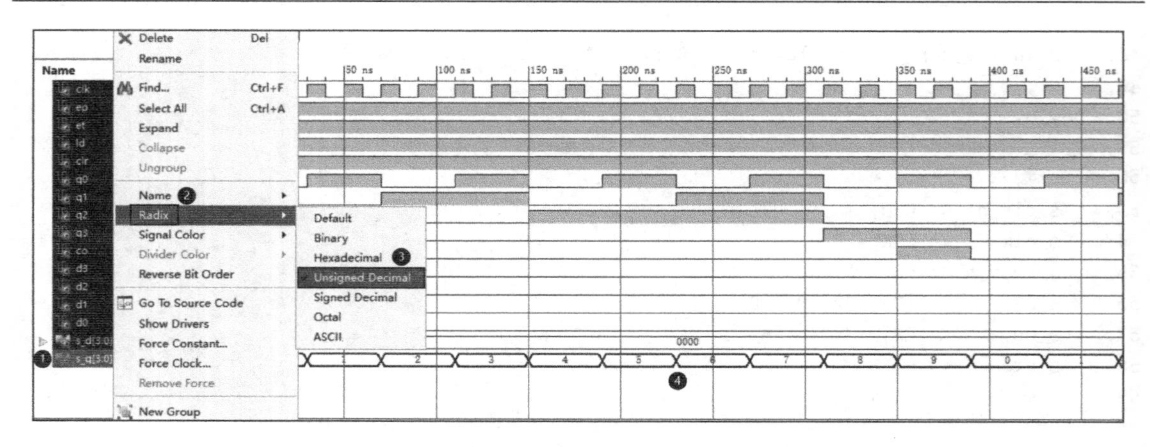

图 13-12　MSI74160_top_tb 仿真结果

完成仿真后，添加引脚约束文件，然后参考 3.3 节步骤 10，将工程编译生成.bit 文件，并下载到 FPGA 高级开发系统上，参考 MSI74160 的功能表，验证功能是否正确。

本 章 任 务

任务 1：使用 ISE 集成开发环境，基于原理图，用 MSI74163 和必要的门电路构造一个十五进制加法计数器。编写测试激励文件，对该电路进行仿真；编写引脚约束文件，除时钟输入 CLK 连接到 50MHz 有源晶振（对应 XC6SLX16 芯片引脚为 V10）外，其他输入使用拨动开关，输出使用 LED。在 ISE 集成开发环境中生成.bit 文件，并将其下载到 FPGA 高级开发系统进行板级验证。最后，使用 VHDL 实现十五进制加法计数器，按照同样的流程进行仿真和板级验证。

任务 2：使用 ISE 集成开发环境，基于原理图，用 MSI74160 和必要的门电路构造一个八进制加法计数器。编写测试激励文件，对该电路进行仿真；编写引脚约束文件，除时钟输入 CLK 连接到 50MHz 有源晶振（对应 XC6SLX16 芯片引脚为 V10）外，其他输入使用拨动开关，输出使用 LED。在 ISE 集成开发环境中生成.bit 文件，并将其下载到 FPGA 高级开发系统进行板级验证。最后，使用 VHDL 实现八进制加法计数器，按照同样的流程进行仿真和板级验证。

第 14 章　移位寄存器设计

移位寄存器也是一种寄存器，不仅具有基本寄存器对数据进行寄存的功能，还具有对数据进行移位的功能。基本寄存器只能寄存数据，其特点是数据并行输入、并行输出。而移位寄存器除了具有寄存数据的功能，还可以在时钟脉冲的控制下，实现数据的移位。根据移位方向，移位寄存器可以分为左移寄存器、右移寄存器、双向移位寄存器三种。根据移位寄存器输入、输出方式的不同，移位寄存器可以分为串行输入/串行输出、串行输入/并行输出、并行输入/串行输出和并行输入/并行输出 4 种电路结构。本章先对 MSI74194 模块进行仿真，再编写引脚约束文件，在 FPGA 高级开发系统上进行板级验证；然后参考 MSI74194 功能表，使用 VHDL 实现该电路，经过仿真测试后，进行板级验证。

14.1　预备知识

1．单向移位寄存器。

2．双向移位寄存器。

3．MSI74164 八位单向移位寄存器。

4．MSI74194 四位双向移位寄存器。

14.2　实验内容

MSI74194 是四位双向移位寄存器，数据可串行输入也可并行输入，可串行输出也可并行输出，同时具有保持和异步清零功能，它的逻辑符号如图 14-1 所示。$\overline{CLR}$ 是异步清零端；S_R 是右移串行数据输入端；S_L 是左移串行数据输入端；D_0 ～ D_3 是并行数据输入端；Q_0 ～ Q_3 是数据并行输出端；CLK 是移位脉冲输入端；S_0 和 S_1 是工作模式选择端。表 14-1 所示为 MSI74194 四位双向移位寄存器的功能表。

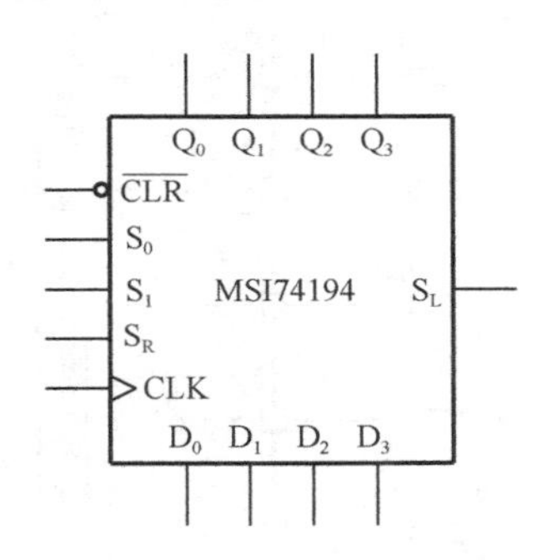

图 14-1　MSI74194 四位双向移位寄存器的逻辑符号

表 14-1　MSI74194 四位双向移位寄存器的功能表

输入								输出				工作模式
$\overline{CLR}$	S_1	S_0	CLK	D_0	D_1	D_2	D_3	Q_0^{n+1}	Q_1^{n+1}	Q_2^{n+1}	Q_3^{n+1}	
0	×	×	×	×	×	×	×	0	0	0	0	异步清零
1	0	0	↑	×	×	×	×	Q_0^n	Q_1^n	Q_2^n	Q_3^n	保持
1	0	1	↑	×	×	×	×	S_R	Q_0^n	Q_1^n	Q_2^n	右移
1	1	0	↑	×	×	×	×	Q_1^n	Q_2^n	Q_3^n	S_L	左移
1	1	1	↑	d_0	d_1	d_2	d_3	d_0	d_1	d_2	d_3	并行输入

在 ISE 集成开发环境中，将 MSI74194 四位双向移位寄存器的输入信号命名为 CLR、S0、

S1、SL、SR、CLK、D0～D3，将输出信号命名为Q0～Q3，如图14-2所示。编写测试激励文件，对MSI74194进行仿真。

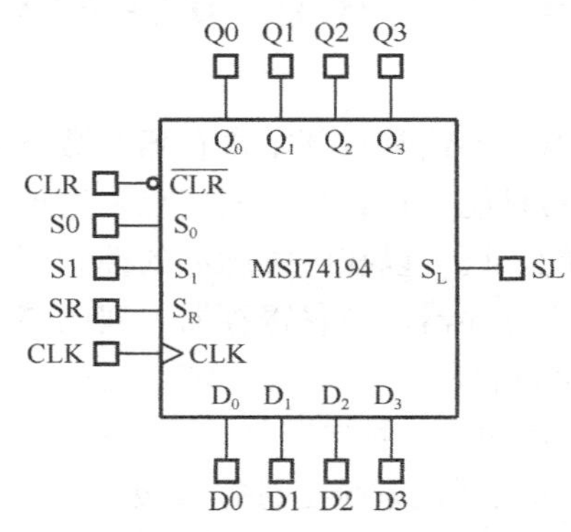

图14-2　MSI74194四位双向移位寄存器输入/输出信号在ISE集成开发环境中的命名

完成仿真后，编写引脚约束文件，其中信号D0～D3、SR、SL、S0、S1、CLR使用拨动开关SW_0～SW_8来输入，对应XC6SLX16芯片的引脚分别为F15、C15、C13、C12、F9、F10、G9、F11、E11。时钟输入CLK连接到Clock分频模块的1Hz输出端，Clock分频模块的输入与50MHz有源晶振的输出相连，对应XC6SLX16芯片的引脚为V10。输出信号Q0～Q3由LED_0～LED_3表示，对应XC6SLX16芯片的引脚依次为G14、F16、H15、G16，如图14-3所示。使用ISE集成开发环境生成.bit文件，并下载到FPGA高级开发系统进行板级验证。

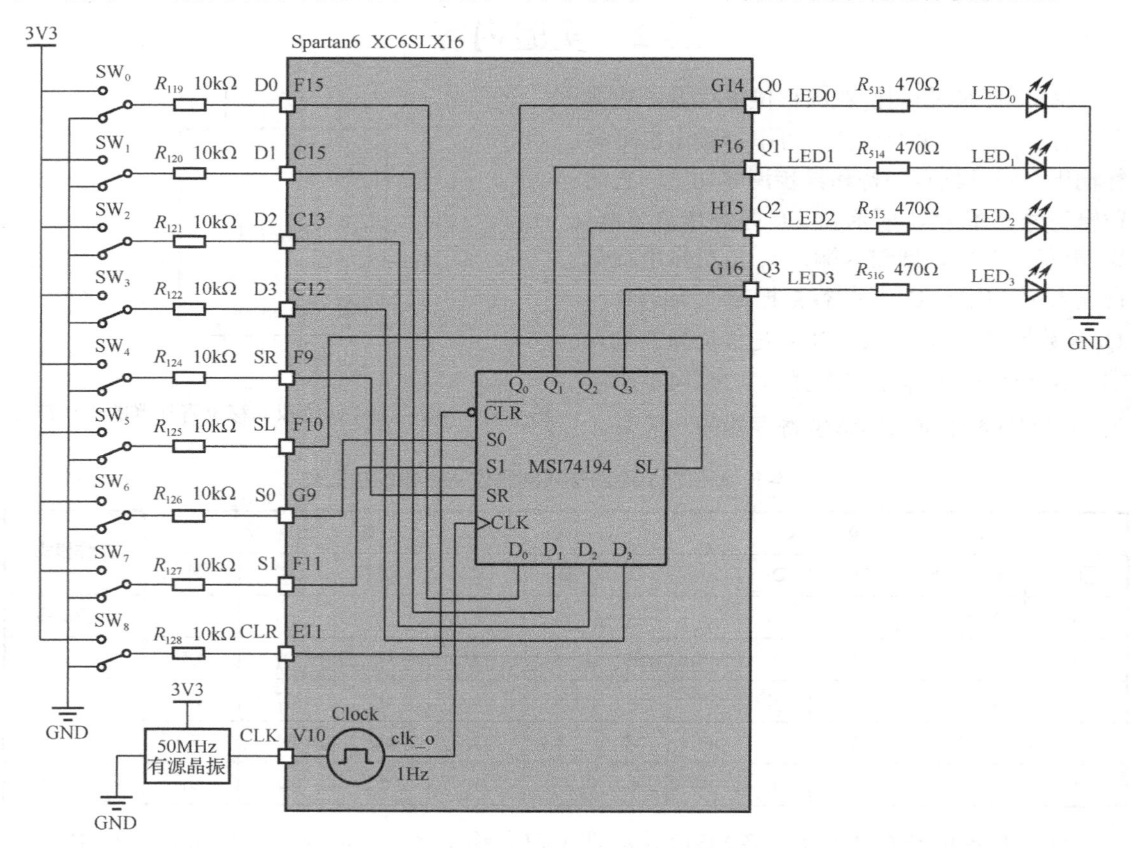

图14-3　MSI74194与外部电路连接图

基于原理图的仿真和板级验证完成后，通过 VHDL 实现 MSI7494，使用 ISE 集成开发环境对其进行仿真，然后生成.bit 文件，并下载到 FPGA 高级开发系统进行板级验证。

14.3　实验步骤

步骤 1：新建原理图工程

将“D:\Spartan6DigitalTest\Material”文件夹中的 Exp13.1_MSI74194 文件夹复制到“D:\Spartan6DigitalTest\Product”文件夹中。然后，参考 3.3 节步骤 1，在目录“D:\Spartan6DigitalTest\Product\Exp13.1_MSI74194\project”中新建名为 MSI74194 的原理图工程。

新建工程后，参考 5.3 节步骤 1，添加 Clock.vhd、RSTrigger.sch、MSI74194.sch 和 MSI74194_top.sch 文件到工程中，这四个文件均在“D:\Spartan6DigitalTest\Product\Exp13.1_MSI74194\code”文件夹中。

步骤 2：完善 MSI74194_top.sch 文件

打开 MSI74194_top.sch 文件，参考图 14-4，完善 MSI74194_top.sch 文件。

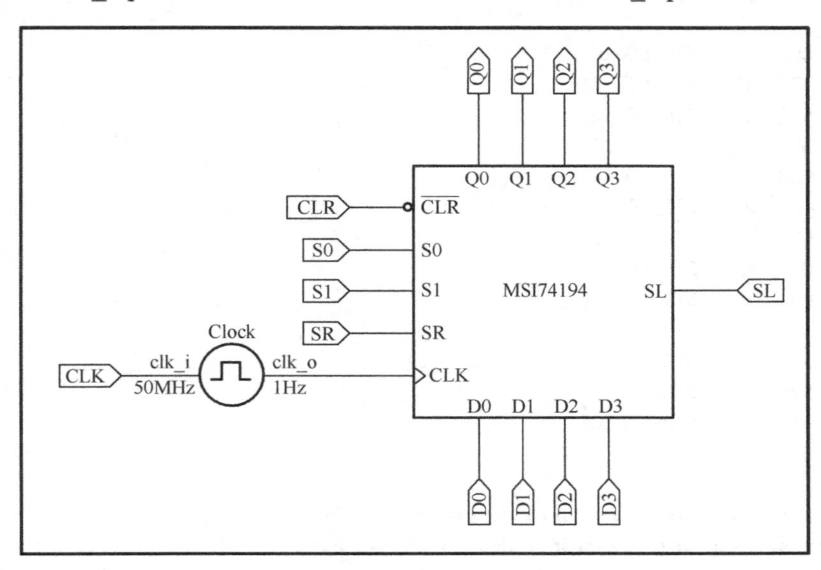

图 14-4　MSI74194_top

步骤 3：添加仿真文件

参考 12.3 节步骤 3，将 Clock.vhd 的 CNT_HALF 和 CNT_MAX 分别修改为 0 和 1，然后新建仿真文件 MSI74194_top_tb.vhd，选择仿真对象为 MSI74194_top.sch，将程序清单 14-1 中的第 1 至 4 行、第 41 至 48 行、第 69 至 83 行、第 88 至 119 行代码添加到仿真文件 MSI7485_top_tb.vhd 相应的位置。

程序清单 14-1

```
1.   library ieee;
2.   use ieee.std_logic_1164.all;
3.   use ieee.std_logic_arith.all;
4.   use ieee.std_logic_unsigned.all;
5.   ENTITY MSI74194_top_MSI74194_top_sch_tb IS
6.   END MSI74194_top_MSI74194_top_sch_tb;
7.   ARCHITECTURE behavioral OF MSI74194_top_MSI74194_top_sch_tb IS
```

```
8.
9.    COMPONENT MSI74194_top
10.     PORT( CLK :    IN   STD_LOGIC;
11.       SR :    IN   STD_LOGIC;
12.       S1 :    IN   STD_LOGIC;
13.       S0 :    IN   STD_LOGIC;
14.       CLR:    IN   STD_LOGIC;
15.       Q0 :    OUT  STD_LOGIC;
16.       Q1 :    OUT  STD_LOGIC;
17.       Q2 :    OUT  STD_LOGIC;
18.       Q3 :    OUT  STD_LOGIC;
19.       SL :    IN   STD_LOGIC;
20.       D3 :    IN   STD_LOGIC;
21.       D2 :    IN   STD_LOGIC;
22.       D1 :    IN   STD_LOGIC;
23.       D0 :    IN   STD_LOGIC);
24.   END COMPONENT;
25.
26.   SIGNAL CLK  :    STD_LOGIC;
27.   SIGNAL SR   :    STD_LOGIC;
28.   SIGNAL S1   :    STD_LOGIC;
29.   SIGNAL S0   :    STD_LOGIC;
30.   SIGNAL CLR  :    STD_LOGIC;
31.   SIGNAL Q0   :    STD_LOGIC;
32.   SIGNAL Q1   :    STD_LOGIC;
33.   SIGNAL Q2   :    STD_LOGIC;
34.   SIGNAL Q3   :    STD_LOGIC;
35.   SIGNAL SL   :    STD_LOGIC;
36.   SIGNAL D3   :    STD_LOGIC;
37.   SIGNAL D2   :    STD_LOGIC;
38.   SIGNAL D1   :    STD_LOGIC;
39.   SIGNAL D0   :    STD_LOGIC;
40.
41.   signal s_d : std_logic_vector(3 downto 0) := "0000";
42.   signal s_s : std_logic_vector(1 downto 0) := "00";
43.   signal s_q : std_logic_vector(3 downto 0);
44.   signal s_clr : std_logic := '0';
45.   signal s_si : std_logic := '0';
46.
47.   -- Clock period definitions
48.   constant CLK_period : time := 20 ns;
49.
50.  BEGIN
51.
52.   UUT: MSI74194_top PORT MAP(
53.     CLK => CLK,
54.     SR => SR,
55.     S1 => S1,
56.     S0 => S0,
57.     CLR => CLR,
58.     Q0 => Q0,
59.     Q1 => Q1,
```

```
60.       Q2 => Q2,
61.       Q3 => Q3,
62.       SL => SL,
63.       D3 => D3,
64.       D2 => D2,
65.       D1 => D1,
66.       D0 => D0
67.       );
68.
69.     (D0, D1, D2, D3) <= s_d;
70.     (S1, S0) <= s_s;
71.     CLR <= s_clr;
72.     SL <= s_si;
73.     SR <= s_si;
74.     s_q <= (Q0, Q1, Q2, Q3);
75.
76.     -- Clock process definitions
77.     CLK_process :process
78.     begin
79.       CLK <= '0';
80.       wait for CLK_period/2;
81.       CLK <= '1';
82.       wait for CLK_period/2;
83.     end process;
84.
85.   -- *** Test Bench - User Defined Section ***
86.     tb : PROCESS
87.     BEGIN
88.       s_clr <= '1';    --并行输入
89.       s_s   <= "11";
90.       s_d   <= "1010";
91.       wait for 100 ns;
92.
93.       s_clr <= '1';    --保持
94.       s_s   <= "00";
95.       wait for 100 ns;
96.
97.       s_d   <= "1111";
98.       wait for 100 ns;
99.
100.      s_clr <= '0';    --清零
101.      wait for 100 ns;
102.
103.      s_clr <= '1';    --并行输入
104.      s_s   <= "11";
105.      s_d   <= "1011";
106.      wait for 100 ns;
107.
108.      s_clr <= '1';    --右移
109.      s_s   <= "01";
110.      wait for 200 ns;
111.
```

```
112.     s_clr <= '1';    --并行输入
113.     s_s   <= "11";
114.     s_d   <= "1101";
115.     wait for 100 ns;
116.
117.     s_clr <= '1';    --左移
118.     s_s   <= "10";
119.     wait for 200 ns;
120.   END PROCESS;
121. -- *** End Test Bench - User Defined Section ***
122.
123. END;
```

完善仿真文件后，参考 3.3 节步骤 8 进行仿真测试，仿真结果如图 14-5 所示。参考表 14-1 所示的 MSI74194 功能表，验证不同工作模式下的仿真结果。注意，仿真验证无误后，应将 Clock 的分频常数修改回原值。

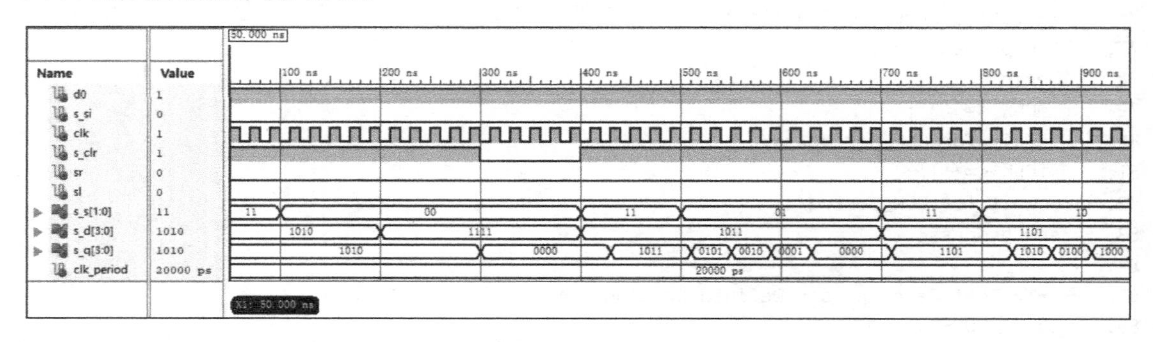

图 14-5　仿真结果

步骤 4：添加引脚约束文件

参考 3.3 节步骤 9，新建引脚约束文件 MSI74194_top.ucf，并将程序清单 14-2 中的代码添加到 MSI74194_top.ucf 文件中。

程序清单 14-2

```
1.   #50MHz 晶振输入
2.   Net CLK LOC = V10 | TNM_NET = sys_clk_pin;
3.   TIMESPEC TS_sys_clk_pin = PERIOD sys_clk_pin 50MHz;
4.
5.   #拨动开关输入引脚约束
6.   Net D0  LOC = F15 | IOSTANDARD = "LVCMOS33"; #SW0
7.   Net D1  LOC = C15 | IOSTANDARD = "LVCMOS33"; #SW1
8.   Net D2  LOC = C13 | IOSTANDARD = "LVCMOS33"; #SW2
9.   Net D3  LOC = C12 | IOSTANDARD = "LVCMOS33"; #SW3
10.  Net SR  LOC = F9  | IOSTANDARD = "LVCMOS33"; #SW4
11.  Net SL  LOC = F10 | IOSTANDARD = "LVCMOS33"; #SW5
12.  Net S0  LOC = G9  | IOSTANDARD = "LVCMOS33"; #SW6
13.  Net S1  LOC = F11 | IOSTANDARD = "LVCMOS33"; #SW7
14.  Net CLR LOC = E11 | IOSTANDARD = "LVCMOS33"; #SW8
15.
16.  #LED 输出引脚约束
17.  Net Q0  LOC = G14 | IOSTANDARD = "LVCMOS33"; #LED0
18.  Net Q1  LOC = F16 | IOSTANDARD = "LVCMOS33"; #LED1
```

```
19.  Net Q2  LOC = H15 | IOSTANDARD = "LVCMOS33"; #LED2
20.  Net Q3  LOC = G16 | IOSTANDARD = "LVCMOS33"; #LED3
```

引脚约束文件添加完成后，参考 3.3 节步骤 10，将工程编译生成.bit 文件，并下载到 FPGA 高级开发系统上。拨动 SW_0～SW_8，检查 LED_0～LED_3 输出是否与 MSI74194 真值表一致。

步骤 5：新建 HDL 工程

将“D:\Spartan6DigitalTest\Material”文件夹中的 Exp13.2_MSI74194 文件夹复制到“D:\Spartan6DigitalTest\Product”文件夹中。然后，参考 3.3 节步骤 1，在目录“D:\Spartan6DigitalTest\Product\Exp13.2_MSI74194\project”中新建名为 MSI74194 的 HDL 工程。

新建工程后，参考 5.3 节步骤 1，添加 Clock.vhd、MSI74194.vhd 和 MSI74194_top.vhd 文件到工程中，这三个文件均在“D:\Spartan6DigitalTest\Product\Exp13.2_MSI74194\code”文件夹中。

步骤 6：完善 MSI74194.vhd 文件

打开 MSI74194.vhd 文件，参考程序清单 14-3，完善 MSI74194.vhd 文件。

程序清单 14-3

```
1.  --------------------------------------------------------------------------------
2.  --                                  引用库
3.  --------------------------------------------------------------------------------
4.  library ieee;
5.  use ieee.std_logic_1164.all;
6.  use ieee.std_logic_arith.all;
7.  use ieee.std_logic_unsigned.all;
8.
9.  --------------------------------------------------------------------------------
10. --                                  实体声明
11. --------------------------------------------------------------------------------
12. entity MSI74194 is
13.   port(
14.     CLR : in  std_logic; --异步清零，低电平有效
15.     CLK : in  std_logic; --时钟信号，上升沿有效
16.     SR  : in  std_logic; --右移串行数据输入端
17.     SL  : in  std_logic; --左移串行数据输入端
18.     S0  : in  std_logic; --操作模式控制端
19.     S1  : in  std_logic; --操作模式控制端
20.     D0  : in  std_logic; --置位输入
21.     D1  : in  std_logic;
22.     D2  : in  std_logic;
23.     D3  : in  std_logic;
24.
25.     Q0  : out std_logic; --移位输出
26.     Q1  : out std_logic;
27.     Q2  : out std_logic;
28.     Q3  : out std_logic
29.     );
30. end MSI74194;
31.
32. --------------------------------------------------------------------------------
33. --                                  结构体
34. --------------------------------------------------------------------------------
35. architecture rtl of MSI74194 is
```

```
36.
37.    --输入
38.    signal s_clr_n : std_logic; --异步清零，低电平有效
39.    signal s_clk   : std_logic; --时钟信号，上升沿有效
40.    signal s_mode  : std_logic_vector(1 downto 0);
41.    signal s_sr    : std_logic; --右移串行数据输入端
42.    signal s_sl    : std_logic; --左移串行数据输入端
43.    signal s_d     : std_logic_vector(3 downto 0);
44.
45.
46.    --输出
47.    signal s_q     : std_logic_vector(3 downto 0) := "0000";
48.
49.  begin
50.
51.    --输入
52.    s_clr_n <= CLR;
53.    s_clk   <= CLK;
54.    s_mode  <= (S1, S0);
55.    s_sr    <= SR;
56.    s_sl    <= SL;
57.    s_d     <= (D3, D2, D1, D0);
58.
59.    --移位处理
60.    process(s_clk, s_clr_n)
61.    begin
62.      if(s_clr_n = '0') then
63.          s_q <= "0000";
64.        elsif(rising_edge(s_clk)) then
65.          case s_mode is
66.               when "00"   => s_q <= s_q;
67.               when "01"   => s_q <= (s_q(2), s_q(1), s_q(0), s_sr);
68.               when "10"   => s_q <= (s_sl, s_q(3), s_q(2), s_q(1));
69.               when "11"   => s_q <= s_d;
70.               when others => s_q <= s_q;
71.          end case;
72.        end if;
73.    end process;
74.
75.
76.    --输出
77.    Q0 <= s_q(0);
78.    Q1 <= s_q(1);
79.    Q2 <= s_q(2);
80.    Q3 <= s_q(3);
81.
82.  end rtl;
```

完善 MSI74194.vhd 文件后，参考 4.3 节步骤 4 和步骤 5 检查 VHDL 语法是否正确，并通过 Synplify 综合工程。新建仿真文件进行仿真，添加引脚约束文件，参考 3.3 节步骤 10，将工程编译生成.bit 文件，并下载到 FPGA 高级开发系统上。参考 MSI74194 功能表，验证功能是否正确。

本章任务

任务 1：使用 ISE 集成开发环境，基于原理图，用 MSI74194 和必要的门电路构造一个状态图如图 14-6 所示的八进制扭环形计数器。编写测试激励文件，对该电路进行仿真；编写引脚约束文件，除时钟输入 CLK 连接到 50MHz 有源晶振（对应 XC6SLX16 芯片引脚为 V10），其他输入使用拨动开关，输出使用 LED。在 ISE 集成开发环境中生成.bit 文件，并将其下载到 FPGA 高级开发系统进行板级验证。最后，使用 VHDL 实现该八进制扭环形计数器，按照同样的流程进行仿真和板级验证。

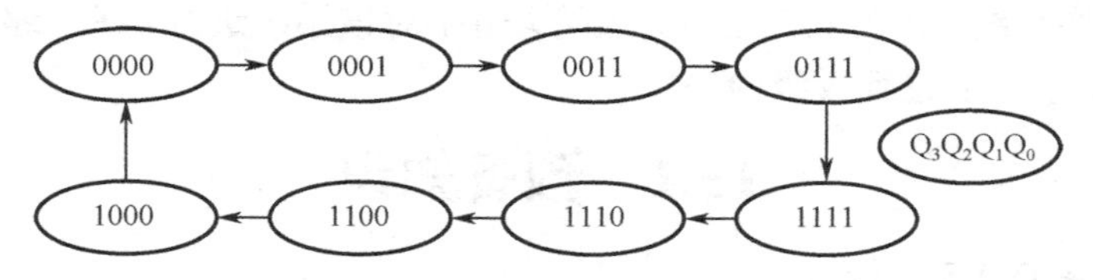

图 14-6　八进制扭环形计数器状态图

任务 2：使用 ISE 集成开发环境，基于原理图，用 MSI74194 和必要的门电路构造一个状态图如图 14-7 所示的七进制变形扭环形计数器。编写测试激励文件，对该电路进行仿真；编写引脚约束文件，除时钟输入 CLK 连接到 50MHz 有源晶振（对应 XC6SLX16 芯片引脚为 V10），其他输入使用拨动开关，输出使用 LED。在 ISE 集成开发环境中生成.bit 文件，并将其下载到 FPGA 高级开发系统进行板级验证。最后，使用 VHDL 实现该七进制变形扭环形计数器，按照同样的流程进行仿真和板级验证。

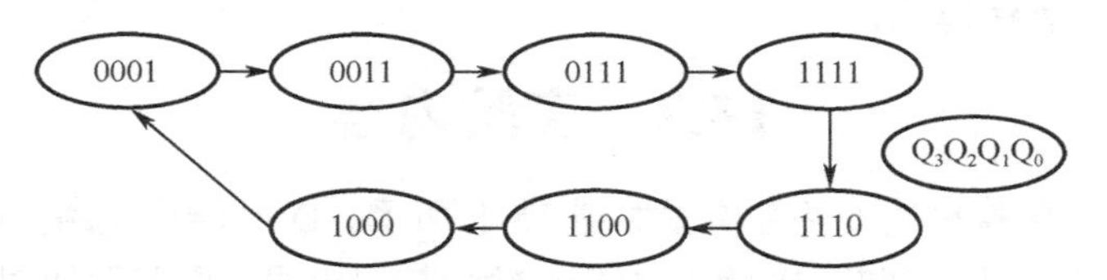

图 14-7　七进制变形扭环形计数器状态图

第 15 章　数-模转换和模-数转换

将连续变化的模拟信号转换为离散的数字信号的过程称为模-数转换（Analog to Digital，A/D），能够实现模-数转换的电路称为 A/D 转换器（Analog to Digital Converter，ADC）；将数字信号转换为模拟信号的过程称为数-模转换（Digital to Analog，D/A），能够实现数-模转换的电路称为 D/A 转换器（Digital to Analog Converter，DAC）。本章通过 VHDL 实现一个参数可调的数-模转换系统，并在 ISE 集成开发环境中，对该系统进行仿真，编写引脚约束文件，在 FPGA 高级开发系统上进行板级验证。

15.1　预备知识

1．权电阻网络 D/A 转换器。
2．倒 T 形电阻网络 D/A 转换器。
3．权电流型 D/A 转换器。
4．D/A 转换器的主要技术指标。
5．A/D 转换器的基本工作原理。
6．A/D 转换器的主要电路形式。
7．A/D 转换器的主要技术指标。
8．AD9708 数-模转换芯片。
9．AD9280 模-数转换芯片。

15.2　实验内容

A/D 转换、D/A 转换模块硬件结构图如图 15-1 所示。D/A 转换电路由高速 D/A 转换芯片 AD9708、低通滤波器、幅度调节电路和模拟电压输出接口组成，电路图如图 1-38 所示。A/D 转换电路则由模拟电压输入接口、衰减电路和高速 A/D 转换芯片 AD9280 组成，电路图如图 1-43 所示。

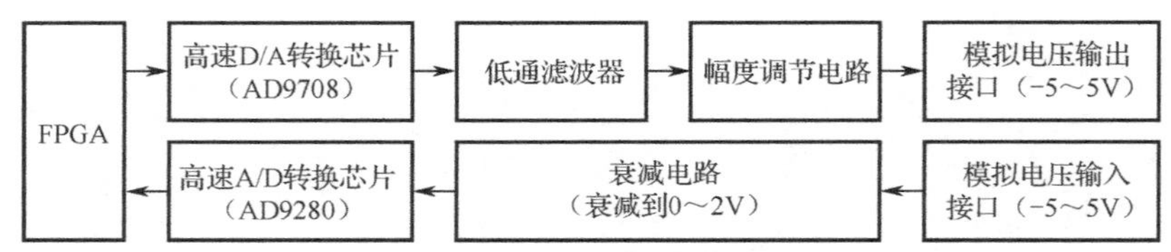

图 15-1　A/D 转换、D/A 转换模块硬件结构图

基于 VHDL，设计一个信号类型（正弦波、方波、三角波）、幅度（0.25V、0.5V、1V、2V）、频率（100Hz、200Hz、400Hz、800Hz）可调的数-模转换系统，如图 15-2 所示。其中，本书配套的资料包提供分频模块（clk_gen_1hz）、按键去抖模块（clr_jitter_with_fsm）、信号发生模块（wave_generator）。本实验先设计 3 个计数模块，分别是波形类型计数器（type_cnt）、信号幅度计数器（amp_cnt）、频率计数器（freq_cnt），这 3 个模块均在 DACSystem.vhd 文件中完成。然后，将这几个模块与资料包提供的模块整合为一个参数可调的数-模转换系统。完成设计后，对该系统进行仿真。

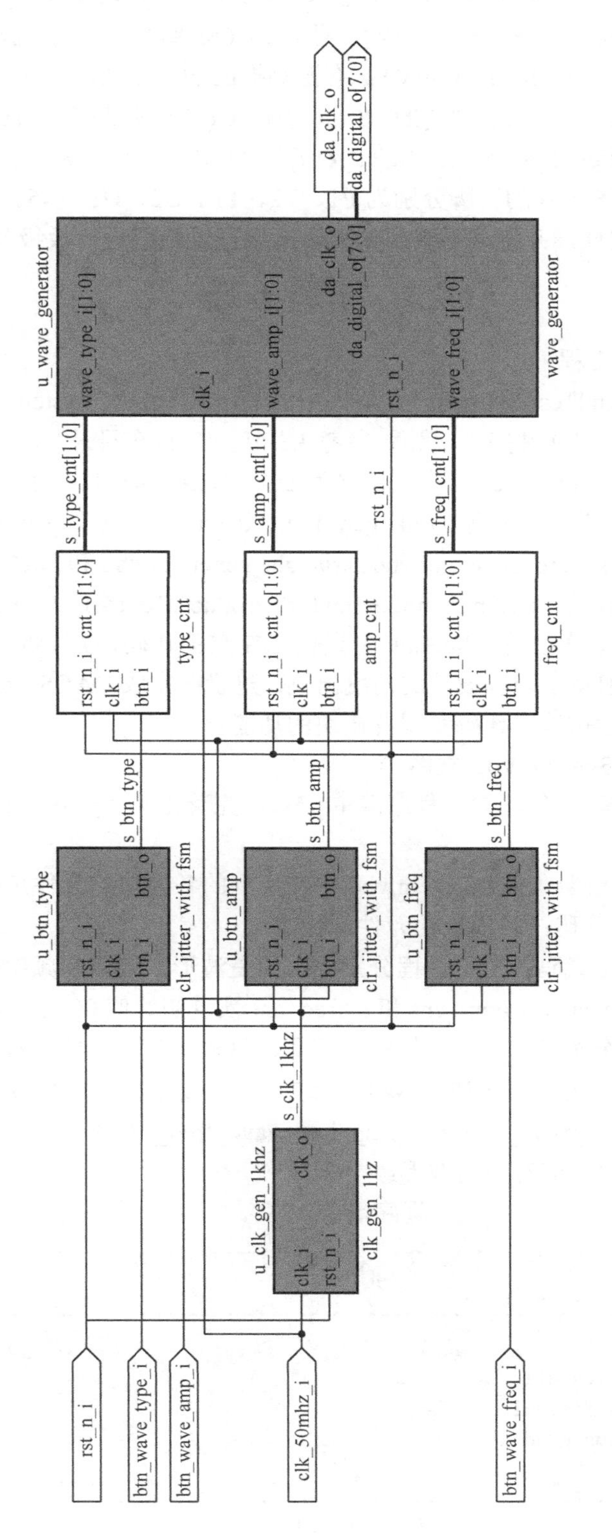

图15-2　参数可调的数-模转换系统电路图

完成仿真后，编写引脚约束文件，其中，输入 rst_n_i、btn_tpye_i、btn_amp_i、btn_freq_i，使用独立按键 RESET、KEY_1、KEY_2、KEY_3，对应 XC6SLX16 芯片的引脚分别为 N7、G13、F13、H12；时钟输入 clk_50mhz_i 与 50MHz 有源晶振的输出相连，对应 XC6SLX16 芯片的引脚为 V10；输出 da_clk_o 与 AD9708 的 28 号引脚（CLK）相连接，对应 XC6SLX16 芯片的引脚为 P2；输出 da_digital_o[7]～da_digital_o[0]与 AD9708 的 1～8 号引脚（DB7～DB0）相连接，对应 XC6SLX16 芯片的引脚分别为 P1、T2、T1、U2、U1、N5、T3、P4。使用 ISE 集成开发环境生成.bit 文件，并将其下载到 FPGA 高级开发系统进行板级验证。

15.3　实验步骤

步骤 1：新建 HDL 工程

将“D:\ Spartan6DigitalTest\Material”文件夹中的 Exp14.1_DACSystem 文件夹复制到“D:\ Spartan6DigitalTest\Product”文件夹中。然后，参考 3.3 节步骤 1，在目录“D:\ Spartan6DigitalTest\ Product\Exp14.1_DACSystem\project”中新建名为 DACSystem 的 HDL 工程。

新建工程后，参考 5.3 节步骤 1，添加 clk_gen_1hz.vhd、clr_jitter_with_fsm.vhd、wave_genetator.vhd、sine_generator.vhd、square_generator.vhd、triangle_generator.vhd 和 DACSystem.vhd 文件到工程中，这些文件均在目录“D:\Spartan6DigitalTest\Product\Exp14.1_ DACSystem\code”中。上述文件中较为复杂的部分已在 Material 中提供了完整的代码，需要完成的只有顶层模块 DACSystem.vhd 文件。但从学习和设计的角度出发，建议在完成 DACSystem.vhd 文件后，结合对每个模块的理解，尝试编写代码实现各模块的功能。

步骤 2：完善 DACSystem.vhd 文件

打开 DACSystem.vhd 文件，参考程序清单 15-1，完善 DACSystem.vhd 文件，下面对关键语句进行解释。

（1）第 30 至 63 行代码：DACSystem.vhd 中使用到的各模块的元件声明。

（2）第 76 至 124 行代码：各模块的元件例化。

（3）第 126 至 161 行代码：三个进程分别实现的是波形、幅值和频率的计数，当复位按键按下时，计数器 s_type_cnt、s_amp_cnt 和 s_freq_cnt 恢复初始值 00。s_btn_type、s_btn_amp 和 s_btn_freq 分别为三个按键是否按下的标志信号，每检测到一次按键按下，对应的标志信号输出 1，相应的计数器执行一次加 1 操作。这三个计数器又分别与波形发生器 u_wave_generator 的三个输入 wave_type_i、wave_amp_i 和 wave_freq_i 相连，这样 u_wave_ generator 可以根据相应计数器的值生成对应的波形。

程序清单 15-1

```
1.  ---------------------------------------------------------------------------------
2.  --                                    引用库
3.  ---------------------------------------------------------------------------------
4.  library ieee;
5.  use ieee.std_logic_1164.all;
6.  use ieee.std_logic_arith.all;
7.  use ieee.std_logic_unsigned.all;
8.
9.  ---------------------------------------------------------------------------------
10. --                                    实体声明
11. ---------------------------------------------------------------------------------
```

```
12. entity DACSystem is
13.    port(
14.       clk_50mhz_i      : in  std_logic;  --时钟输入，50MHz
15.       rst_n_i          : in  std_logic;  --复位输入，低电平有效
16.       btn_wave_type_i  : in  std_logic;  --波形类型
17.       btn_wave_amp_i   : in  std_logic;  --信号幅值
18.       btn_wave_freq_i  : in  std_logic;  --信号频率
19.       da_clk_o         : out std_logic;  --D/A 时钟信号输出
20.       da_digital_o     : out std_logic_vector(7 downto 0) --D/A 数据
21.    );
22. end DACSystem;
23.
24. ---------------------------------------------------------------------------------
25. --                                    结构体
26. ---------------------------------------------------------------------------------
27. architecture rtl of DACSystem is
28.
29.    --时钟发生器
30.    component clk_gen_1hz is
31.      generic(
32.        CNT_MAX : integer;
33.        CNT_HALF: integer
34.      );
35.      port(
36.        clk_i   : in  std_logic; --时钟输入，50MHz
37.        rst_n_i : in  std_logic; --复位输入，低电平有效
38.        clk_o   : out std_logic  --时钟输出，1Hz
39.        );
40.    end component;
41.
42.    --按键去抖模块
43.    component clr_jitter_with_fsm is
44.       port(
45.         clk_i   : in  std_logic;
46.         rst_n_i: in  std_logic;
47.         btn_i   : in  std_logic;
48.         btn_o   : out std_logic
49.       );
50.    end component;
51.
52.    --波形发生器
53.    component wave_generator is
54.      port(
55.        clk_i         : in  std_logic; --时钟输入，50MHz
56.        rst_n_i       : in  std_logic; --复位输入，低电平有效
57.        wave_type_i : in  std_logic_vector(1 downto 0); --00:正弦波，01：方波，02：三角波；
                                                                                 11：无输出
58.        wave_amp_i  : in  std_logic_vector(1 downto 0); --00：0.25V，01：0.5V，10：1V，11：2V
59.        wave_freq_i : in  std_logic_vector(1 downto 0); --00：100Hz，01：200Hz，10：400Hz，
                                                                                  11：800Hz
60.        da_clk_o      : out std_logic;
61.        da_digital_o : out std_logic_vector(7 downto 0)  --DC 输出
```

```
62.         );
63.     end component;
64.
65.     signal s_clk_1khz : std_logic; --1kHz 时钟信号，用于按键去抖
66.     signal s_btn_type : std_logic; --波形选择
67.     signal s_btn_amp  : std_logic; --幅值选择
68.     signal s_btn_freq : std_logic; --频率选择
69.     signal s_type_cnt : std_logic_vector(1 downto 0) := "00"; --波形计数
70.     signal s_amp_cnt  : std_logic_vector(1 downto 0) := "00"; --幅值计数
71.     signal s_freq_cnt : std_logic_vector(1 downto 0) := "00"; --频率计数
72.
73. begin
74.
75.     --1kHz 时钟
76.     u_clk_gen_1khz : clk_gen_1hz
77.     generic map(
78.        CNT_MAX  => 49999,
79.        CNT_HALF => 24999
80.     )
81.     port map(
82.        clk_i   => clk_50mhz_i,
83.        rst_n_i => rst_n_i,
84.        clk_o   => s_clk_1khz
85.     );
86.
87.     --按键去抖，btn_o 高电平有效
88.     u_btn_type : clr_jitter_with_fsm
89.     port map(
90.        clk_i   => s_clk_1khz,
91.        rst_n_i => rst_n_i,
92.        btn_i   => btn_wave_type_i,
93.        btn_o   => s_btn_type
94.     );
95.
96.     --按键去抖，btn_o 高电平有效
97.     u_btn_amp : clr_jitter_with_fsm
98.     port map(
99.        clk_i   => s_clk_1khz,
100.       rst_n_i => rst_n_i,
101.       btn_i   => btn_wave_amp_i,
102.       btn_o   => s_btn_amp
103.    );
104.
105.    --按键去抖，btn_o 高电平有效
106.    u_btn_freq : clr_jitter_with_fsm
107.    port map(
108.       clk_i   => s_clk_1khz,
109.       rst_n_i => rst_n_i,
110.       btn_i   => btn_wave_freq_i,
111.       btn_o   => s_btn_freq
112.    );
113.
```

```
114.    --波形发生器
115.    u_wave_generator : wave_generator
116.    port map(
117.        clk_i         => clk_50mhz_i,
118.        rst_n_i       => rst_n_i,
119.        wave_type_i   => s_type_cnt,
120.        wave_amp_i    => s_amp_cnt,
121.        wave_freq_i   => s_freq_cnt,
122.        da_digital_o => da_digital_o,
123.        da_clk_o      => da_clk_o
124.    );
125.
126.   type_cnt : process(s_clk_1khz, rst_n_i)     --波形计数
127.   begin
128.     if(rst_n_i = '0') then
129.       s_type_cnt <= "00";
130.     elsif(rising_edge(s_clk_1khz)) then
131.       if(s_btn_type = '1') then
132.         if(s_type_cnt = "10") then
133.           s_type_cnt <= "00";
134.         else
135.           s_type_cnt <= s_type_cnt + "01";
136.         end if;
137.       end if;
138.     end if;
139.   end process;
140.
141.   amp_cnt : process(s_clk_1khz, rst_n_i)            --幅值计数
142.   begin
143.     if(rst_n_i = '0') then
144.       s_amp_cnt  <= "00";
145.     elsif(rising_edge(s_clk_1khz)) then
146.       if(s_btn_amp = '1') then
147.         s_amp_cnt <= s_amp_cnt + "01";
148.       end if;
149.     end if;
150.   end process;
151.
152.   freq_cnt : process(s_clk_1khz, rst_n_i)        --频率计数
153.   begin
154.     if(rst_n_i = '0') then
155.       s_freq_cnt <= "00";
156.     elsif(rising_edge(s_clk_1khz)) then
157.       if(s_btn_freq = '1') then
158.         s_freq_cnt <= s_freq_cnt + "01";
159.       end if;
160.     end if;
161.   end process;
162.
163. end rtl;
```

完善 DACSystem.vhd 文件后，参考 4.3 节步骤 4 和步骤 5 检查 VHDL 语法是否正确，并

通过 Synplify 综合工程。

步骤 3：添加仿真文件

参考 3.3 节步骤 8，新建仿真文件 DACSystem_tb.vhd，选择仿真对象为 DACSystem.sch，参考程序清单 15-2，修改第 25 至 29 行、第 36 行，将第 64 至 80 行代码添加到仿真文件 DACSystem_tb.vhd 相应的位置。

程序清单 15-2

```
1.   LIBRARY ieee;
2.   USE ieee.std_logic_1164.ALL;
3.
4.   ENTITY DACSystem_tb IS
5.   END DACSystem_tb;
6.
7.   ARCHITECTURE behavior OF DACSystem_tb IS
8.
9.       -- Component Declaration for the Unit Under Test (UUT)
10.
11.    COMPONENT DACSystem
12.      PORT(
13.        clk_50mhz_i : IN  std_logic;
14.        rst_n_i : IN  std_logic;
15.        btn_wave_type_i : IN  std_logic;
16.        btn_wave_amp_i : IN  std_logic;
17.        btn_wave_freq_i : IN  std_logic;
18.        da_clk_o : OUT  std_logic;
19.        da_digital_o : OUT  std_logic_vector(7 downto 0)
20.        );
21.      END COMPONENT;
22.
23.
24.     --Inputs
25.     signal clk_50mhz_i : std_logic := '0';
26.     signal rst_n_i : std_logic := '1';
27.     signal btn_wave_type_i : std_logic := '1';
28.     signal btn_wave_amp_i : std_logic := '1';
29.     signal btn_wave_freq_i : std_logic := '1';
30.
31.      --Outputs
32.     signal da_clk_o : std_logic;
33.     signal da_digital_o : std_logic_vector(7 downto 0);
34.
35.     -- Clock period definitions
36.     constant clk_50mhz_i_period : time := 20 ns;
37.
38.  BEGIN
39.
40.      -- Instantiate the Unit Under Test (UUT)
41.     uut: DACSystem PORT MAP (
42.            clk_50mhz_i => clk_50mhz_i,
43.            rst_n_i => rst_n_i,
44.            btn_wave_type_i => btn_wave_type_i,
45.            btn_wave_amp_i => btn_wave_amp_i,
46.            btn_wave_freq_i => btn_wave_freq_i,
```

```
47.           da_clk_o => da_clk_o,
48.           da_digital_o => da_digital_o
49.         );
50.
51.     -- Clock process definitions
52.     clk_50mhz_i_process :process
53.     begin
54.           clk_50mhz_i <= '0';
55.           wait for clk_50mhz_i_period/2;
56.           clk_50mhz_i <= '1';
57.           wait for clk_50mhz_i_period/2;
58.     end process;
59.
60.
61.     -- Stimulus process
62.     stim_proc: process
63.     begin
64.       btn_wave_type_i <= '0';
65.       wait for 100 ms;
66.       btn_wave_type_i <= '1';
67.
68.       wait for 500 ms;
69.
70.       btn_wave_amp_i <= '0';
71.       wait for 100 ms;
72.       btn_wave_amp_i <= '1';
73.
74.       wait for 500 ms;
75.
76.       btn_wave_freq_i <= '0';
77.       wait for 100 ms;
78.       btn_wave_freq_i <= '1';
79.
80.       wait for 500 ms;
81.     end process;
82.
83.  END;
```

完善仿真文件后，参考 3.3 节步骤 8 进行仿真测试，仿真结果如图 15-3 所示，da_digital_o[7:0]的显示格式设置为无符号十进制显示，验证仿真结果。

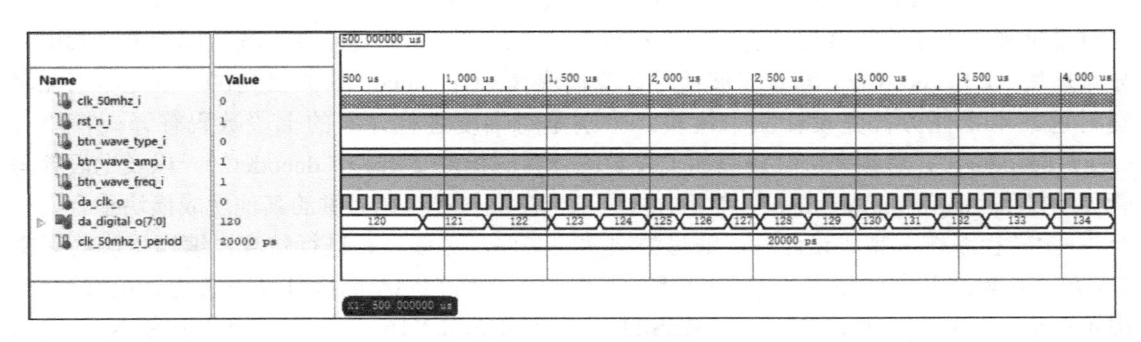

图 15-3　仿真结果

步骤 4：添加引脚约束文件

参考 3.3 节步骤 9，新建引脚约束文件 DACSystem.ucf，并将程序清单 15-3 中的代码添加到 DACSystem.ucf 文件中。

程序清单 15-3

```
1.  #时钟输入引脚约束
2.  NET clk_50mhz_i LOC = V10 | TNM_NET = sys_clk_pin;
3.  TIMESPEC TS_sys_clk_pin = PERIOD sys_clk_pin 50MHz;
4.
5.  #复位输入引脚约束
6.  NET rst_n_i LOC = N7 | IOSTANDARD = "LVCMOS33"; #核心板上的 RESET 按键
7.
8.  #按键输入引脚约束
9.  Net btn_wave_type_i LOC = G13 | IOSTANDARD = "LVCMOS33"; #KEY1
10. Net btn_wave_amp_i  LOC = F13 | IOSTANDARD = "LVCMOS33"; #KEY2
11. Net btn_wave_freq_i LOC = H12 | IOSTANDARD = "LVCMOS33"; #KEY3
12.
13. #DAC 输出引脚约束
14. Net da_digital_o<0>  LOC = P4 | IOSTANDARD = "LVCMOS33"; #DB0
15. Net da_digital_o<1>  LOC = T3 | IOSTANDARD = "LVCMOS33"; #DB1
16. Net da_digital_o<2>  LOC = N5 | IOSTANDARD = "LVCMOS33"; #DB2
17. Net da_digital_o<3>  LOC = U1 | IOSTANDARD = "LVCMOS33"; #DB3
18. Net da_digital_o<4>  LOC = U2 | IOSTANDARD = "LVCMOS33"; #DB4
19. Net da_digital_o<5>  LOC = T1 | IOSTANDARD = "LVCMOS33"; #DB5
20. Net da_digital_o<6>  LOC = T2 | IOSTANDARD = "LVCMOS33"; #DB6
21. Net da_digital_o<7>  LOC = P1 | IOSTANDARD = "LVCMOS33"; #DB7
22. Net da_clk_o         LOC = P2 | IOSTANDARD = "LVCMOS33"; #CLK
```

引脚约束文件添加完成后，参考 3.3 节步骤 10，将工程编译生成.bit 文件，并下载到 FPGA 高级开发系统上，按下独立按键 KEY_1 切换波形，按下 KEY_2 切换幅值，按下 KEY_3 切换频率，通过示波器测量 FPGA 高级开发系统上“AD/DA 转换”模块中的“测试针 DA”波形输出，验证功能是否正确。注意，因为 D/A 转换电路中有幅度调节电路，所以最终输出的波形与 AD9708 输出的波形幅度可能有所不同，可以通过调节滑动变阻器将初始波形的幅度调节到 0.25V，再通过独立按键验证其他功能是否正确。

本 章 任 务

使用 ISE 集成开发环境，基于 VHDL，实现如图 15-4 所示的模-数转换系统，该系统可以对采集到的正弦波数字信号进行幅度和频率计算，并将结果显示在七段数码管上。其中，分频模块（clk_gen_1hz）和正弦波信号计算模块（wave_calculator）已提供，参见本书配套资料包。本章任务首先设计三个模块，分别是对幅度进行译码的七段数码管译码模块 1（seg7_decoder1）、对频率进行译码的七段数码管译码模块 2（seg7_decoder2），以及七段数码管显示模块（seg7_digital_disp）；然后，将这三个模块与资料包提供的其他现成模块整合为一个模-数转换系统。完成设计后，编写测试激励文件，对该电路进行仿真；编写引脚约束文件，在 ISE 集成开发环境中生成.bit 文件，并将其下载到 FPGA 高级开发系统进行板级验证。
提示：输入 rst_n_i 使用独立按键 RESET，对应 XC6SLX16 芯片的引脚分别为 N7；输入 ad_digital_i[7]～ad_digital_i[0]与 AD9280 的 12～5 号引脚（D7～D0）相连接，对应 XC6SLX16

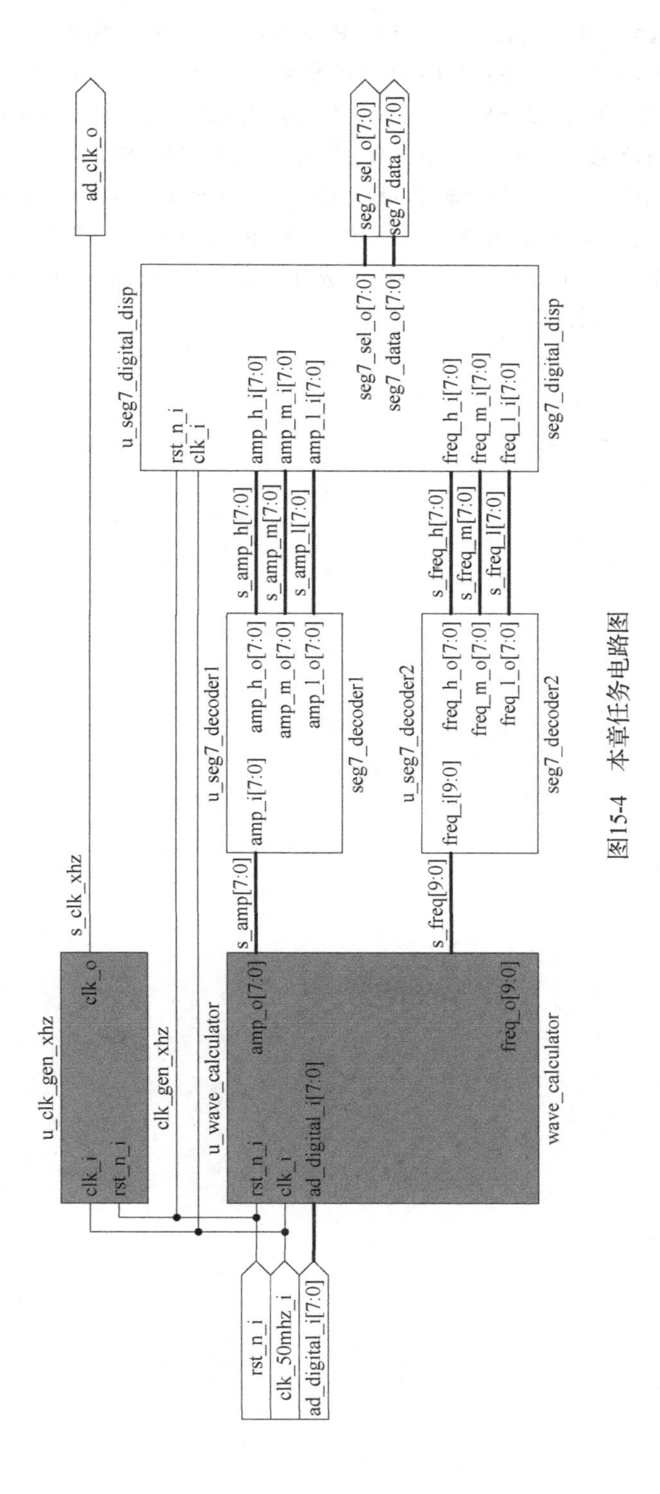

图15-4　本章任务电路图

芯片的引脚分别为 K4、M3、L4、N3、M5、P3、N4、R3；时钟输入 clk_50mhz_i 与 50MHz 有源晶振的输出相连，对应 XC6SLX16 芯片的引脚为 V10；输出 ad_clk_o 与 AD9280 的 15 号引脚（CLK）相连接，对应 XC6SLX16 芯片的引脚为 L3；输出 seg7_sel_o[7]～seg7_sel_o[0] 与七段数码管模块的位选引脚 SEL7～SEL0 相连接，对应 XC6SLX16 芯片的引脚分别为 J6、J3、H5、H3、H4、G3、G6、F3；输出 seg7_data_o[7]～seg7_data_o[0]与七段数码管模块的数据引脚 SEGDP、SEGG～SEGA 相连接，对应 XC6SLX16 芯片的引脚分别为 G11、L15、K6、K15、K14、K13、L16、J7。使用 ISE 集成开发环境生成.bit 文件，并将其下载到 FPGA 高级开发系统进行板级验证。

附录 A　数字电路 FPGA 设计常用引脚分配

表 A-1　时钟和复位输入引脚分配

网　络　名	芯 片 引 脚
clk_50mhz_i	V10
rst_n_i	N7

表 A-2　拨动开关引脚分配

网　络　名	芯 片 引 脚
SW0	F15
SW1	C15
SW2	C13
SW3	C12
SW4	F9
SW5	F10
SW6	G9
SW7	F11
SW8	E11
SW9	D12
SW10	C14
SW11	F14
SW12	C9
SW13	C10
SW14	C11
SW15	D11

表 A-3　LED 引脚分配

网络名及颜色	芯 片 引 脚
LED0（红）	G14
LED1（黄）	F16
LED2（绿）	H15
LED3（白）	G16
LED4（红）	H14
LED5（黄）	H16
LED6（绿）	J13
LED7（白）	J16

表 A-4　独立按键引脚分配

网 络 名	芯 片 引 脚
KEY1	G13
KEY2	F13
KEY3	H12
KEY4	H13

表 A-5　七段数码管引脚分配

网 络 名	芯 片 引 脚
SEL0	F3
SEL1	G6
SEL2	G3
SEL3	H4
SEL4	H3
SEL5	H5
SEL6	J3
SEL7	J6
SELA	J7
SELB	L16
SELC	K13
SELD	K14
SELE	K15
SELF	K6
SELG	L15
SELDP	G11

表 A-6　D/A 转换引脚分配

网 络 名	芯 片 引 脚
DA_CLK	P2
DA_DB0	P4
DA_DB1	T3
DA_DB2	N5
DA_DB3	U1
DA_DB4	U2
DA_DB5	T1
DA_DB6	T2
DA_DB7	P1

表A-7　A/D转换引脚分配

网 络 名	芯 片 引 脚
AD_CLK	L3
AD_D0	R3
AD_D1	N4
AD_D2	P3
AD_D3	M5
AD_D4	N3
AD_D5	L4
AD_D6	M3
AD_D7	K4

附录 B 《VHDL 语言程序设计规范（LY-STD009—2019）》简介

该规范是由深圳市乐育科技有限公司于 2019 年发布的 VHDL 语言程序设计规范，版本为 LY-STD009—2019。该规范详细介绍了 VHDL 语言的程序设计规范，包括排版、注释、命名规范等，紧接着是 VHDL 文件模板和 UCF 文件模板，并对这两个模板进行了详细的说明。使用代码书写规则和规范可以使程序更加规范和高效，对代码的理解和维护起到至关重要的作用。

B.1 排版

（1）程序块采用缩进风格编写，缩进的空格数为 2 个。对于由开发工具自动生成的代码可以有不一致。

（2）须将 Tab 键设定为转换为 2 个空格，以免用不同的编辑器阅读程序时，因 Tab 键所设置的空格数目不同而造成程序布局不整齐。对于由开发工具自动生成的代码可以有不一致。

（3）相对独立的模块之间、信号说明后必须加空行。

例如：

```
component clk_gen_1hz is
port(
  clk_i   : in  std_logic;   --时钟输入，频率为 50MHz
  rst_n_i : in  std_logic;   --复位输入，低电平有效
  clk_o   : out std_logic    --时钟输出，频率为 1Hz
  );
end component;
--------------------------------空行隔开--------------------------------
signal curr_state : t_state;  --当前状态
signal next_state : t_state;  --下一状态
--------------------------------空行隔开--------------------------------
signal s_clk_1hz : std_logic; --1Hz 时钟信号
signal s_cnt     : std_logic_vector(1 downto 0);  --计数信号
```

（4）不允许把多个短语句写在一行中，即一行只写一条语句，但允许注释和 VHDL 语句在同一行。

例如：

```
led1_o <= not s_cnt1; led2_o <= not s_cnt2;
```

应该写为

```
led1_o <= not s_cnt1;
led2_o <= not s_cnt2;
```

（5）在两个以上的关键字、信号、参数进行对等操作时，它们之间的操作符之前、之后或前后要加空格。

例如：

```
signal s_cnt : std_logic_vector(3 downto 0);
s_cnt <= s_cnt + "0001";
```

B.2 注释

注释是源码程序中非常重要的一部分，通常情况下规定有效的注释量不得少于 20%。其原则是有助于对程序的阅读理解，所以注释语言必须准确、简明扼要。注释不宜太多也不宜太少，内容要一目了然，意思表达准确，避免有歧义。总之该加注释的一定要加，不必要的地方就一定别加。

（1）边写代码边注释，修改代码同时修改相应的注释，以保证注释与代码的一致性。不再有用的注释要删除。

（2）注释描述需要使用“--”。

（3）注释的内容要清楚、明了，含义准确，防止注释二义性。避免在注释中使用缩写，特别是非常用缩写。

（4）注释应考虑程序易读及外观排版的因素，使用的语言若是中文、英文兼有的，建议多使用中文，除非能用非常流利准确的英文表达。注释描述需要对齐。

B.3 命名规范

标识符的命名要清晰、明了，有明确含义，同时使用完整的单词或大家基本可以理解的缩写，避免使人产生误解。

较短的单词可通过去掉“元音”形成缩写，较长的单词可取单词的头几个字母形成缩写；一些单词有大家公认的缩写。建议按照表 B-1 所列的命名缩写方式来命名。

表 B-1 命名缩写方式

全 称	缩 写	全 称	缩 写
clock	clk	count	cnt
reset	rst	request	req
clear	clr	control	ctrl
address	addr	arbiter	arb
data_in	din	pointer	ptr
data_out	dout	segment	seg
interrupt request	int_req	memory	mem
read enable	rd_en	register	reg
write enable	wr_en	valid	vld

1. 复位和时钟输入命名

（1）全局异步复位输入信号命名为 rst_i/rst_n_i；多复位域则命名为 rst_xxx_i/rst_xxx_n_i，xxx 代表复位域含义缩写；同步复位输入信号命名为 srst_i/srst_n_i。

（2）时钟输入信号：单一时钟域则命名为 clk_i；多时钟域则命名为 clk_xxx_i，xxx 代表时钟域含义。

2. 文件和模块命名

一个模块为一个文件，且文件名与模块名要保持一致。文件和模块命名按照所有字母小写，且两个单词之间用下画线连接的方式。

例如：

```
seg7_digital_led
receive_top
```

3. 常量命名

VHDL 中的常量均按照所有字母大写，且两个单词之间用下画线连接的方式进行命名。

例如：

```
SYS_CLOCK
RX_IDLE
RX_START
```

4. 信号命名

VHDL 中的 signal 按照所有字母小写，且两个单词之间用下画线连接的方式进行命名，且要有 s_前缀，低电平有效的信号，应该以_n 结尾。

例如：

```
s_ram_addr。
s_cs_n
```

5. 例化模块命名

VHDL 中的例化模块按照所有字母小写，且两个单词之间用下画线连接的方式进行命名，且要有 u_前缀。

例如：

```
u_receiver
u_seg7_digital_led1
u_seg7_digital_led2
```

B.4　编码规范

1. RTL 级代码风格

RTL 指 Register Transfer Level，即寄存器传输级，代码显式定义每一个 DFF，组合电路描述每个 DFF 之间的信号传输过程。当前的主流工具对 RTL 级的综合、优化及仿真非常成熟。

不建议采用行为级甚至更高级的语言来描述硬件，代码的可控性、可跟踪性及可移植性难以保证。

2. 组合时序电路分开原则

（1）curr_state = ↑ (next_state);

（2）next_state = f1(inputs, curr_state);

（3）outputs = f2(inputs, curr_state);

DFF 和组合逻辑描述分开，注意敏感列表的完备性，电路的对应性等问题。

例如，图 B-1 中的电路可以描述如下：

```
//时序电路部分，异步复位
process(clk_i, rst_n_i)
```

```
begin
  if(rst_n_i = '1') then
    curr_state <= ZERO;
  elsif(rising_edge(clk_i)) then
    curr_state <= next_state;
  end if;
end process;

//组合电路部分
next_state = f1(inputs, curr_state);
outputs = f2(inputs, curr_state);
```

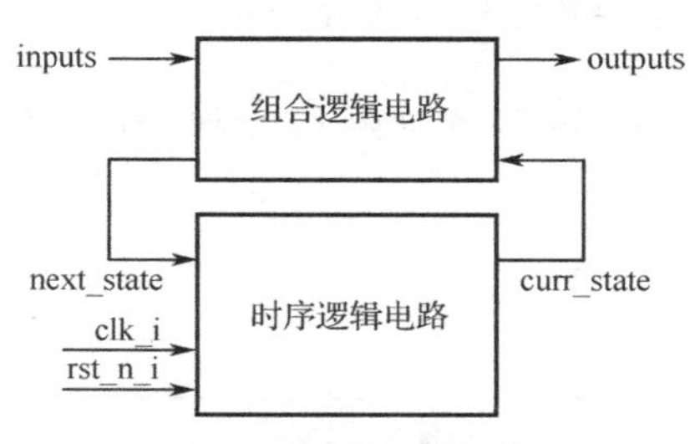

图 B-1　数字逻辑电路模型

3. 复位

所有 DFF 必须加异步低电平/高电平有效复位信号，同步复位根据实际情况决定是否添加。

B.5　VHDL 文件模板

每个 VHDL 文件模块由模块描述区、引用库区、实体声明区、结构体区组成。下面是各个模块的示意。

1. 模块描述区

```
--------------------------------------------------------------------------------
-- 模块名称：code_demo.vhd
-- 模块摘要：代码样例
-- 当前版本：1.0.0
-- 模块作者：Leyutek(COPYRIGHT 2018 - 2021 Leyutek. All rights reserved.)
-- 完成日期：2019年01月01日
-- 模块内容：
-- 注意事项：
--------------------------------------------------------------------------------
-- 取代版本：
-- 模块作者：
-- 完成日期：
-- 修改内容：
-- 修改文件：
--------------------------------------------------------------------------------
```

2. 引用库区

```
--------------------------------------------------------------------------------
--                                     引用库
--------------------------------------------------------------------------------
library ieee;
```

```
use ieee.std_logic_1164.all;
use ieee.std_logic_arith.all;
use ieee.std_logic_unsigned.all;
```

3. 实体声明区

```
--------------------------------------------------------------------------------
--                                实体声明
--------------------------------------------------------------------------------
entity code_demo is
  port(
    clk_50mhz_i : in  std_logic; --时钟输入，50MHz
    rst_n_i     : in  std_logic; --复位输入，低电平有效

    led_o       : out std_logic_vector(3 downto 0) --led 输出，4 位
    );
end code_demo;
```

4. 结构体区

```
--------------------------------------------------------------------------------
--                                结构体
--------------------------------------------------------------------------------
architecture rtl of code_demo is

  constant LED3_ON : std_logic_vector(3 downto 0) := "0111";  --LED3 点亮
  constant LED2_ON : std_logic_vector(3 downto 0) := "1011";  --LED2 点亮
  constant LED1_ON : std_logic_vector(3 downto 0) := "1101";  --LED1 点亮
  constant LED0_ON : std_logic_vector(3 downto 0) := "1110";  --LED0 点亮
  constant LED_OFF : std_logic_vector(3 downto 0) := "1111";  --全部 LED 熄灭

  type t_state is (ZERO,   --状态 ZERO
                   ONE,    --状态 ONE
                   TWO,    --状态 TWO
                   THREE); --状态 THREE

  --元件声明描述
  component clk_gen_1hz is
  port(
    clk_i   : in  std_logic;    --时钟输入，频率为 50MHz
    rst_n_i : in  std_logic;    --复位输入，低电平有效
    clk_o   : out std_logic     --时钟输出，频率为 1Hz
    );
  end component;

  signal curr_state : t_state;  --当前状态
  signal next_state : t_state;  --下一状态

  signal s_clk_1hz : std_logic; --1Hz 时钟信号
  signal s_cnt     : std_logic_vector(1 downto 0);  --计数信号

begin
```

```
  --元件实例化说明
  u_clk_gen_1hz : clk_gen_1hz
  port map(
    clk_i   =>  clk_50mhz_i,
    rst_n_i =>  rst_n_i,
    clk_o   =>  s_clk_1hz
    );

  --进程说明
  process(s_clk_1hz, rst_n_i)
  begin
    if(rst_n_i = '0') then
      curr_state <= ZERO;
    elsif(rising_edge(s_clk_1hz)) then
      curr_state <= next_state;
    end if;
  end process;

  --进程说明
  process(curr_state)
  begin
    case curr_state is
      when ZERO  =>
        s_cnt <= "00";
        next_state <= ONE;
      when ONE   =>
        s_cnt <= "01";
        next_state <= TWO;
      when TWO =>
        s_cnt <= "10";
        next_state <= THREE;
      when THREE  =>
        s_cnt <= "11";
        next_state <= ZERO;
    end case;
  end process;

  --进程说明
  process(s_cnt)
  begin
    case s_cnt is
      when "00"   => led_o <= LED3_ON;
      when "01"   => led_o <= LED2_ON;
      when "10"   => led_o <= LED1_ON;
      when "11"   => led_o <= LED0_ON;
      when others => led_o <= LED_OFF;
    end case;
  end process;

end rtl;
```

B.6　UCF 文件模板

每个 UCF 文件由模块描述区和引脚约束组成。下面是 UCF 文件的示意：

```
#-----------------------------------------------------------------------------
#- 模块名称: code_demo.ucf
#- 模块摘要: 引脚约束代码样例
#- 当前版本: 1.0.0
#- 模块作者: Leyutek(COPYRIGHT 2018 - 2021 Leyutek. All rights reserved.)
#- 完成日期: 2019 年 01 月 01 日
#- 模块内容:
#- 注意事项:
#-----------------------------------------------------------------------------
#- 取代版本:
#- 模块作者:
#- 完成日期:
#- 修改内容:
#- 修改文件:
#-----------------------------------------------------------------------------

#时钟输入引脚约束
NET clk_50mhz_i LOC = T8  | IOSTANDARD = "LVCMOS33";
Net clk_50mhz_i TNM_NET = sys_clk;
TIMESPEC TS_sys_clk = PERIOD sys_clk 50MHz;

#复位输入引脚约束
NET rst_n_i     LOC = L3  | IOSTANDARD = "LVCMOS33";  #核心板上的 RESET 按键

#LED 输出引脚约束
NET led_o<0>    LOC = J11 | IOSTANDARD = "LVCMOS33";  #LED0
NET led_o<1>    LOC = M14 | IOSTANDARD = "LVCMOS33";  #LED1
NET led_o<2>    LOC = M15 | IOSTANDARD = "LVCMOS33";  #LED2
NET led_o<3>    LOC = M13 | IOSTANDARD = "LVCMOS33";  #LED3
```

参 考 文 献

[1] 蔡良伟. 数字电路与逻辑设计[M]. 3 版. 西安：西安电子科技大学出版社，2014.

[2] 蔡良伟. 电路与电子学实验教程[M]. 西安：西安电子科技大学出版社，2012.

[3] 阎石. 数字电子技术基础[M]. 5 版. 北京：高等教育出版社，2006.

[4] 赵曙光，刘玉英，崔葛瑾. 数字电路及系统设计[M]. 北京：高等教育出版社，2011.

[5] 张玉茹，赵明，李云，李晖. 数字逻辑电路设计[M]. 2 版. 哈尔滨：哈尔滨工业大学出版社，2018.

[6] 康磊，宋彩利，李润洲. 数字电路设计及 Verilog HDL 实现[M]. 西安：西安电子科技大学出版社，2010.

[7] 徐少莹，任爱锋. 数字电路与 FPGA 设计实验教程[M]. 西安：西安电子科技大学出版社，2012.

[8] 王冠，黄熙，王鹰. Verilog HDL 与数字电路设计[M]. 北京：机械工业出版社，2006.

[9] 陈欣波，伍刚. 基于 FPGA 的现代数字电路设计[M]. 北京：北京理工大学出版社，2018.

[10] 林明权. VHDL 数字控制系统设计范例[M]. 北京：电子工业出版社，2003.

[11] 聂小燕，鲁才. 数字电路 EDA 设计与应用[M]. 北京：人民邮电出版社，2010.

[12] 王道宪，贺名臣，刘伟. VHDL 电路设计技术[M]. 北京：国防工业出版社，2004.

[13] 罗杰. Verilog HDL 与数字 ASIC 设计基础[M]. 武汉：华中科技大学出版社，2008.

[14] Volnei A Pedroni. VHDL 数字电路设计教程[M]. 北京：电子工业出版社，2013.

[15] Parag K Lala. 现代数字系统设计与 VHDL[M]. 北京：电子工业出版社，2010.

[16] Stephen Brown，Zvonko Vranesic. 数字逻辑基础与 VHDL 设计[M]. 北京：机械工业出版社，2011.

[17] Thomas L. Floyd. 数字电子技术[M]. 3 版. 北京：电子工业出版社，2019.

[18] M. Morris Mano. 数字设计[M]. 北京：电子工业出版社，2004.